高等教育质量工程信息技术系列教材

新概念C++
程序设计大学教程

张基温　陶利民　编著　　（第4版）

U0265888

清华大学出版社
北京

内 容 简 介

本书以 C++命令式编程为基础,深入介绍 C++面向对象编程的有关机制,并将应用落实到泛型编程上,力求充分彰显 C++多范型的特色。全书将 9 章内容分为 3 篇。

第 1 篇: C++命令式编程。用 4 章内容帮助初学者建立命令式编程的基本原理和方法。

第 2 篇: C++面向对象编程。用 3 章内容介绍 C++的类、继承和多态,并引入设计模式的思想,进一步提升读者"程序设计 = 计算思维 + 语言艺术"的观念。

第 3 篇: C++泛型程序设计。用 2 章分别介绍模板和 STL。

本书结构清晰,以彰显 C++多范型程序设计的特色;概念精确,可引导读者透过现象看本质,准确把握 C++语法;例题经典、习题丰富,书中有多个二维码形式的知识链接,为读者提供了操作训练、扩展视野的学习环境。书中还介绍了 C++11 的重要新特性。

本书适合作为高等院校各专业面向对象程序设计的教材,也可供培训机构使用,以及相关领域人员自学。

图书在版编目(CIP)数据

新概念 C++程序设计大学教程 / 张基温,陶利民编著. —4 版. —北京:清华大学出版社,2021.7
高等教育质量工程信息技术系列教材

ISBN 978-7-302-58375-2

Ⅰ. ①新… Ⅱ. ①张… ②陶… Ⅲ. ①C++语言-程序设计-高等学校-教材 Ⅳ. ①TP312.8

中国版本图书馆 CIP 数据核字(2021)第 116653 号

责任编辑:白立军
封面设计:杨玉兰
责任校对:胡伟民
责任印制:朱雨萌

出版发行:清华大学出版社
       网　　　　址:http://www.tup.com.cn, http://www.wqbook.com
       地　　　　址:北京清华大学学研大厦 A 座　　　　邮　　编:100084
       社　总　机:010-62770175　　　　邮　　购:010-83470235
       投稿与读者服务:010-62776969,c-service@tup.tsinghua.edu.cn
       质 量 反 馈:010-62772015,zhiliang@tup.tsinghua.edu.cn
       课 件 下 载:http://www.tup.com.cn,010-83470236
印 装 者:三河市君旺印务有限公司
经　　销:全国新华书店
开　　本:185mm×260mm　　印　张:19.25　　字　数:480 千字
版　　次:2013 年 3 月第 1 版　2021 年 7 月第 4 版　印　次:2021 年 7 月第 1 次印刷
定　　价:59.00 元

产品编号:089425-01

前　言

（一）

1979 年，Bjarne Stroustrup（C++之父，后面简称 BS）正在准备他的博士毕业论文，他有机会使用一种叫作 Simula 的语言。Simula 语言主要用于计算机仿真，其 67 版被公认是首款支持面向对象的语言。Bjarne Stroustrup 发现面向对象的思想对于软件开发非常有用，但是 Simula 语言执行效率低，实用性不强，于是他决定自行开发一种面向对象的语言，这就是今日的 C++。

1979 年 Bjarne Stroustrup 在准备一个项目时，基于 C 语言开发出了一种程序设计语言，将其称为 C++。1985 年 C++被市场化。1998 年 11 月 C++标准委员会推出了第一个 ISO 标准（俗称 C++98），2003 年推出 ISO 标准第 2 版（俗称 C++03）。

C++03 是 C++98 的修正版，其初衷是修正 C++98 的一些不足。但是由于 C++脱胎于 C，遵循 C 是 C++子集的原则，同时 Bjarne Stroustrup 坚持要保持其"适合教学"，以及既支持面向过程又支持面向对象的多泛型特色，造就了其概念清晰、设计严密、功能强大、效率较高的优点，但也带来过于复杂（如指针）、标准库苍白的不足，被人称为有精英化倾向的语言。因此，它比较受教育界欢迎，而程序员觉得难用。不过，在通过 C++03 标准之前，人们还没有认识到这些问题，反而降低了效率，加剧了其缺陷的影响，Python 等语言乘虚而入，使其在 2004 年遭受到第一次强力冲击。

2004 年的滑铁卢之惨使 C++的设计者和标准制定者开始清醒起来，将指导思想修订如下。

（1）维持与 C++98，可能的话还有 C 之间的兼容性与稳定性。

（2）尽可能通过标准程序库来引进新的特性，而不是扩展核心语言。

（3）能够促进编程技术的变更优先。

（4）改进 C++ 以帮助系统和程序库的设计，而不是引进只对特定应用有用的新特性。

（5）增强类型安全，给现行不安全的技术提供更安全的替代方案。

（6）增强直接与硬件协同工作的性能和能力。

（7）为现实世界中的问题提供适当的解决方案。

（8）实行零负担原则（如果某些功能要求额外支持，那么只有在该功能被用到时这些额外的支持才被用到）。

（9）使 C++易于教学。

简单地说，上述这些思想可以归结为：技术优先、安全高效、自由方便。这带给了程序员一个全新的面貌，以至于连 C++之父都说它像一种新语言。2011 年 8 月 C++11 成功了，它使 C++摆脱了连续十年在 TIOBE 曲线上的步步下降的局面。

如图 1 所示，C++11 已经公布近 10 年，新的 C++14、C++17、C++20 也已经公布。每一次更新，它都会汲取其他程序设计语言中的一些优势机制，并创造出其他程序设计语言所不具备的一些精彩华章，把程序设计技术带入一个新的高度。因此，学习 C++与学习其他程序设计语言的不同之处在于，用它不仅可以开发出难度很高的软件，更重要的是它可以给计算机专业的人员许多启迪。

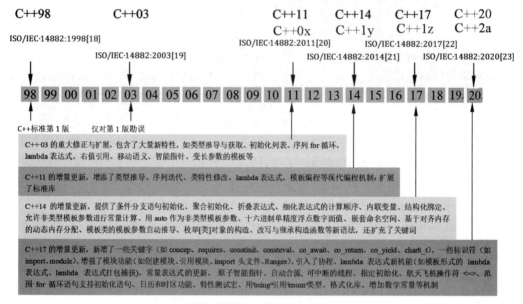

图 1 近期 C++标准修订步伐

不过，世界万物都有惯性。要 C++教学与开发用户一下子全部改到 C++最新标准上，很多人还是难以接受的，并且我自己也还在学习消化之中。在本书中，仅仅给出了 C++11 的部分新特点的接口，先让大家了解一下这些性能。在适当的时候，再做较全面和深入的介绍。

（二）

先撇开 C++11、C++14、C++17 和 C++20 的新特性，就从把 C++当作 C 用的教学模式还广泛存在这一点看，我们的 C++教学确定应当改进了。

Bjarne Stroustrup 曾经感慨地说："我不是使用支持工具进行巧妙设计的信徒，但是我强烈支持系统地使用数据抽象、面向对象编程和类属编程。不拥有支持库和模板，不进行事先的总体设计，而是埋头写下一页页的代码，这是在浪费时间，这是在给维护增加困难。"他还认为，"一个人对 C 了解得越深，在写 C++程序时就越难避免 C 的风格，并会因此丢掉 C++的某些潜在优势。"为此，他提出了以下几个相关的要点。在这些情况下做同样的事情时，在 C++里存在比 C 中更好的处理方式。

（1）在 C++里几乎不需要用宏。用 const 或 enum 定义显式常量，用 inline 避免函数调用的额外开销，用 template 去刻画一族函数或者类型，用 namespace 去避免名字冲突。

（2）不用在需要变量之前去声明它，以保证立即对其进行初始化。声明可以出现在能出现语句的所有位置上，可以出现在 for 语句的初始化部分，也可以出现在条件中。

（3）不用 malloc()，new 运算符也能将同样的事情做得更好。对于 realloc()，请试一试 vector()。

（4）试着去避免 void*、指针算术、联合和强制，除了在某些函数或类实现的深层之外。在大部分情况下，强制都是设计错误的指示器。如果必须使用某个显式的类型转换，设法去用一个"新的强制"，设法写出一个描述你想做的事情的更精确的语句。

（5）尽量少用数组和 C 风格的字符串。与传统的 C 风格相比，使用 C++标准库 string 和 vector 常常可以简化程序设计。如果要符合 C 的连接规则，一个 C++函数就必须被声明为具有 C 连接的。

最重要的是，要将程序考虑为一组由类和对象表示的相互作用的概念，而不是一堆数据结构和一些去拨弄数据结构中二进制位的函数。

探索如何彰显 C++特色，也是本书改编的重要动因。

（三）

本次修改，将全书划分为 3 篇。

第 1 篇：C++命令式编程。用 4 章内容帮助初学者建立面向对象的问题分析思维，掌握相关方法和相关知识，树立面向对象程序设计中"一切皆对象，一切来自类"的意识。

第 2 篇：C++面向对象编程。用 3 章内容帮助读者理解如何在一个程序中组织类以及什么样的类结构才是好的程序结构。

第 3 篇：C++泛型程序设计。用 2 章内容介绍模板和 STL。C++的泛型以及通用、灵活的特点给读者的学习带来了一定乐趣，也为读者将来从事程序开发工作提供了更多便捷方法。

此外，本书每章都围绕一个主题展开，其目的是引申基本内容，或为以后的学习做铺垫。

这样的结构体系安排，是考虑了以下几个因素和写作思想的结果。

（1）Bjarne Stroustrup 的建议。

（2）重要先学，特色优先。

（3）思维开路，语法补充。

（4）多层次教学需要。

需要说明一点：本书给出的许多示例，虽然有用，但主要用于说明一种语法概念或给出一种编程思路，还不是精益求精的实用程序。

（四）

由 J. Piaget、O. Kernberg、R. J. Sternberg、D. Katz、Vogotsgy 等人创建的建构主义

（constructivism）学习理论认为，知识不是通过教师传授得到的，而是学习者在一定的情境即社会文化背景下借助其他人（包括教师和学习伙伴）的帮助，利用必要的学习资料，通过意义建构的方式而获得的。在信息时代，人们获得知识的途径发生了根本性的变化，教师不再是单一的"传道、授业、解惑"者，帮助学习者构建一个良好的学习环境也成为其一项重要职责。当然，这也是现代教材的责任。本书充分考虑了这些问题。

为了给读者创造一个良好的学习环境，本书采用二维码链接的形式给出了一些"知识链接"，其目的在于扩展读者的视野，帮助读者了解 C++某些机制的来龙去脉，也为精力充沛、不够消化者"加餐"。

此外，在相关章后面安排了概念辨析、代码分析、开发实践和探索验证 4 种自测和训练实践环节，从而建立起一个全面的学习环境。

（1）概念辨析主要提供选择和判断两类自测题目，帮助学习者理解本单元学习过的有关概念，把当前学习内容所反映的事物尽量和自己已经知道的事物联系，并认真思考这种联系，通过"自我协商"与"相互协商"，形成新知识的同化与顺应。

（2）代码分析。代码阅读是程序设计者所应掌握的基本能力之一。代码分析部分的主要题型是通过阅读程序找出错误或给出程序执行结果。

（3）开发实践。提高程序开发能力是本书的主要目标。本书在绝大多数单元后面都给出了相应的作业题目。但是，完成这些题目并非只是简单地写出其代码，而要将其看作一个"思维 + 语法 + 方法"的工程训练。因此，要求每道题的作业都要以文档的形式提交。文档中应包括以下内容。

① 问题分析与建模。

② 源代码设计。

③ 测试用例设计。

④ 程序运行结果分析。

⑤ 编程心得（包括运行中出现的问题与解决方法、对于测试用例的分析、对于运行结果的分析等）。

⑥ 文档的排版也要遵照统一的格式。

（4）探索验证。建构主义提倡，学习者要用探索法和发现法去建构知识的意义。学习者要在意义建构的过程中主动地搜集和分析有关的信息资料，对碰到的问题提出各种假设，并努力加以验证。按照这一理论，本书还提供了一个探索验证栏目，以培养学习者获取知识的能力和不断探索的兴趣。

（五）

本人从事程序设计教学近 40 年。这 40 年，是在不断探索中走过来的。从 20 世纪 80 年代末，本人就开始探索程序设计课程从语法体系到问题驱动的改革；到了 20 世纪 90 年代中期又在此基础上考虑让学生在学习程序设计的同时掌握程序测试技能；2003 年开始考虑如何改变学习了 C++而设计出的程序却是面向过程的状况。每个阶段的探索，都反映在自己不同时期的相关作品中。本书则是自我认识又一次深化的表达。

经过这 40 年的探索，我越来越感觉到编写教材的责任和困难。要编写一本好的教材，不仅需要对本课程涉及内容有深刻的了解，还要熟悉相关领域的知识，特别是要不断探讨贯穿其中的教学理念和教育思想。所以，越到后来，就越感到自己知识和能力的不足。可是，作为一项历史性任务的研究，我又不愿意将之半途而废，只能硬着头皮写下去。每一次任务的完成，都得益于一些热心者的支持和帮助。在本书的写作过程中，陶利民参加了部分写作工作。此外，张秋菊、史林娟、张有明、张展赫、戴璐等也参加了部分编写工作，以及有关材料收集、程序调试和文字校对工作。在此谨表谢意。同时，一如既往地希望得到读者的广泛批评和建议，以便将这本书改得更好。

本书就要出版了。它的出版，是我在这项教学改革工作中跨上的一个新的台阶。本人衷心希望得到有关专家和读者的批评和建议，也希望能多结交一些志同道合者，把这项教学改革推向更新的境界。

张基温

2021 年 3 月于锡城蠡溪

目　　录

第1篇　C++命令式编程

第 2 篇　C++面向对象编程

第 3 篇 C++泛型程序设计

第1篇　C++命令式编程

计算机程序是要求计算机完成某些任务的指令序列。这些指令序列需要使用某一种符号体系描述，这种符号体系称为程序设计语言。C++是其中之一。

每一种程序设计语言，都按照某种思想和目标，编制了一套规则和符号体系，形成了自己的编程模式。C++虽然是集命令式编程、面向对象编程和泛型编程为一体的程序设计语言，但还是以命令式编程为基础。

简单地说，命令式编程是用计算机可以执行的命令来构建解题过程。具体地说，就是直接面向冯·诺依曼计算机，从计算机的指令系统中选取合适的指令，来组织成问题求解的指令序列。随着程序设计语言从面向机器的低级语言发展到面向问题的高级语言，这种编程模式的基本思路没有变，变的仅仅是将机器指令系统中的指令进行了组合，并改换成与人类自然语言接近的符号体系。

现在，命令式编程语言已经有很多，但每种语言在规则和符号体系上都有自己的特色。这一篇介绍 C++命令式编程的基本方法，它也是面向对象编程和泛型编程的基础。

第1章　C++起步

1.1　初识 C++

1.1.1　C++程序的编译与连接

如图 1.1 所示，C++源代码变为可执行文件的过程分为 3 大阶段：预处理、编译和连接。

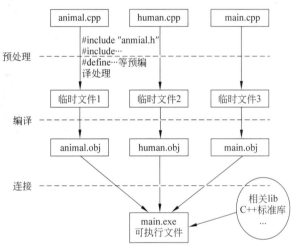

图 1.1　C++程序的编译过程

1. 编译预处理

为使程序简短并符合某些习惯，C/C++允许在程序书写上使用一些替代。这些替代并不一定符合 C/C++语法，而是只符合编译预处理器语法，因此在编译前，必须由编译预处理器将这些替代还原。在 C/C++源代码中，需要进行编译与处理的指令用#加以标记。

2. 高级语言程序的编译

C++是一种高级语言。用高级语言编写的源代码必须经过翻译处理成目标代码，才有可能被计算机理解。这是因为：

（1）高级语言接近人类自然语言，只有翻译成由二进制数 0、1 表示的机器语言，才能被计算机理解。

（2）高级语言编写的语句往往是计算机指令系统中几条指令的聚合，只有按计算机 CPU 的指令系统分解成一条一条的指令，计算机才能理解。

（3）不同的计算机 CPU 的指令系统有所不同。

对于高级语言源代码的翻译有两种方式：编译（compile）和解释（interpretation）。编译是按编译单位（文件）进行翻译，类似于笔译。解释是一句一句地进行翻译并执行，有点像口译。C++源程序采用编译方式。在编译时，编译器首先要检查代码中的语法错误。发现错误都要给出出错信息。只有无语法错误后，才开始翻译处理。

3. 目标代码的连接

编译是按照编译单位，而非按照程序单位进行的。此外，许多程序要使用系统提供的其他资源。因此，编译得到的目标代码还不是可执行代码，必须进行连接，即进行目标代码之间以及与系统资源之间的连接，才能得到可执行的代码。

1.1.2 C++程序的基本结构

【代码1-1】 一个简单的C++程序。

```
 1 //文件名: ex0101.cpp
 2 #include<iostream>
 3 int main()
 4 {
 5     using namespace std;
 6     int i;
 7     i = 5;
 8     cout << "输出i + 3的值: " << i + 3 << endl;
 9     return 0;
10 }
11
```

执行结果如下。

输出i + 3的值: 8

说明：

（1）一个C/C++程序就是一个main()函数。如果还有其他函数，都是作为main()的补充和扩展。

（2）C/C++都由函数头和函数体两部分组成。通常，main()的函数头为：int main(void)或int main()。应当注意，main 4个字符都必须小写。C/C++的函数体是括在一对花括号之中的语句（statement）序列。

（3）按照结构，语句分为两大类：行语句（简单语句）和块语句。行语句是以分号（;）结尾的语句。块语句是由多条行语句组成，并以花括号作为起止的语句。块语句在语法上与一条行语句作用相同。语句块是可以嵌套的，即大语句块中包含小语句块。语句块是对代码范围的划分。

C++标准库头文件

（4）最后一条语句"return 0;"表明能执行到这里，main()就顺利地执行结束了。返回0，表示程序正常结束。0是整数，这与main()前面的int相对应。int是一个整型数据标识符。放在函数名前，表示函数应当返回的数据类型。第6行中的int则是用来声明其后的变量i属于整型。

（5）程序前面的#include <iostream>是一条预处理命令，表示要在编译预处理时，把头文件 iostream 中的内容包含进来一起编译。iostream 是一个输入输出流头文件，它里面有对后面进行输出输入操作的有关元素的定义和说明。为了支持程序开发，C++提供了大量标准函数和类等资源。要使用哪个资源，就应当将其相应的头文件包含进来。因此，学习 C++应当了解它的标准库中有什么样的资源。一般在关于头文件的资料中就可以看到。

（6）在 C++程序中，以双斜杠（//）引出的字符串称为行注释（line comment）。它们是被编译器忽略的部分，仅用于代码的编写者向代码的阅读者传达一些说明信息。一行写不下的行注释不能在下一行接着写，除非再用一个双斜杠（//）引出，并且行注释后不可以有有效代码。在程序中添加充分的注释是一种好的程序设计风格。

1.1.3　C++程序的编译与执行过程概况

如前所述，一个 C++程序经过编译预处理、编译、连接才能成为可执行程序。编译预处理和连接比较简单，编译则要经过词法分析、语法分析、语义分析、中间代码生成、代码优化、代码生成、符号表管理等环节。这里不可能仔细分析每一个环节，仅以代码 1-1 中的程序粗略地介绍几个重要环节，以帮助读者了解 C++程序中一些组件的意义。假定程序经过预编译，把头文件 iostream 已经包含到了程序中。

1. 进入程序代码进行词法分析

根据文件名 ex0101.cpp（cpp 表示 C++源文件），进入这个程序代码，对所有的词语进行分析。在本程序中依次有如下分析对象：int、(、)、{、using、namespace、std、;、int、i、;、i、;、cout、<<、"输出 i + 3 的值："、<<、i、+、3、<<、endl、;、return、0、;、}。

先看标点符号和运算符有无错误。初学者常犯的错误是把标点符号以及运算符打成中文符号，直接是错误了。每一个错误，编译器都会记下其位置与错误类型。

接着对词进行分析。分析词不像分析标点符号和运算符那么简单，只看对不对就行。对它们需要分析来路。为了便于理解，对这些词的分析就用对一个新公司的人员进行清点为例来介绍。为清点公司的人，把人员分为 3 类：关键人员（技术骨干或领导）、上级派来或其他部门推荐来的人员和公司自己招聘的人员。在代码 1-1 中：

（1）int、using、namespace、return 就是关键的，称为关键字（keywords）。

（2）cout 和 endl 则像是上级派来的，派来的人员在介绍信 namespace std 中有它们的名字。在 C++中，namespace std 称为标准名字空间。在这个名字空间中命名了许多常用的名字。用编译指令 using namespace std 就是告诉编译器，在这个程序中可以使用 std 名字空间中的任何名字。如果不写这个编译指令，就需要在这两个词前面添加 std::，就好像要挂一个牌子，表示自己是 std 中的一员。这样，第 8 行就要写成

```
cout << "输出 i + 3 的值：" << i + 3 << endl;
```

std 中有系统定义的大量名字。如果只用其中一个，如只用其中的 cout，则可以使用指令

```
using std::cout;
```

（3）第 7 行有个 i，这个 i 在第 6 行已经声明过，是个 int 类型变量，是合法的。

关于 main，C++标准中没有说明它是关键词。因为这只是一种函数定义，只是系统调用的一个接口，不供别的函数调用。但是，它也不能写错，4 个字母中不能有大写。

还应当注意，C/C++是大小写敏感的语言，把该小写的字母写成大写，就是错误。

这样，词法分析就基本告一段落了。

2. 语法分析和语义分析

词写对了并非就没有问题，语法还得正确。例如，一个词、标点符号和运算符用错位置就是语法错误。下面仅对第 6～8 行进行一下语法和语义分析。

（1）在 C++中，数据都是有类型的。这里的第 6 行语句"int i ;"是声明变量 i，将它定义为 int（整数）类型。

（2）第 7 行语句"i = 5;"是将整数 5 赋值给整型变量 i。关于这两行，将在 1.3.1 节详述。

（3）第 8 行是输出。C++的输出用对象 cout 和操作符"<<"完成。cout 最初用于建立从程序到显示器的字符字节流，"<<"表示将其后面的数据以下面的规则插入到 cout 流中。

① 若是字符串（以双撇号括起的一串字符），则原样插入。

② 若是数值数据表达式，就计算表达式，将其值转换为字符流插入。

如本例中，先把字符串"输出 i + 3 的值："照原样插入到 cout 流中，显示在显示器屏幕上；再对表达式 i +3 进行计算，把其值 8 转换成字符插入到 cout 流中，显示在屏幕上；最后把 endl 代表的换行操作插入到 cout 流中，在显示器中虽然没有显示，但若有下一个 cout 流，则显示在下一行。

由于 cout 和 endl 都是定义在头文件 iostream 中，为此，必须使用#include <iostream>预处理命令在编译前把它们的定义包含进来。

1.2　C++基本数据类型

C++是一种强类型语言，它要求每一个数据都属于特定的类型。将数据归为数据类型的好处如下。

（1）使数据存储标准化，简化存储分配，就像床的尺寸标准化一样。

（2）使数据取值范围标准化，以便检查错误。

（3）使数据所施加的操作标准化，以便检查错误。

C++的数据类型有基本的（原子的），也有复合的；除了系统提供外，还允许程序员自己定义需要的类型。

C++的基本数据类型有整型和浮点型两大类。整型中主要有 char（字符型）、short（短整型）、int（一般整型）和 long（长整型）等；浮点型主要有 float（单精度浮点型）和 double（双精度浮点型）等。每一种又进一步划分为一些子类型。

1.2.1　C++基本类型的存储规格与 sizeof 运算符

1. C++基本类型的存储规格

C++有丰富的数据类型。为了便于不同的编译器能充分发挥自己的优势，C++标准没有对各个基本数据类型的长度进行严格的规定，只对每种基本数据类型的最低长度进行了规定，如表 1.1 所示。

表 1.1　C++对于基本数据类型的存储规定

类型名称	含　义	最低存储要求/b
char	字符类型	8
wchar_t	宽字符类型	16
char16_t	Unicode 字符	16
char32_t	Unicode 字符	32
short	短整型	16
int	整型	16
long	长整型	32
long long	长长整型	64
float	单精度浮点类型	32
double	双精度浮点类型	64
long double	扩充精度的浮点类型	80

说明：

（1）表 1.1 中对每种基本数据类型的规定是最低存储空间需求。C++允许不同的编译器为这些类型提供更长的存储空间，所以对不同版本的编译器，整数类型是不相同的。这就大大降低了程序的可移植性。为此，C++11 在头文件<cstdint>中定义了 4 套定长整数类型：int8_t/ uint8_t、int16_t/uint16_t、int32_t/ uint32_t、int64_t/uint64_t。

（2）借鉴 C 标准的灵活性，C++对编译器要求：short 至少 16 位；int 至少要与 short 一样长；long 至少 32 位，且至少与 int 一样长；long long 至少 32 位，且至少要与 long 一样长。

2. sizeof 运算符

sizeof 运算符可以很方便地获取一个类型或数据的存储长度。

【代码 1-2】　sizeof 运算符应用示例。

```cpp
#include <iostream>
int main()
{
  using namespace std;
  cout << "int:" << sizeof(int) << endl;
  cout << "5:" << sizeof(5) << endl;
  cout << "float:" << sizeof(float) << endl;
  cout << "12.3455:" << sizeof(12.3455) << endl;
  cout << "double:" << sizeof(double) << endl;
```

```
    return 0;
}
```

测试结果如下。

1.2.2　C++基本类型的存储格式

1. C++整数的存储格式

整数就是不带小数点的数，它们又进一步分为有符号整数和无符号整数。

1）有符号整数类型的存储格式

图 1.2 所示为有符号整数的存储格式示意图。这种存储格式称为定点格式。

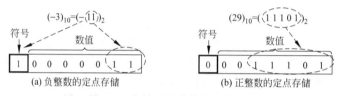

图 1.2　有符号整数的存储格式

定点格式分两个部分：数值部分和符号位。符号位占 1b，通常用 1 表示负，用 0 表示正。在一定长度的存储空间中，用 1b 来表示符号，就使表示数据的范围缩小了一半。因此，同样大小的存储空间，带 unsigned 所表示的数据的最大值比不带 unsigned 提高了接近一倍。例如，一个 8b 的存储空间，可以存储的最大数为 $(1111111)_2 = (2^7-1)_{10} = (127)_{10}$，最小数为 –127（采用补码为 –128，这也是 C++的未确定行为之一）；若不用符号位，则最大数为255，最小数为 0。

2）无符号整数类型的存储格式

没有符号位的整数存储起来比较简单，它的全部位数都用来存储数值。

2. C++浮点类型存储格式

在计算机中，把带小数的数据称为浮点数，而不是称为实数，因为计算机的字长是有限的，不仅无法表示无理数，许多有理数也无法精确地表示。另外，如图 1.3 所示，带小数的数在机器内的格式分为两大部分：尾数部分（又分为符号位和数值两部分）和阶码部分（即指数部分，又分为符号位和数值两部分）。同一个数据，改变阶码，就可以使小数点的位置浮动，所以称为浮点（floating point）形式。现在大多数计算机都遵循 IEEE754（即IEC60559）的规定：float 单精度浮点数在机器中表示用 1 b 表示数字的符号，用 8 b 来表示指数，用 23 b 来表示尾数（即小数部分）。对于 double 双精度浮点数，用 1 b 表示符号，用 11 b 表示指数，52 b 表示尾数。

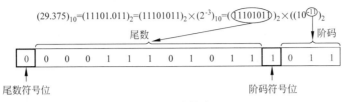

图 1.3 浮点格式

1.2.3 C++整数类型

1. 整数类型的取值范围

表 1.2 所示为几种标准存储空间对应的整数最小取值范围。

表 1.2 不同存储空间的整数最小取值范围

数据长度/b	最小取值范围	
	signed（有符号）整数	unsigned（无符号）整数
8	$-127 \sim 127$	$0 \sim 255$
16	$-32\ 767 \sim 32\ 767$	$0 \sim 65\ 535$
32	$-2\ 147\ 483\ 647 \sim 2\ 147\ 483\ 647$	$0 \sim 4\ 294\ 967\ 295$
64	$-(2^{63}-1) \sim 2^{63}-1$	$0 \sim 2^{64}-1$（$18\ 446\ 744\ 073\ 709\ 551\ 615$）

说明：C/C++标准没有指定数据的编码方式是原码、反码还是补码。因此，表 1.2 中所列为最小取值范围。这与代码 1-3 中不一样，这是标准与具体语言版本的不同。

2. 头文件 limits

头文件 limits 中将一个编译器中的整型极值定义为一组符号常量，如表 1.3 所示。借此可以让程序员很方便地获取自己使用的 C++系统中整型类型的极值。

表 1.3 limits 中定义的符号常量

符号常量	含 义	符号常量	含 义	符号常量	含 义
CHAR_MIN	char 的最小值	CHAR_MAX	char 的最大值	CHAR_BIT	char 的位数
SCHAR_MIN	signed char 的最小值	SCHAR_MAX	signed char 的最大值	UCHAR_MAX	unsigned char 的最大值
SHRT_MIN	short 的最小值	SHRT_MAX	short 的最大值	USHRT_MAX	unsigned short 的最大值
INT_MIN	int 的最小值	INT_MAX	int 的最大值	UINT_MAX	unsigned int 的最大值
LONG_MIN	long 的最小值	LONG_MAX	long 的最大值	ULONG_MAX	unsigned long 的最大值
LLONG_MIN	long long 的最小值	LLONG_MAX	long long 的最大值	ULLONG_MAX	unsigned long long 最大值

【代码 1-3】 limits 头文件应用示例。

```
#include <iostream>
#include <limits>


int main()
```

```
{
  using namespace std;
  cout << "CHAR_MAX:" << CHAR_MAX << endl;
  cout << "INT_MAX:" << INT_MAX << endl;
  cout << "INT_MIN:" << INT_MIN << endl;
  cout << "LONG_MAX:" << LONG_MAX << endl;
  cout << "LONG_MIN:" << LONG_MIN << endl;
  cout << "LLONG_MAX:" << LLONG_MAX << endl;
  cout << "LLONG_MIN:" << LLONG_MIN << endl;return 0;
}
```

测试结果如下。

```
CHAR_MAX:127
INT_MAX:2147483647
INT_MIN:-2147483648
LONG_MAX:2147483647
LONG_MIN:-2147483648
LLONG_MAX:9223372036854775807
LLONG_MIN:-9223372036854775808
```

3. 整数字面量的类型后缀

字面量是显式书写在程序代码中的数据，也称直接常量。它们具有即用即失的特点，不被单独存储。字面量也属于特定的类型。这些类型信息可以是隐含的，也可以是显式的：通常不带小数点且较小的十进制数默认为 int，比较大的默认为 long。整数字面量还可以用表 1.4 中所示的后缀显式标明该字面量的类型。

表 1.4　C++11 整数的类型后缀

类　　型	后　　缀	示　　例
unsigned int	u/U	321u/321U
long	L	321L
unsigned long	ul/LU/UL	321ul/321LU
long long	Ll/LL	321Ll/321LL
unsigned long long	ull/Ull/uLL/ULL	321ull/321Ull

4. 整型字面量的基数前缀

C++允许用基数 10（十进制）、基数 8（八进制）和基数 16（十六进制）书写整数，规则如下。

（1）非 0 开始的整数都是十进制数，如 123、987。

（2）以 0 为前缀，字符为 0～7 组成的数，都是八进制数，如 0123。

（3）以 0 为前缀，字符为 0～7 之外的符号组成的数，都是错误的表示，如 0876。这时编译器会给出错误信息：[Error] invalid digit "8" in octal constant。

（4）以 0x/0X 为前缀，由字符 0～9 以及 a～f（A～F）组成的数，都是十六进制数，如 0x123、0Xaf23 等。

（5）对于不带后缀的八进制数，将被默认为下面几种类型中能够存储该数的最小类型：int、unsigned int、long、unsigned long、long long 或 unsigned long long。由于十六进制数一般用来表示内存地址，而内存地址没有符号，因此，十六进制数一般应属于上述类型中的无符号类型。

1.2.4　char 类型

1．char 类型的概念：字符与小整数

顾名思义，字符类型是专门为表示字符而设计的数据类型。为了能在计算机中表示与存储字符，人们开发了一些字符编码规则。适合用 8b 编码的有 ASCII（American Standard Code for Information Interchange，美国标准信息交换代码）和 EBCDIC（Extended Binary Coded Decimal Interchange Code，广义二进制编码的十进制交换码）；适合用 16b 编码的有 Unicode（统一码，万国码）等扩展字符集。这些编码中，每个字符在计算机中都是以整数形式存储的。例如，在 ASCII 中，字符 B 的编码是 66，字符 b 的编码是 98。将编码显示成字符是用另外的程序转换而成的。所以，字符类型虽然常用来处理字符，但其二进制编码因位数较少又可作为小整数。

ASCII 字符集

2．char 类型的扩展

早先，C++只提供了关键字 char 表示字符类型，具体它是 8b 还是 16b 由编译器自己决定，属于一种未定义行为。后来 C++又提供了一个关键字 wchar_t 专门表示扩展字符集。C++11 还新增了 char16_t 和 char32_t，分别用 16b 和 32b 表示字符以满足更多的字符表示。

3．char 字面量

在 C/C++中，字符类型与字符串是有区别的。字符字面量是单撇号引起的单个字符，而字符串是用双撇号引起的 0 个或多个字符。例如
''：空字符。
'a'：字符 a。

4．转义字符

转义字符是特殊的字符型字面量，但是其不再是其字面含义，而是转变为其他含义，通常用于表示字符集中不可打印的控制字符和特定功能的字符。例如，在一个字符串中加入转义字符\n，就会执行一个换行操作。表 1.5 列出了 C++定义的转义字符序列。

表 1.5　C++定义的转义字符序列

序列	值	字符	功　　　能	序列	值	字符	功　　　能
\a	0X07	BEL	警告响铃（BEL,bell）	\\	0X5c	\	反斜杠（\）
\b	0X08	BS	退格（BS,back space）	\'	0X27	'	单撇号（'）
\f	0X0C	FF	换页（FF,form feed）	\"	0X22	"	双撇号（"）

序列	值	字符	功　　能	序列	值	字符	功　　能
\n	0X0A	LF	换行（LF,line feed）	\0	0		字符串结束符
\r	0X0D	CR	回车（CR,carrige return）	\?	0X3F	?	问号（?）
\t	0X09	HT	水平制表（HT,horizontal table）	\ddd	整数	任意	0：最多为 3 位的八进制数字串
\v	0X0B	VT	垂直制表（VT,vertical table）	\xhh	整数	任意	H：十六进制数字串

1.2.5　C++浮点数类型

1. 浮点类型的取值范围

表 1.6 所示为不同长度浮点类型数据的取值范围和有效位数。

表 1.6　不同长度浮点类型数据的取值范围和有效位数

数据类型	宽度/b	机内表示（二进制位数）			取值范围 （绝对值）	可提供的十进制有效数字位数 和最低精度
		阶码	尾数	符号		
float	32	8	23	1	0 和±(3.4e–38～3.4e+38)	7 位有效数字，精确到小数点后 6 位
double	64	11	52	1	0 和±(1.7e–308～1.7e+308)	15 位有效数字，精确到小数点后 10 位
long double	80	15	63	1	0 和±(1.2e–4932～1.2e+4932)	19 位有效数字，精确到小数点后 10 位

需要说明的是，十进制小数转换为二进制小数后，只有 0.0、0.5 等少数可以精确表示外，绝大部分不能精确表示。

2. 浮点字面量的类型

在程序代码中，带小数点的数都默认为 double 类型；其他带小数点的字面量用后缀显式增添类型信息。

（1）后缀 f/F 表示 float 类型，如 1.23f/1.23F。

（2）后缀 L 表示 long double 类型，如 1.23L。

3. 浮点字面量的 E 表示法

浮点字面量的 E 表示法也称科学记数法，适合表示非常大和非常小的数。语法为：

```
d.dddE+n
```

说明：

（1）d 表示十进制字符，+n 表示小数点向右移 n 位，若是-n 表示小数点向左移 n 位。例如 3.1415926 可以写成：0.031415926e+2 或 314.15926E-2 等。

（2）小数点不是必需的，但一定是按浮点格式存储的。

（3）中间不可添加空格。

1.3　C++变量、引用与指针

1.3.1　C++变量及其声明

1. 程序设计中变量的概念

命令式编程就是通过一系列命令的操作，来描述通过计算机操作，使问题由初始状态变化为目标状态的过程。在这个过程中，变化的环境参数数据分别用不同的名字表示。每个环境参数数据与名字的绑定体就称为一个变量（variable）。

在程序运行中，变量的每一次变化都是对其前一个值计算的结果，因此变量值在程序运行期间需要存储。C++将这种绑定分为两个阶段：变量的声明——名字与存储空间的绑定；变量的赋值——变量与新值的绑定。因此，使用一个变量之前必须先声明。需要注意，在命令式编程中变量的概念不同于数学中变量的概念。在数学中，变量代表未知的数据。而在命令式编程中，变量代表变化的数据。

2. C++变量的声明及其静态类型特点

计算机进行存储分配的依据是类型——对不同的数据类型分配不同的存储空间和存储方式。因此，变量声明就是要告诉编译器两个内容：变量的名字和它所代表的数据类型。C++声明变量的语法如下。

> **数据类型表达式 变量名** ［= 初始化表达式］

说明：

（1）类型表达式是表示类型的表达式，包括如下内容。

① 类型符，如 int、float、char、double、long 等。

② auto。auto 是 C++11 推出的一个类型推断符，即它可以从初始化表达式推断出一个类型，来定义一个变量的类型。例如

```
auto i = 2;
auto x = 12.345;
```

这在定义自定义类型变量时特别有用。

③ decltype(表达式)。decltype 也是 C++11 提供的一种简化变量声明的功能，以某表达式的类型与模板来定义一个变量的类型。例如

```
long l;
double d;
decltype(l * d)  x;        //以表达式 l * d 为类型模板定义 x 的类型，*为乘号
```

（2）变量名是一个符合 C++语法的标识符（详见 1.3.6 节）。

（3）初始化是声明变量的同时给它一个初值，即在变量所代表的存储空间中存上一个

确定的值；否则，变量所代表的将会是一个不确定的值，有可能是这个空间中原来存过的一个值。若不小心用这个变量进行了运算，就会得到错误的结果。所以，尽管 C++不要求在声明变量时一定要对其进行初始化，如在代码 1-1 中已经看到变量声明时一定要对其进行初始化，而养成初始化的习惯还是非常有益的。当然。变量的初始化值也不是随便给的，要看其将执行什么操作。例如将要执行加（+）操作，一般初始化为 0 比较好；若将要执行乘（*）操作或作为除数使用，初始化为 1 比较好。例如在代码 1-1 中，变量 i 的初始化可以写成

```
int i = 0;
```

也可以写成

```
int i = 2 - 2;
```

除了可以使用赋值操作符进行变量的初始化外，C++还允许使用函数操作符（()）对变量进行初始化。例如上述对变量 i 的定义，可以写为

```
int i(0);
```

或

```
int i(2 - 2);
```

C++11 还提供了用花括号（{}）进行变量初始化的语法。例如

```
int i {0} ;
char c={x};
```

这种语法称为列表初始化（list-initialization），可给复杂数据类型以列表形式提供初值。

（4）C++是一种静态类型语言，变量声明语句是在编译时被执行的。一个变量一经声明，其类型就确定，不可更改。这虽减少了一些灵活性，但便于数据错误检查，增加了一些可靠性。

（5）C++中对于变量声明的位置没有严格要求，只要在其应用之前即可。

1.3.2　C++变量赋值：赋值运算符与提取运算符

1. 用赋值运算符给变量赋值：左值和右值

赋值是将变量与数据值绑定的操作。一个变量一经声明，就可以在程序运行期间用赋值操作来改变其所代表的值，形式如下。

变量 = 表达式

在 C++中，赋值操作符（=）表示将其右边的表达式的值送给左边的变量中。

在程序设计中，为了说明赋值操作的意义，人们还把可以放到赋值操作符左边的表达式称为左值表达式，简称左值（lvalue）；把不能放到赋值操作符左边的表达式称为右值表达式，简称右值（rvalue）。而且左值一定是与一个存储空间相联系的。

注意: C++11 拒绝窄转换，即不允许将宽类型数据赋值给窄类型变量。例如

```
double d = 123;      // ok
int i = 1.23;        // error
```

2. 从键盘给一个变量赋值

与 cout 类似，在头文件 iostream 中还定义了一个标准输入流 cin（声明在 iostream 中，名字空间为 std）。这是一个从键盘缓冲区流向内存的字符流。从键盘提取数据的工作由提取运算符（>>）完成。这个操作符最初是为向简单类型变量输入数据而设计的，它从键盘缓冲区提取键盘上敲入的字符流，送到其右边的变量中。例如

```
#include <iostream>
int i;
cin >> i;
```

提取时，当检测到下一个输入指令时，会先跳过所有空白字符（回车、空格、制表符等），然后将与下一个空白符之间的有效字符按照接收变量的类型组织成一个数据，赋值给接收变量。这样可以从输入字符流中给多个变量提取数据，而且变量的类型可以不同。显然，除赋值外，输入语句也是向变量传输数据的一种方式。每一个变量前要使用一个提取运算符（>>），例如

```
cout >> a >> b >> c;
```

3. 用 const 限制变量赋值——定义符号常量

在变量声明时，使用 const 可以保护变量不被修改。这就成为 C++定义一个有类型信息的符号常量的手段。这称为变量的固化或符号常量的定义，例如

```
const double Pi = 3.1415926;
```

```
const double Pi(3.1415926);
```

为与普通变量相区别，人们常常将符号常量大写或首字母大写。

1.3.3　语句块与变量的作用域

C++程序是以语句为基本单位组织的。从形式上看，C++有两种语句：简单语句和语句块。语句块是用花括号括起来的一组语句，在语法上相当于一条语句。C++也允许一个语句块中包含其他的语句块，形成嵌套的语句块。这样，程序代码就形成具有层次的一些代码域：最外面是作为编译单元的文件，然后是大的语句块，中间是小的语句块……。

为了避免起变量名造成的额外负担，C++规定：在无特别声明的情况下，在哪个语句块中定义的变量，其作用域（scope）就在那个块内，即只能在这个域中被访问。

【代码 1-4】　变量的作用域示例（见图 1.4 中的代码）。

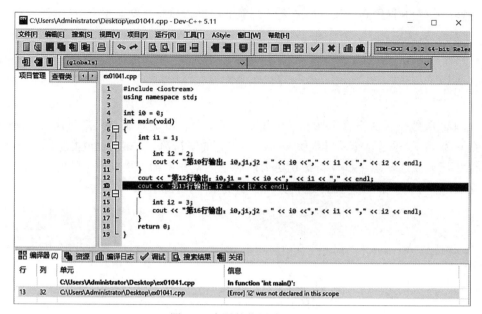

图 1.4　变量的作用域示例

　　这个程序没有编译成功，原因在于第 13 行的 i2 不在声明的代码域中，所以不能访问。如果注释掉第 15 行和第 18 行，则可以得到如下执行结果。

```
第10行输出：i0,j1,j2 = 0,1,2
第12行输出：i0,j1 = 0,1,
第16行输出：i0,j1,j2 = 0,1,3
```

　　这说明编译通过，运行成功。但是，为什么第 10 行与第 16 行所输出的 i2 的值不同呢？原因在于第 9 行声明的 i2 与第 15 行声明的 i2 不在同一个语句块内，即作用域不同。这就像在不同家庭中有相同名字的人，在其中一个家庭称呼这个名字时，不会是称另一个家庭中的那个同名人一样。这样，在不同的作用域中声明变量时，就不用再考虑其他域中有没有同名变量了。

1.3.4　引用变量

　　引用变量简称引用（reference），是 C++提供的别名机制。早期 C++允许用符号&给已声明变量添加一个别名。例如

```
int i = 88 ;    //定义一个变量
int & ri = i;   //为变量 i 定义一个别名（引用）
```

说明：
　　（1）符号&并非取地址操作符，而是与其前的 int 一起组成一个复合类型符 int &，称为指向 int 变量的引用类型，并用这个类型符定义了变量 ri。所以，引用是一种复合数据类型：承载了被引用的数据类型和别名两重意义。
　　（2）定义一个引用，必须在声明时进行初始化。

（3）一个引用与被它引用的变量具有相同的地址。这在大的数据对象作为参数或返回值时非常有用。

【代码1-5】 引用与它所指向的变量之间关系示例。

```
#include <iostream>
int main()
{
  using namespace std;
  int i;
  int & ri = i;
  cout << "i 的地址是: " << &i << "; ri 的地址是:" << &ri << endl;
  i = 5;
  cout << "i = " << i << "; ri = "<< ri << endl;
  ri += 3;
  cout << "i = " << i << "; ri = "<< ri << endl; return 0;
}
```

测试结果如下。

```
i 的地址是: 0x6ffe34; ri 的地址是:0x6ffe34
i = 5; ri = 5
i = 8; ri = 8
```

（4）从C++11起，引用承载了新的功能，关联到了字面常量以及表达式和函数返回等，形成右值引用（rvalue reference），用 T &&标记，颠覆了过去右值不能改变的理论，对于原来没有名字的实体也可以为之定义引用了；并把之前仅关联左值的、有名字的实体的引用称为左值引用（lvalue reference），用 T &标记。

1.3.5 指针变量

1. 指针 = 基类型 + 地址

指针（point）变量简称指针，也是一种复合数据类型，它所存储的是一种数据类型的地址。在 C/C++中，地址是有类型的，这个地址的类型由它所存储的数据类型决定。所以指针类型是由地址和该地址可以存储的数据类型复合而成的数据类型，可以简明地描述如下。

指针 = 基类型 + 地址

因此，在声明指针类型时需要两个符号：一个是（所指向的）数据类型符；另一个是表示与地址有关的星号（*），即声明一个指针变量的语法如下。

基类型 * 指针变量名；

但是，这样声明的指针变量所指向的地址是不确定的，通常称为野指针或悬浮指针。使用野指针与使用没有初始化的变量一样是很危险的。因此，声明一个指针时，应当给其初始化。

2. 指针初始化与取地址运算符（&）

指针初始化有两种方法。

1）用一个变量地址初始化指针

如果需要变量的地址，可以使用地址运算符&。这样，当需要一个指向某变量的指针变量时，就可以用该变量的地址初始化这个指针。

【代码1-6】 获取变量地址与指针初始化示例。

```cpp
#include <iostream>
using namespace std;

int main(void)
{
  int i = 0;
  cout << "i 的地址" << &i << endl;

  int * pi = &i;
  cout << "Pi 指向的地址" << pi << endl;

  return 0;
}
```

测试结果如下。

```
i的地址:0x6ffe44
Pi指向的地址:0x6ffe44
```

说明：一个表达式能不能进行取地址运算，常常作为判断它是不是左值表达式的依据。

2）用空指针初始化指针

有时需要一个指针，但是又还没有确定让它指向何方，为避免使其成为一个野指针，这时可以将其初始化为空指针，即用 nullptr（C++11 之前的 C++版本用 NULL 或 0）初始化它。

3. 指针的运算性质

按照指针的语义，指针运算有如下特点。

（1）指针可以与小整数相加减。即将指针所指向的存储空间（大小由指针类型决定）移动一个距离。

（2）不可以进行加运算，但可以进行同类型指针相减运算。同类型指针相减得到的是两个指针之间相隔的该类型数据个数。

（3）指针可以进行比较运算。

【代码1-7】 指针性质验证示例。

```cpp
#include <iostream>
```

```
using namespace std;

int main(void)
{
    int i1 = 0,i2 = 1,*pi1 = &i1,*pi2 = &i2;
    double d1 = 0., d2 = 1.23, *pd1 = &d1, *pd2 = &d2;
    cout << "int 类型指针 pi1: " << pi1 << ", 加 1: " << pi1 + 1 << endl;
    cout << "double 类型指针 pd1: " << pd1 << ", 加 1: " << pd1 + 1 << endl;
    cout << "int 类型指针相减: " << pi1 - pi2 << endl;
    cout << "double 类型指针相减: " << pd1 - pd2 << endl;
    return 0;
}
```

测试结果如下。

```
int 类型指针 pi1: 0x6ffe1c, 加 1: 0x6ffe20
double 类型指针 pd1: 0x6ffe10, 加 1: 0x6ffe18
int 类型指针相减: 1
double 类型指针相减: 1
```

说明：

（1）pi1 + 1 执行后，不是增 1，而是增 4。这个 4 就是作者本人所使用系统中一个 int 类型变量的存储空间 4B。pd1 + 1 执行后，增了 8。这个 8 就是作者本人所使用系统中一个 double 类型变量的存储空间 8B。这就说明指针所存储的数据是地址，而且这个地址是有类型的。

（2）pi1-pi2 的计算结果为 1，表明这两个指针指向的地址相差 1，即它们相邻。

4. 指针的递引用

指针的递引用也称为解指针，就是用指针去访问它所指向的存储空间中的数据。方法是在指针名前添加一个星号（*）。所以，星号（*）在 C/C++ 中已经承载了三重含义：乘、指针、解指针，具体是什么意义，要以其所作用的对象决定。

【代码 1-8】 指针递引用示例。

```
#include <iostream>
int main()
{
    using namespace std;
    int i = 5;                    //定义一个 int 类型变量 i
    int * pi = &i;                //用 i 的地址初始化一个指向 int 类型的指针 pi
    cout << "i = " << i << "; *pi = "<< *pi << endl;
    *pi = *pi + 3;
    cout << "i = " << i << "; *pi = "<< *pi << endl;
    return 0;
}
```

测试结果如下。

```
i = 5, *pi = 5
i = 8, *pi = 8
```

说明：用指针的递引用，可以操作它所指向的存储空间中的数据。因此，对于没有初始化的指针，由于它所指向的位置是无法预知的，并且也不管这个地址是否已经被使用，程序员又可以通过递引用的方式对这个地址空间中的内容进行操作，这就会导致程序以及系统出现非常隐匿的、难于跟踪的错误。即使这个指针被初始化过，但有意者也会通过地址加减，使这个指针移动到一些非常敏感的位置，实现不可告人的目的。所以，现在许多程序设计语言都不再提供指针机制。对于已经提供指针机制的 C/C++ 来说，因为还有些地方非用不可，只能采取能不用就不用的策略。

1.3.6　C++保留字与标识符

在 C++程序中要使用许多单词，这些单词可以分为两大类：保留字和标识符。

1．保留字

保留字（reserved word）是 C++语法定义过的或供 C++库使用的、被赋予专门用途的一些单词，如 int、float、double、char、bool、sizeof、if、else、for、while、do 等。

C++保留字

2．标识符

标识符（identifier）也称为用户标识符，是由程序员定义的名字。类名、对象名、数据成员名、函数名等都是标识符，如 Employee、emplName、emplAge、emplSex、emplBasePay 等。

3．C++标识符规则

在程序中使用标识符，需要有一定的规则。C++要求用户标识符应当遵守下面的规则。

（1）用户标识符由字母、数字和下画线 3 种字符组成，并且区分大小写。例如，Age、age、AGE 将被看作不同的标识符。

（2）用户标识符要以字母或下画线开头。

（3）C++标识符的长度（组成字符的个数）没有规定，但编译器能识别的标识符长度有一定限制。例如，有的编译器只识别前 31 个字符。

（4）C++不允许将关键字（keyword）及其他一些留作专用的保留字作为标识符。关键字对 C++编译器有特殊意义，而且具有全局性，用它们作标识符，会形成编译混乱。class、int、char、float 等都是关键字。

按照上述规则，下列是合法的用户标识符：

Abc、abc、a2、a_2 _ab、a_

下面不是合法的用户标识符：

2ab（数字打头）、abc$（含非法字符）、a-b（含非法字符）、int（关键字）、class（关键字）。

（5）在程序设计中，命名标识符是讲风格的。一个好的风格是"见名知义"，不要 a1、a2、a3、b1、b2、b3 等，搞得别人糊涂，自己也糊涂。另一个是要有一致性，特别是要按照公司的习惯和要求的风格，不要自行其是，更不要朝秦暮楚、反复无常。

几种流行标识符命名法

1.4 C++运算符

运算符也称操作符（operator），是计算机常用指令的抽象和符号化。C语言的一个优势是其设计了极为丰富的运算符。C++继承并发扬了这一优势。了解并掌握这些运算符是学习C++编程的必由之路。

1.4.1 C++运算符的种类

操作符要作用于数据。这些被操作符进行操作的数据称为操作数。不同的操作符对于操作数的个数和性质有不同的要求。

1. 按照操作性质分类

（1）算术操作符：对数值数据进行算术运算，有正（+）、负（-）、加（+）、减（-）、乘（*）、除（/）、模（%）、增1运算符（++）、减1运算符（--）。

（2）关系操作符：对可比较数据进行比较，有小于（<）、小于或等于（<=）、大于或等于（>=）、大于（>）、等于（==）、不等于（!=）。

（3）赋值运算符：简单赋值（=）、复合赋值（+=、-=、*=、/=等）。

（4）流运算符：插入（<<）、提取（>>）。

（5）其他：如函数调用符和值构造符（()）、长度计算符（sizeof）、逻辑运算符（&&、||、!）等。

2. 按照要求的操作数的个数分类

（1）单目操作符：要求1个操作数，如正负号操作符（+、-）。

（2）双目操作符：要求两个操作数，如赋值操作符（=）、算术操作符（+、-、*、/、%）。

（3）三目操作符，要求3个操作数：条件（?:）。

1.4.2 几个需要特别说明的C++运算符

表1.7中所列出的运算符大部分语义及用法都是不言而喻的。本节仅对其中一些加以特别说明，还有一些将在后面的章节中说明。

1. 除运算符（/）

在C/C++中，除运算符（/）的行为取决于两个操作数的类型。

（1）若两个操作数都为整数，则执行整除操作，即结果为整数并只保留商的整数部分。如9/5、9/6、9/7、9/8的结果均为1，而5/9、6/9、7/9、8/9的结果均为0。也就是说，表达式8/9*1000000的结果也为0。因此，对于整数除应当谨慎使用。

（2）若两个操作数中有一个是浮点数，则执行浮点除操作，即结果为浮点数，保留小数部分。如float(9)/5的结果为float类型的1.8，double(9)/5的结果为double类型的1.8。默认的 9./5 为 double 类型的 1.8。

这也说明了 C/C++表达式的一个运算规则：不同类型的数值数据参加运算时，将会按照"向高看齐"的原则把它们拉齐转换成同一类型。

2. 模运算符（%）

模运算符（%）用于整数除时返回余数，例如 9 % 7 返回 2。%不能用于浮点数。例如，float (9) % 7 将给出错误信息

```
[Error] invalid operands of types 'float' and 'int' to binary 'operator%'
```

而 9.% 7 将给出错误信息

```
[Error] invalid operands of types 'double' and 'int' to binary 'operator%'
```

3. 增 1 运算符（++）与减 1 运算符（--）

++称为自增运算符、递增运算符或增 1 运算符。--称为自减运算符、递减运算符或减 1 运算符。这个理解起来并无困难。但是，它们的使用应该注意以下几点。

（1）这两种运算符都由两个字符组成。在使用时，中间不可加入空格。

（2）它们都有两种形式：前缀（prefix），如++ x；后缀（postfix），如 x ++。前缀形式是"先增 1 后引用"，后缀形式是"先引用后增 1"。

【代码 1-9】 前缀形式与后缀形式的区别演示。

```cpp
#include <iostream>
int main()
{
  using namespace std;
  int i = 0;
  cout << "前缀形式" <<endl;
  cout << "当前引用值: " << ++ i << ", 随后引用值: " << i << endl;
  int j = 0;
  cout << "后缀形式" << endl;
  cout << "当前引用值: " << j ++ << ", 随后引用值: " << j << endl;
  return 0;
}
```

测试结果如下。

```
前缀形式
当前引用值: 1, 随后引用值: 1
后缀形式
当前引用值: 0, 随后引用值: 1
```

说明：第一次引用前缀形式增 1，它先增 1 才被引用，所以与随后引用的值相同。而第一次引用后缀形式增 1，它先被引用了原来的值才变，所以随后引用的值才是变化后的值。

（3）当一个 C/C++表达式中存在两个或多个自增或自减操作时，语义混乱。例如语句

```cpp
y = (5 * x ++) + (3 + x ++);
```

就是一个未定义行为（undefined behaviour）。因为它有两个子表达式。C/C++标准没有规定

先执行哪个子表达式，并且，自增是在先执行的子表达式之后进行，还是分别在两个子表达式执行后进行，还是整个右值表达式后进行，或是赋值之后进行，只好由各自的编译器去决定。这样，不同的编译器就可能出现不同的计算结果。因此，这样的表达式应当避免。

4. 关系表达式

为了判别两个数值表达式的大小关系，C++定义了如表 1.7 所示的 6 种关系运算符。

表 1.7　C++的关系（比较）运算符

项　目	操作符					
	>	>=	<=	<	==	!=
含　义	大于	大于或等于	小于或等于	小于	等于	不等于

说明：

（1）ANSI/ISO C++标准为 bool 类型预定义了 true 和 false 两个字面量。在程序中可以用它们初始化 bool 类型变量。

```
bool isSmaller = true;
bool noSmaller = false;
```

关系操作符的操作结果，得到的是 bool 类型。例如对于如下定义：

```
int a = 1, b = 2, c = 3;
a > b;          //取值 false，即 0
b >= a;         //取值 true，即 1
c == a + b;     //取值 true，即 1
c != a + b;     //取值 false，即 0
```

（2）关系运算符都具有从左到右的结合性。

（3）关系运算符可以分为两种：2 个判等运算符（==、!=）和 4 个比较运算符（>、>=、<=、<）。比较运算符的优先级别比判等运算符高，并且它们的优先级别都低于算术运算符。所以对于上述 a、b、c，表达式

```
a == c - 1 == b > c;
```

先执行 c - 1，得 2；再执行 b > c，得 false，即 0；再按照结合性，执行子表达式 a == 2，得 false，即 0；最后执行 0 == 0，得 true，即 1。也就是说，在这样的表达式中，要先进行算术计算，再执行关系计算；而在关系运算中，要先进行比较计算，再进行判等计算。

（4）要注意判等运算符（==）与赋值运算符（=）以及数学中等号（=）之间的区别。在数学中的等号与在程序中的赋值有些相似，而关系运算符中的判等（==）是前后两个操作数的比较。例如表达式 x == 5 的运算结果只能是 bool 类型的 true/1 或 false/0，而赋值表达式操作 x = 5 的结果是 int 类型的 5。

（5）如前所述，在计算机程序中，多数浮点数的表示具有不精确性，因此不提倡对浮点数进行相等比较。正确的比较是判断它们的精度是否在一个很小的范围内。

5. 逻辑表达式

最基本的逻辑运算只有 3 种：与、或、非。C++标准为它们提供了两套符号：&&、||、!和 and、or、not。它们是对 bool 类型数据进行运算，并得到 bool 类型值。表 1.8 为逻辑运算的真值表——逻辑运算的输入与输出之间的关系。

表 1.8　逻辑运算的真值表

a	b	!a（not a)	a && b(a and b)	a || b(a or b)
true	任意	false	b	a
false	任意	true	a	b

由此可以得出结论。

（1）对于表达式 a and b，如果 a 为 false，表达式的值就已经确定，可以立刻返回 false，而不管 b 的值是什么，所以就不需要再执行子表达式 b。

（2）对于表达式 a or b，如果 a 为 true，表达式的值就已经确定，可以立刻返回 true，而不管 b 的值是什么，所以就不需要再执行子表达式 b。

重要逻辑
运算法则

这两种行为都被称为短路逻辑（short-circuit logic）或惰性求值（lazy evaluation），即第二个子表达式"被短路了"，从而避免了无用地执行代码。这是一个程序设计中可以采用的技巧。

6. 逗号

逗号（,）在程序中有两种用法：一是作为分隔符；二是作为运算符。

（1）作为分隔符的逗号，用于分隔一组数据中的相邻项，例如

```
int i = 0, j;          //分隔一个声明语句中同类型的变量
```

但是，声明指针时要注意，星号（*）要随着指针变量。例如

```
int x,y;
int * px = &x, py = &y;
```

在编译时，会发出出错信息

```
[Error] invalid conversion from 'int*' to 'int' [-fpermissive]
```

只能写为

```
int x,y;
int * px = &x, * py = &y;
```

所以，为此就出现过在指针声明中，到底应该把星号（*）靠近前面的类型符写，还是靠近后面的指针名写，或二者谁也不近写的争论。最后没有结果，就看个人的理解和习惯了。

（2）作为运算符，逗号的作用是连接表达式为一个表达式。例如

```
i ++, j --
```

这在语法上只允许一个表达式，而一个表达式又无法满足逻辑要求时，很为有用。

1.4.3 运算符的优先级与结合性

当一个表达式中有多个运算符存在时，哪一个运算符先与操作数结合要看 3 个方面。

（1）有无用圆括号指示的强制优先计算。使用圆括号可以以内部优先的原则强制地改变运算操作顺序。

（2）当无圆括号强制或在一个圆括号级别内，看哪个运算符的优先级别最高。

（3）遇到优先级别相同的运算符时，按操作符的结合性规定的方向进行。

表 1.9 为常用的几种运算符的优先级和结合性。序号小的级别高。

运算符的
优先级与
结合性

表 1.9 常用的几种运算符的优先级和结合性

优先级	运算符	描　述	结合性
2	a ++ a --	后缀自增与自减	从左到右
	type() type{}	函数风格转型	
	a()	函数调用	
3	++ a -- a	前缀自增与自减	从右到左
	+ a - a	一元加与减	
	! ~	逻辑非和逐位非	
	* a	间接（解引用）	
	& a	取址	
	sizeof	取大小	
5	a * b a / b a % b	乘法、除法与余数	从左到右
6	a + b a - b	加法与减法	
9	< <=	分别为 < 与 ≤ 的关系运算符	
	> >=	分别为 > 与 ≥ 的关系运算符	
10	== !=	分别为 = 与 ≠ 的关系运算符	
14	&&	逻辑与	
15	||	逻辑或	
	=	直接赋值（C++ 类默认提供）	从右到左
	+= -=	以和及差复合赋值	
	*= /= %=	以积、商及余数复合赋值	
17	,	逗号	从左到右

例如：

表达式 a = d + b * c 的执行顺序为(a = (d + (b * c)))，因为*比+优先级高。

表达式 a = c * d / b 的执行顺序为(a =((c * d)/b))，因为*与/同级，但要向右结合。

表达式 a = b = c * b 的执行顺序为(a =(b =(c * b)))，因为赋值（=）是向左结合。

1.5 数组、字符串与构造体

数组与构造体是 C++中两种基础的复合数据类型：数组用来组织和存储同类型数据，构造体可以用于组织和存储异类型数据。尽管随着 C++的升级改版，数组将逐渐被序列容器替代，而构造体被类（class）替代，但它们有时也会被应用，并且还是容器的底层结构。

字符串是与数据相关的一种数据类型，也在不断旧貌换新颜。

1.5.1 数组

1. 数组的特点

数组（array）是系统定义的一种构造数据类型，可以存储一个数据群体，并有如下特点。

（1）数组用一个名字组织多个同类型数据，这个名字称为数组名。

（2）数组元素（elements）可以是原子的（基本类型的），也可以是组合的、对象的，但必须类型相同。"类型相同"意味着每个元素都具有相同的存储空间，并可以进行同样的运算。这个类型称为数组的基类型。

（3）数组的组成元素具有逻辑顺序，其逻辑顺序用下标表示。例如，一组年龄对象，用数组 age 组织，并分别用 age[0]、age[1]、age[2]等表示。这些方括号及括在其中的数字称为下标，表示这组数据之间的逻辑顺序关系，也表示数组中各元素的物理存储顺序——一个数组的元素被存储在一段连续内存单元中。所以数组也具有物理的顺序性。简单地说，数组是元素之间的逻辑顺序与物理顺序一致的数据结构。

2. C++数组定义的一般语法

与 C++中的任何标识符一样，数组名必须先定义才可以使用。数组定义就是根据数组公共属性进行注册并获得相应的内存分配的过程，语法如下。

<blockquote>

数组基类型 数组名 ［无符号整数表达式］；

</blockquote>

说明：

（1）数组的类型标记是：基类型+数组运算符（[]）。基类型表明可以组织的元素类型，方括号表示是一个数组，称为数据运算符。

（2）在 C/C++中，数组的长度——表示该数组最多可容纳的元素个数是在编译时计算的，为此数组长度的定义必须使用编译时整数表达式——任何整数常量表达式，例如整数常量、整数宏、字符常量，以及编译时可以直接得到值的其他整数表达式。数组运算符中是一个无符号整数表达式。例如声明

```
int age[3];
```

表明数组 age 最多可以容纳 3 个 int 类型的数据。由于数组元素的下标是从 0 开始的，所以

这个数组中的元素依次为 age[0]、age[1]和 age[2]。也可以写成

```
int age[5-2];                    //正确
```

或采用如下宏来定义数组长度。其好处是比较灵活，如果以后想改变数组的大小，仅在宏定义处修改即可。

```
#define N 3
int age[N];                      //正确
```

但 C++不太赞成使用宏，推荐使用 const 变量。例如

```
const int N = 3
int age[N];                      //正确
```

3. 数组初始化

数组初始化就是在定义数组时给数组元素以确定的值。下面分两种情形举例介绍。
1）全员初始化

```
int age[3] = {18,20,19};
```

或

```
int age[3]{18,20,19};           //C++11 允许省略赋值号（=）
```

如果缺省指定数组大小的整型表达式，编译器将会按照初始化表达式的个数确定数组大小，例如

```
int age[] = {18,20,19};
```

或

```
int age[]{18,20,19};            //C++11
```

2）前面部分元素显式初始化，编译器将对其余元素默认初始化。

```
int age[3] = {18};              //相当于:int age[3] = {18,0,0};
int age[3] {18};                //C++11。相当于:int age[3]{18,0,0};
int age[3] = {0};               //相当于:int age[3] = {0,0,0};
int age[3] {0};                 //C++11。相当于:int age[3] {0,0,0};
int age[3] {};                  //C++11。相当于:int age[3] {0,0,0};
```

注意：任何隐式初始化的元素不可以位于任何显式初始化元素之前。

4. 下标变量、下标表达式与数组名

一个数组被定义之后，其每个元素都可用组名加上括在方括号中的逻辑序号表示。这个逻辑序号称为下标（subscripting），是一个无符号整数表达式，也称为下标表达式。这种数组元素的表示形式称为下标变量。用下标变量可以随机地访问数组中的任何一个元素，

对其赋值或引用其值。

在 C++中，数组名不代表一个数组中的数据，它仅仅是这个数组开始的地址，不是变量，是个常量。

【代码 1-10】　数组名是一个常地址示例。

```
#include <iostream>
int main()
{
  int age[]={15,18,16};
  std::cout << age;
  return 0;
}
```

执行结果如下（这是一个常地址）。

```
0x6ffe30
```

【代码 1-11】　数组名只能作为右值使用示例。

```
int main()
{
  int age1[3];
  int age2[]={15,18,16};
  age1 = age2;           //error
  return 0;
}
```

编译这个程序不能通过。

因为数组名是个指向数组的内存首地址，即指向数组的第一个元素（下标为 0）的值。对 age 数组来说，age 的类型是 int *，其递引用才是数组的第一个元素（下标为 0）的值。因此，对于数组 age 来说，其下标变量与数组名的递引用之间有如下对应关系。

下标变量：age[0]、age[1]、age[2]。

数组名递引用：*(age + 0)、*(age + 1)、*(age + 2)。

【代码 1-12】　数组下标变量与数组名递引用之间的对应关系示例。

```
#include <iostream>
int main()
{

  int age[]={15,18,16};
  std::cout <<"下标变量: " << age[0] <<"," << age[1] << "," << age [2] << std::endl;
  std::cout <<"数组名递引用: ";
    std::cout << *(age + 0) << "," << *(age + 1 )<< "," << *(age + 2)<< std::endl;
    return 0;
}
```

执行结果：

```
下标变量: 15, 18, 16
数组名递引用: 15, 18, 16
```

5. 数组操作

（1）通常，对于数组的操作，只能用下标变量在元素级上进行。

（2）对数组操作要防止下标越界。编译器不进行越界检查，但下标越界有时会造成严重后果。

【代码 1-13】 数组下标越界示例。

```cpp
#include <iostream>
int main()
{

 int age[]={15,18,16};
 std::cout << age[0] <<"," << age[1] << "," << age [2] << std::endl;
 std::cout << age[3] << "," << age[4] << "," << age[5] << std::endl;
    return 0;
}
```

执行结果如下（下面一行输出的内容是不能预料的）。

```
15, 18, 16
0, 1, 0
```

1.5.2 字符串

字符串字面量是用双撇号作为起止符的一串字符。例如

```
"hello"                    //一个字符串字面量
"Programming in C"         //含有空格的字符串字面量
"I say:\'Goodbye!\'"       //含有转义序列的字符串字面量
```

使用字符串，要注意其与字符型字面量的区别。例如

（1）'A'：一个字符常数，ASCII 码值为 65 。

（2）"A"：一个字符串字面量，ASCII 码值为 65 0 。

（3）''（两单撇紧靠）：没有意义，错误。

（4）' '（两单撇之间空一格）：表示一个空格字符。

（5）""（两双撇紧靠）：表示一个空字符串字面量。

（6）" "（两双撇之间空一格）：表示由一个空格组成的字符串字面量。

为了进行字符串的处理，C++提供有两种方式：C-风格字符串方式和基于 string 类库的方式。这两种方式的共同特点是在内存中，用一个连续空间存储它。

1. C-风格字符串

1）C字符数组及其定义

C 语言不把字符串作为一种数据类型，而是用字符数组来实现字符串，并要求用空字符（'\0'）作为结束符。例如，上面的 3 个字符串字面量会由编译器自动在其最后添加一个 null 字符，存放到图 1.5 所示的字符数组中。C++继承了 C 的这一套字符串机制，并特把其称为 C 字符数组。

图 1.5　3 个字符串字面量的存储

字符数组的声明和初始化可以有以下两类形式。

（1）用字符列表+结束符进行初始化。

例如

```
char str1[6] ={ 'C', 'h', 'i', 'n', 'a', '\0'}; //给出数组大小
char str1[ ] ={'C', 'h', 'i', 'n', 'a', '\0'};  //不给出数组大小
```

采用这种形式，若初始化列表的最后没有给出字符串结束符'\0'，则声明的就不是字符串变量，而是字符数组，例如

```
char str1[6] ={ 'C', 'h', 'i', 'n', 'a'};       //给出数组大小
char str1[ ] ={'C', 'h', 'i', 'n', 'a'};        //不给出数组大小
```

（2）用字符串字面量进行初始化。

例如

```
char str1[6] = {"China"};                //给出数组大小,字符串字面量用花括号括起
char str1[6] = "China";                  //给出数组大小,字符串字面量不用花括号括起
char str1[ ] = {"China"};                //不给出数组大小,字符串字面量用花括号括起
char str1[ ] = "China";                  //不给出数组大小,字符串字面量不用花括号括起
```

注意：如果一个字符数组的长度不足于存储字符串的结束标志'\0'，这个数组就无法当作字符串变量使用。例如

```
char str[5] = "China";
```

就不能将 str 定义为字符串变量。

2）C-风格字符串的操作

（1）可以用字符数组名或字符指针直接引用 C-风格字符串，如对字符数组名使用插入运算符（<<）将字符串插入到 cout 流中，而它们的递引用只引用字符串的首字符。这是 C 数组与普通数组的不同之处。

【代码1-14】　C-风格字符串用法示例。

```
#include <iostream>
int main()
{
  char c[10] ;
  std::cin >> c;
  std::cout << "c:" << c << "; *c:" << *c << std::endl;
  return 0;
}
```

执行结果如下。

```
JiangsuWuxi
c:JiangsuWuxi; *c:J
```

（2）为了简化 C-风格字符串的操作。在 C 的标准库中收集了大量字符串操作函数（头文件 string.h）。例如

strcpy(s1,s2)：将字符串 s2 复制到 s1 中。

strcmp(s1,s2)：比较 s1 与 s2。

strlen(s)：返回 s 的长度。

…

C++借用了这些资源，将头文件改名为 cstring。

cstring 中声明的 C-字符串操作函数

2．string 类

string 类是 C++的 STL 提供的一种自定义类型。它可以执行 C-风格字符串所不能直接执行的许多操作，使得许多操作与基本类型有一样的形式，并且可以自动扩展存储空间，增加了操作的安全性和方便性。其操作有如下特点。

string 中包含的成员函数

（1）string 字符串变量的创建、初始化、赋值、比较、输入、输出有与基本类型一样的形式。

（2）string 字符串用加号（+）表示两个字符串的拼接。

【代码 1-15】 string 字符串基本用法示例。

```
#include <iostream>
#include <string>
int main()
{
  std::string str1 = "Jiangsu",str2,str3;
  std::cin >> str2;

  std::cout << "str1:" << str1 << "; str2:" << str2 << std::endl;
  str3 = str1 + str2;                //字符串拼接
  std::cout << "str1 + str2:" << str3 << std::endl;
  std::cout << "str1 + str2 > str3 :" << (str1 + str2 > str3) << std::endl;

  str3 += ",Jiangnan University";    //字符串附加
  std::cout << str3 << std::endl;
```

```
    return 0;
}
```

执行结果如下。

```
Wuxi
str1:Jiangsu; str2:Wuxi
str1 + str2:JiangsuWuxi
str1 + str2 > str3 :0
JiangsuWuxi,Jiangnan University
```

注意：使用 string 类，要用#include 指令包含头文件<string>。

（3）string 字符串中定义了丰富的成员函数，几乎提供了对字符串的所有可能操作。所谓"成员函数"指成为 string 分量的函数，使用这些函数要使用分量运算符（.）。

【代码 1-16】 字符串中字符查找测试。

```
#include<iostream>
#include <string>
using namespace std;
int main(){
    string s("hello world!");
    cout << "s : " << s << endl;
    cout << "'o' is at " << s.find('o');              //在字符串中查找字符 o 的位置
    cout << "\n\"world\" is at " << s.find("world");   //查找一个单词的位置
    cout << endl;
    return 0;
}
```

测试结果如下。

```
s : hello world!
'o' is at 4
"world" is at 6
```

【代码 1-17】 字符串中字符替换测试。

```
#include <iostream>
#include <string>
using namespace std;
int main(){
    string s("hello lovely world!");
    cout << s << endl;
    s.replace(6,6,"my");                //替换"my"
    cout << s << endl;
    s.replace(6,2,"great love",5);      //替换"great love"中的前 5 个字符
    cout << s << endl;
    s.replace(6,5,3,'a');               //替换 3 个'a'
    cout << s << endl;

    return 0;
}
```

测试结果如下。

```
hello lovely world!
hello my world!
hello great world!
hello aaa world!
```

【代码 1-18】 字符串中字符插入操作示例。

```cpp
#include <iostream>
#include <string>
using namespace std;
int main(){
    string s1("hello world!");
    cout << "s1 : " << s1 << endl;
    s1.insert(6,"C++ ");              //在位置6插入"C++ "
    cout << "s1 : " << s1 << endl;
    string s2("program ");
    s1.insert(10,s2);                 //在位置10插入字符串s2
    cout << "s1 : " << s1 << endl;
    return 0;
}
```

测试结果如下。

```
s1 : hello world!
s1 : hello C++ world!
s1 : hello C++ program world!
```

1.5.3 构造体

1. 构造体类型及其定义

构造体（struct）是 C/C++提供的一种供程序员定制复合数据类型的框架。这种数据类型框架的基本特性如下。

（1）用一组类型可以不同的数据作为成员。

（2）这一组数据在内存中占有一片连续的空间。

（3）它定制得到的是一种数据类型，所以定义构造体类型时，不分配内存，只有声明所定义类型的变量时，才分配内存。

构造体的一般语法如下。

```
struct 构造体类型名
{
    数据类型 1 成员名 1;
    数据类型 2 成员名 2;
        ⋮
    数据类型 n 成员名 n;
};
```

例如

```
struct person
{
    char* name;
    int age;
    char sex;
};
```

定义了一个构造体类型 struct person，它有 3 个成员，分别是 char*类型的 name、int 类型的
age 和 char 类型的 sex。

注意：

（1）C++允许类型名中省略关键字 struct。所以上述定义的类型名也可以认为是
person。

（2）C++还允许用操作数据成员的函数作为构造体类型的成员。

2. 构造体类型变量的声明与初始化

定义了一个类型后，就可以用这个类型来声明变量。例如

```
struct person zhang,wang,li;
```

或

```
person zhang,wang,li;                        // C++允许省略关键字 struct
```

还可以在定义类型的同时声明其变量。例如

```
#include <string>
struct person{
    string name;
    int age;
    char sex;
}zhang,wang,li;
```

构造体变量的初始化应当在声明构造体变量时采用列表方式进行。有如下 3 种形式。
第 1 种初始化形式：

```
person zhang =
{
    "zhangsan",
    26,
    'm'
};
```

第 2 种初始化形式：

```
persong zhang = {  "zhangsan", 26, 'm'};
```

第 3 种初始化形式（C++11 允许等号可选）：

```
persong zhang{  "zhangsan", 26, 'm'};
```

3. 构造体操作

（1）一种构造体类型的变量之间可以进行聚集赋值操作。

（2）构造体变量之间不可进行聚集算术和关系运算。

（3）访问构造体成员要使用成员运算符（.）。

【代码 1-19】 构造体应用示例。

```cpp
#include <iostream>
using namespace std;
struct person{
    char * name;
    int age;
    char sex;
};

int main(){

    person zhang{"zhangsan",29,'f'};
    cout << zhang.name << "," << zhang.age << "," << zhang.sex;
}
```

程序执行结果如下。

```
zhangsan,29,f
```

习 题 1

概念辨析

1. 判断题。

（1）执行 C++程序，就是执行 main()函数。 （ ）

（2）main()函数只能向系统返回 0。 （ ）

（3）一个 C++语句必须用句号结束。 （ ）

（4）模运算符只能用于数值类型。 （ ）

（5）在 C++中，实数用浮点数表示。 （ ）

（6）C++标识符对于字母不区分大小写。 （ ）

（7）一个 std::cout 语句只能输出一种类型的数据。 （ ）

（8）在 C++中任何数值数据都可以表示成八进制数、十六进制数。 （ ）

（9）在 C++中一个变量的引用就是该变量的替代品。 （ ）

（10）变量在程序中的作用就是存储数据。 （ ）

（11）常量是不能在程序中存储的数据。 （ ）

（12）在 C++中，可以将任何对象地址赋值给 this 指针，使其指向任一对象。 （ ）

（13）构造体是同类型数据的结构集。 （ ）

（14）构造体间可以进行算术运算与关系运算。 （   ）

（15）构造体之间可以进行赋值运算。 （   ）

2. 选择题。

（1）一个 C++语言程序总是从_____开始执行。

    A. 编译预处理命令   B. 输出语句   C. 主函数   D. 排在头部的语句

（2）一个 C++程序_____。

    A. 可以没有主函数   B. 应当包含一个主函数

    C. 应当包含两个主函数   D. 可以包含任意个主函数

（3）下面的选项中是 C++保留字的是_____。

    A. Int   B. for   C. If   D. Float

    E. doube   F. care   G. Char   H. Double

（4）下列选项中不是正确的 C++保留字的是_____。

    A. a+b   B. for   C. If   D. 2x

    E. doube   F. _care   G. $har   H. Double

（5）下列关于名字空间的说法中，正确的是_____。

    A. 名字空间指名字允许的长度

    B. 名字空间指一个编译单元中可使用的名字数目

    C. 名字空间指一个名字所在的程序区间

    D. 名字空间是防止名字冲突而设置的名字体系

（6）下面各项中均是合法整数字面量的是_____。

    A. 180   0XFFFF   011   B. −0xcdf   01a   0xe

    C. −01   999,888   06688   D. −0x567a   2e5   0x

（7）下面各项中均是不正确的八进制数或十六进制数的是_____。

    A. 016   0x89f   018   B. 0abc   017   0xa

    C. 010   −0x11   0x16   D. 0a123   78ff   −123

（8）常数 10 的十六进制表示为_____，八进制表示为_____。

    A. 8   B. a   C. 12   D. b

（9）下面各项中均是不合法浮点类型字面量的是_____。

    A. 2.   0.123   e3   B. 123   3e4.5   .e5

    C. −.123   123e45   0.0   D. −e   2.   1e2

（10）对于声明"char c;"，下列语句中正确的是_____。

    A. c = '97';   B. c = "97";   C. c = 97;   D. c = "a";

（11）下面关于变量的说法中，最不靠谱的是_____。

    A. 变量用于存储数据

    B. 变量用于存储可以变化的数据

    C. 变量用于存储解题过程中变化的状态元素

    D. 变量用于表示解题过程中变化的状态元素

（12）以下关于变量名的叙述中，正确的是_____。

A. C++不区分字母的大小写，例如 a 与 A 被看作同一个字符

B. C++语言允许使用任何字符构成变量名

C. 在变量名中打头的字符只能是字母或下画线

D. C++语言的变量名可以是任意长度

（13）指针_____。

A. = 地址　　　　　　　　　　　　B. 可以引用没有名称的内存地址

C. 是存储地址的变量　　　　　　　D. 是存放某种类型数据的地址变量

（14）"指针 = 基类型 + 地址"，表明_____。

A. 只有地址相等，而基类型不同的指针不是同一个指针

B. 两个不同基类型的指针，不可以进行算术减运算

C. 要搞清指针的概念，地址比基类型更重要，所以先要考虑地址

D. 要搞清指针的概念，基类型比地址更重要，因为后面才是重点

（15）表达式 *ptr 的意思是_____。

A. 指向 ptr 的指针　　　　　　　　B. 递引用 ptr

C. ptr 的引用　　　　　　　　　　D. 一个数乘以 ptr 的值

（16）下列对引用的陈述中不正确的是_____。

A. 每一个引用都是其所引用对象的别名，因此必须初始化

B. 形式上针对引用的操作，实际上作用于它所引用的对象

C. 一旦定义了引用，一切针对其所引用对象的操作只能通过该引用间接进行

D. 不需要单独为引用分配存储空间

（17）17 / 3 的值为_____。

A. 5.66667　　　　B. 5　　　　　　C. 6　　　　　　D. $5\frac{2}{3}$

（18）17 % 3 的值为_____。

A. 2　　　　　　　B. 3　　　　　　C. 5.66667　　　　D. $\frac{2}{3}$

（19）5 − 3. + 2 的值为_____。

A. 0　　　　　　　B. 0.0　　　　　C. 4　　　　　　D. 4.0

（20）若有定义"int m=7;"，则声明变量 p 的正确语句为_____。

A. int * p = &m;　　B. int p = &m;　　C. int & p = *m;　　D. int *p = m;。

（21）若有声明

```
int i; float f;
```

则下面的表达式中正确的是_____。

A. (int f)% i　　　B. int (f) % i　　　C. int (f % i)　　　D. (int)f % i

（22）备选项中是下面程序段输出的为_____。

```
//int k = d1 == d2;
char c ='a';
std::cout << "abc\ndef" << c << std::endl;
```

A. abc B. abc\ncd C. 出错 D. abc

                                                                      defa

（23）语句

```
std::cout << x = 5 >= 7 <= 9;
```

执行后的结果是_____。

A. 0 B. 1 C. d = 1 D. 语法错误

（24）语句

```
std::cout << （x = 5 >= 7 <= 9）;
```

执行后的结果是_____。

A. 0 B. 1 C. d = 1 D. 语法错误

（25）逻辑操作符所连接的对象_____。

A. 仅 0 或 1 B. 仅 0 或非 0 整数

C. 仅整型或字符型数据 D. 可以是任何类型数据

（26）下面关于操作符优先级别的描述中，正确的是_____。

A. 关系操作符 < 算术操作符 < 赋值操作符 < 逻辑"与"操作符

B. 逻辑操作符 < 关系操作符 < 算术操作符 < 赋值操作符

C. 赋值操作符 < 逻辑"与"操作符 < 关系操作符 < 算术操作符

D. 算术操作符 < 关系操作符 < 赋值操作符 < 逻辑"与"操作符

（27）判断 char 类型变量 ch 是否小写字母的正确表达式是_____。

A. 'a' <= ch <= 'z' B. (ch >= a) && (ch <= z)

C. ('a' >= ch) || ('z' <= ch) D. (ch >= 'a') && (ch <= 'z')

（28）对于声明"int a = 2, b = 3,c = 5;"，下列表达式中值为 2 的是_____。

A. (a == b) + (b < c) B. (a + b == c) || !(a > b)

C. (a + b == c) + !(a > b) D. (a + b == c) && !(a > b)

（29）下面程序的运行结果为_____。

```
#include <iostream>
int main()
{
  using namespace std;
  double d1 = 3 / 7, d2 = 3.0 / 7.0 ;
  int k = d1 == d2;
  cout << k << endl;
  return 0;
}
```

A. 0 B. 1 C. 出错 D. 不可预料

（30）下列数组的初始化语句中，错误的是_____。指出错在什么地方。

A. int arr={1,2,3,4,5}; B. int arr[]={1,2,3,4,5};

C. int arr[3]={1,2,3,4,5};　　　　　　D. int arr[6]={1,2,3,4,5};

E. int arr[6]={1,2.3,3.4,4.5,5.6};　　F. int arr[6]=(1,2,3,4,5,6);

G. int arr[]={};　　　　　　　　　　H. int arr[5]={};

I. arr[5]={1,2,3,4,5};　　　　　　　J. int n=5;char str[n]={'1','2','3','4','5'};

K. int arr={1,2+3,3*3,4,5};　　　　　L. int n=2; int arr={1,n,3+n,4,5};

（31）对于下面的声明

```
    ⋮
struct xyz{int a;char b}
    ⋮
struct xyz s1,s2;
    ⋮
```

在编译时，将会发生的情形是_____。

　A．编译时错　　　　　　　　　　B．编译、连接、执行都通过

　C．编译和连接都通过，但不能执行　　D．编译通过，但连接出错

（32）有构造体类型定义

```
struct s
{
    int a;
    int b;
}vs;
```

在下列候选答案中，正确的赋值操作是_____。

　A．s.a=5;　　　　　　　　　　　B．s.vs.a=5;

　C．struct va;va.x=5;　　　　　　D．struct s va={5};

　E．struct s vs.a=5;　　　　　　　F．vs.a=5;

🖊️**开发实践**

设计下列各题的 C++程序。

1．计算两个整数的积。

2．计算两个整数的商。

3．将 999min 换算成××小时××分钟。

4．仅显示"你好，C++语言！"。

5．一个程序中有两个 main ( )函数将会如何？

第2章　C++函数

命令式编程的实质就是编制解题的指令序列。随着计算机计算速度的飞速提高和存储容量快速增长，计算机的应用领域不断拓展，程序的规模也随之急剧扩大。有人把代码数量对人的影响比作人们面对马蜂的袭扰：当有几只马蜂向你袭来时，你很容易对付；若是成百只马蜂向你袭来，你将无法招架。在程序设计领域，一进入 20 世纪 60 年代，人们就已经有了人的智力在应对程序规模上力不从心的感觉。到了 20 世纪 60 年代中期，一场危机终于爆发："没有能按时交付的软件""没有不出现错误的程序"。著名的计算机霸主 IBM 公司的 360 系统负责人也发出了"如陷泥潭，挣扎得越厉害陷得越深"哀叹。不过，人们很快找到了解决办法——抽象与分而治之。于是，模块化编程便应运而生：把问题的求解抽象成多个功能模块的组合，甚至还可以把每个功能模块再看成是由多个子功能模块的组合。这样，当每个模块都具有相对独立性时，一个庞大的指令序列就被分解到各个模块中；而当每个模块的规模都容易掌控时，一个大程序的设计就易如反掌了。

函数（function）就是程序模块化的产物。它的基本思路是将一个复杂的程序按照功能进行分解，使每一个模块成为功能单一的代码块封装体。函数可以自己设计，也可以使用别人设计的、经过验证的"标准"函数来构建程序。这样，不仅使结构更加清晰，还大大降低了程序的复杂性和设计难度，同时在一定程度上实现了代码复用，有利于提高程序的可靠性、可测试性、可维护性和正确性。

函数是 C++组织程序的基本单位。

2.1　C++函数基础

在程序中，函数应用涉及定义、调用、返回和声明 4 个关键环节。

2.1.1　函数定义、调用与返回

1. 函数定义

函数语法如下。

```
函数返回类型 函数名(函数参数列表)
{
        函数体
}
```

说明：

（1）函数由函数头和函数体组成。函数头用于描述函数的基本特征，由函数返回类型、函数名和函数参数列表 3 部分组成。函数体是括在一对花括号中的语句序列，用于描述函数完成所规定功能的过程。

（2）函数名应当是符合 C++标识符规则的一个名字，一般首字母小写。实际上，函数名就是一个指向函数存储位置的指针。

（3）函数返回类型也称为函数类型，用于指明运算之后给出的数据是什么类型，供调用者使用时应对。当然，函数也可以不返回任何数据，例如仅仅输出一些数据的函数就没有返回值。没有返回值时，函数类型为 void。

（4）函数参数括在一对圆括号之中，表明函数的执行环境，即指明需要调用者提供的数据的数量及类型，多个参数之间用逗号（,）分隔。需要说明的是，这里的参数称为形式参数或虚参数，意为它们只起角色的作用，表明函数一旦被执行这些角色将如何演绎和活动。因此，这些参数的类型很重要，名字只要能表示角色即可，因为函数被调用时由调用者传来的数据才是真正的演员。当然，函数也可以没有参数。这时可以用 void 表示。void 可以表示函数没有返回值和没有参数，是一种特殊的 C++数据类型符。

（5）C++函数要定义在其他函数之外，所以函数名是一个全局的名字，任何一个其他函数都可以调用。而在函数体中定义的变量都是局部变量，只能在函数体内被访问。如果有个变量希望能被其他函数访问，则应当作为全局变量声明在所有函数的外部。

2. 函数调用过程

函数的调用涉及两类操作：数据传递和流程转移。如图 2.1 所示，当调用函数 funA() 中的调用语句 funB(x、y)调用被调函数 funB()时，首先要将 x 和 y 的值传递给被调函数 funB() 中的两个参数 a 和 b。这称为虚（参数）实（参数）结合。这里 a 和 b 称为函数 funB() 的两个形式参数，x 和 y 称为函数 funA() 的两个实际参数。数据传递要求，x 的数据类型需要与 a 的数据类型 Type1 兼容，y 的数据类型需要与 Type2 的数据类型兼容。若不需要向函数传递数据，则参数部分为空。参数传递之后，被调函数就有了初始状态，程序的执行流程就由调用方转移到被调用方，开始执行函数 funB()中的语句。

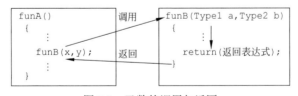

图 2.1　函数的调用与返回

一个函数（例如 funA()）可以调用另一个函数（例如 funB()）就称为函数的嵌套调用。如前所述，C++实际上就是执行一个主函数 main()，其他函数都是作为 main()的扩展和补充设计的。这些扩展和补充就是通过嵌套调用实现的。例如 main()调用了 funA()，funA()又调用了 funB()，funB()还可以根据需要调用其他函数。

3. 函数返回过程

函数返回涉及两类操作：数据传递和流程转移。当被调函数中的语句执行遇到一个 return 语句时，将执行返回操作。若 return 语句的返回表达式不为空，则可以向被调函数返回一个值，然后将流程转交给调用函数中的调用处；若 return 语句的返回表达式为空，则只执行流程返回。如果 return 返回表达式为空，并且位于被调函数的最后，该 return 语句也可以省略，由函数体的后花括号执行返回操作。

4. 实例

【代码 2-1】 一个计算圆面积的函数。

```cpp
#include <iostream>
double getArea(double);                 //函数声明

int main()
{
    using namespace std;
    cout << "输入半径: " ;
    double r = 0.0, area = 0.0;
    cin >> r;
    area = getArea(r);                  //函数调用
    cout << "面积为: " << area << endl;
    return 0;
}

double getArea(double radius)           //函数定义
{
    const double Pi = 3.1415926;
    double area = Pi * radius * radius;
    return area;                        //函数返回
}
```

测试执行情况如下。

```
输入半径: 1.0
面积为: 3.14159
```

2.1.2 函数声明、函数原型与头文件

1. 函数声明

C++程序在编译时，需要进行词法与语法检查分析。因此，在使用函数名进行函数调用前，必须让编译器知道这个函数名出自何方，有什么意义。函数声明就是这个用途，它向编译器注册一个名字：它是一个函数——用后面的一对圆括号表示，返回的数据类型、有几个参数以及各是什么类型，以便编译器对这个函数调用表达式进行词法、语法分析，来判断其有无错误。这也可以看成是函数与其调用之间的一个接口。

C++允许函数名重载，即用一个函数名来定义不同的函数。函数名重载时，编译器将根据参数类型或数量来判断是要调用哪个定义。

【代码 2-2】　函数名 getArea 重载时的函数声明示例。

```
#include <iostream>
int getArea(int);                               //整型 getArea()函数声明
double getArea(double);                         //双精度 getArea()函数声明

int main()
{
    using namespace std;
    cout << "面积1: " << getArea(1.) << endl;    //函数调用
    cout << "面积2: " << getArea(1) << endl;     //函数调用
    return 0;
}

double getArea(double radius)                   //双精度 getArea()函数定义
{
    const double Pi = 3.1415926;
    double area = Pi * radius * radius;
    return area;
}

int getArea(int radius)                         //整型 getArea()函数定义
{
    const double Pi = 3.1415926;
    int area = Pi * radius * radius;
    return area;
}
```

这个程序执行时，编译器将会根据参数来确定调用同名函数中的哪个定义。测试情况如下。

```
面积1: 3.14159
面积2: 3
```

2. 函数原型与头文件

函数声明必须包括返回类型、函数名和参数类型。这些基本信息称为函数的原型（prototype）。也就是说，函数声明是函数原型加上分号（;）。

一般来说，编译器有能力从函数定义中获取函数的原型信息。因此，若函数定义在调用之前，就不需要再画蛇添足地写一条函数声明了。但是，现代程序设计提倡自顶向下方式。在写代码时，先写主函数，看哪些功能需要再写函数补充、细化。因此，一般函数定义都在调用之后，写函数声明就是必要的了。

使用函数原型需要注意如下几点。

（1）函数原型中声明的函数返回类型、函数名、参数信息（数目、类型和顺序）应与函数定义一致。

（2）编译器只按照函数原型中的参数类型来对函数调用时的实参类型进行检查。因此，函数原型中可以不包括参数名称，并且即使包括了参数名称，也不一定要与函数定义中的参数名称对应一致。也就是说，这些名字仅在函数声明中有效。但是，在函数原型中不可缺少类型名，当有多个参数时，类型的顺序也要与函数头中的类型对应一致。

（3）预定义函数（库函数）的函数原型在相应的头文件中，使用库函数时必须用#include 命令包含相应的头文件。

2.1.3　函数内联

函数调用时需要进行参数传递、流程转移，函数返回时也有一个返回值传递和流程返回。这就要消耗资源，花费时间。然而，问题还不是这么简单。因为，函数调用时的流程转移时，许多计算都处于中间状态，为了在函数返回时能接着执行，还需要做两件事：一是把程序执行到什么地方记下来——称为保存断点；二是要把计算过程中各数据的中间值记下来——称为保护现场。这样，函数返回时还要恢复现场、返回断点，将流程返回。所以，函数调用是要花费不少代价的。特别是对一些极为简短，又会多次调用的函数时，调用和返回中的辅助工作花费的时间，可能会比执行函数代码花费的时间要多得多。

为此，C++提供了函数内联运行的机制，如图 2.2 所示，非内联函数有一个调用—返回的过程。每调用一次，就把流程转移到函数代码一次。函数代码执行结束后，要返回调用处。而内联函数在编译时将函数代码直接连接到需要调用的地方，以节省调用和返回的辅助开销，不再形成调用—返回过程，效率比较高，适合代码比较短且会多次调用的函数。

(a) 非内联函数fun()的调用情况　　　　　　　(b) 内联函数fun()的代码嵌入情况

图 2.2　编译后的普通函数和内联函数

注意： 内联函数中不宜有复杂的控制结构。有些编译器不支持内联函数中包含循环或switch 结构，有的只接受一两个 if 语句。

函数要不要内联执行，由程序员决定。对要内联执行的函数，要在函数头的最前面添加一个保留字 inline。当然，函数原型也同样要加上。

2.2　C++函数参数技术

函数调用过程由参数传递和流程转移两步完成。流程转移比较简单，参数传递则成为函数调用的关键。

2.2.1　值传递、地址传递与左值引用传递

值传递、地址传递和左值引用传递，表明了经过调用时的数据传递，调用方的实参与被调用函数中形式参数之间的关系。

1. 值传递

值传递调用的要点如下。

（1）调用开始，系统为形参开辟一个临时存储区，使形参具有独立于实际参数的临时存储空间，然后用实际参数的值初始化对应的形式参数。这种虚实结合方式称为单向的"值结合"。此后程序流程转移到函数中，开始执行函数规定的操作。

（2）在函数执行过程中，除非通过返回语句，否则函数对于形式参数的操作不会对实际参数产生任何影响。

（3）函数返回时，临时存储空间随之被撤销。

【代码 2-3】　参数值传递实例：平面上一个点在 x 和 y 方向移动一个单位。

```cpp
#include <iostream>
using namespace std;
void increment(int x, int y);
void display(int x, int y);

int main()
{
    int px = 3, py = 5;
    cout << "before increment:";
    display(px,py);
    increment(px,py);
    cout << "after increment:";
    disply(px,py);
    return 0;
}

void display(int x, int y)
{
    cout << "x = " << x << ", y = " << y << endl;
}

void increment (int x, int y)
{
    x ++;
    y ++;
    cout << "in fuction: x = " << x << ", y = " << y << endl;
}
```

程序一次测试结果如下。

```
before increment:x = 3, y = 5
in fuction: x = 4, y = 6
after increment:x = 3, y = 5
```

讨论：函数 increment()企图将一个点的两个坐标值都增量，但结果却未能如意。这是因为在函数 increment()中进行的增量操作仅仅是在函数调用时才创建的两个临时变量 x 和 y 上进行的。尽管这两个变量与类 Point 的数据成员同名，但却不是同一对变量。它们在函数 increment()执行时，各自占有各自的存储空间，互不牵涉。也就是说，函数 increment()不能对两个数据成员增量，并且函数 increment()没有返回值，所以不可能改变对象 p1 的两个成员变量的值。

2. 左值引用传递

左值引用传递的特点如下。

（1）左值引用传递的实质是将形参作为实参的引用。当形参的类型关键字与形参名之间插入一个引用操作符 &后，该参数就是一个左值引用参数。

（2）左值引用传递调用开始，系统不为形参开辟一个临时存储区，也不进行值的传递，而是将形参作为实参的别名，可以称为"传名"。这样，当流程转移到了函数中后，函数对于形参的操作实际上是对于实参的操作。

【代码 2-4】 采用左值引用传递调用的 increment ()函数。

```cpp
#include <iostream>
using namespace std;
void increment(int &x, int &y);
void display(int x, int y);

int main()
{
    int px = 3, py = 5;
    cout << "before increment:";
    display(px,py);
    increment(px,py);
    cout << "after increment:";
    disply(px,py);
    return 0;
}

void display(int x, int y)
{
    cout << "x = " << x << ", y = " << y << endl;
}

void increment (int &x, int &y)
{
    x ++;
    y ++;
    cout << "in fuction: x = " << x << ", y = " << y << endl;
```

```
    }
```

程序执行结果（请与代码 2-3 的执行结果比较）如下。

```
before increment:x = 3, y = 5
in fuction: x = 4, y = 6
after increment:x = 4, y = 6
```

如前所述，函数调用时，调用者传递给函数的参数就是为函数运行设置了一个初始环境。如果此后的运行中有要改变这个环境的操作，就是副作用。这个副作用往往会导致一些意想不到的情况。

3. 地址传递

地址传递就是以指针变量或地址常量作为实际参数。而被调函数端创建的形参是一个指针变量。传递的是个地址。因此，这时如果用递引用进行操作，则因两端是同一个地址，所以操作的数据还是实参那边的数据。这样，在被调函数端的操作会影响调用端的数据，所以不太安全。但是因为仅仅传递的是地址，数据量很小，在传送大类型数据时效率比较高。另外，若是两端都只进行地址操作，各在各自的一方操作地址，应该没有什么影响。

【代码 2-5】 使用指针参数的 increment ()函数。

```cpp
#include <iostream>
using namespace std;
void increment(int *x, int *y);        //指针作为参数
void display(int x, int y);

int main()
{
  int px = 3, py = 5, *ppx = &px, *ppy = &py;
  cout << "before increment:";
  display(px,py);
  increment(ppx,ppy);                  //指针作为参数
  cout << "after increment:";
  disply(px,py);
  return 0;
}


void display(int x, int y)
{
  cout << "x = " << x << ", y = " << y << endl;
}


void increment (int *x, int *y)        //指针作为参数
{
  (*x) ++;                             //++的优先级别比*高
  (*y) ++;
  cout << "in increment: x = " << *x << ", y = " << *y << endl;
}
```

一次测试结果（请与代码 2-3、代码 2-4 的执行结果比较）如下。

```
before increment:x = 3, y = 5
in increment: x = 4, y = 6
after increment:x = 4, y = 6
```

讨论：在这个例子中，函数使用了指针参数，并且在主函数中采用了指针实参进行函数调用，传送的内容是地址参数，所以函数 increment()的操作实际上是在主函数中的变量 px 和 py 上。

2.2.2 const 保护函数参数

保护参数的值在函数体中不被修改是 const 最广泛的一种用途。这里做一些说明。

（1）const 只能用于保护不参与输出的参数。例如：

```
void StringCopy(char & strDestination, const char & strSource);
```

给 strSource 加上 const 修饰后，如果函数体内的语句试图改动 strSource 的内容，编译器将指出错误。

（2）const 保护一般用于大数据的引用或指针的传递调用。

（3）const 参数的一种很好的替代是将 const 保护转移到函数内部，对外部调用者屏蔽，以免引起歧义。例如，可以将函数 void func (const int & x)改为

```
void func(int x){
    const int & rx = x;
    rx…
    ...
}
```

（4）左值引用参数要求实际参数是左值与 const 引用参数。

应当注意，左值引用参数传递的是变量的别名，即实际参数必须是左值(如变量)。因为只有初始化了的左值才能被建立引用。例如在下面的代码中，函数 fun()的调用语句是不合理的，因为表达式 y + 2 不是变量，无法有别名。

【代码 2-6】　非左值的实际参数引起错误。

```
#include <iostream>
using namespace std;
int fun(int & x);
int main()
{
    int y = 2,z;
    cout << (z = fun(y + 2)) << endl;
    return 0;
}
int fun(int & x)
{
    return x;
}
```

编译这个程序，将会出现如下错误。

```
error C2664: 'fun' : cannot convert parameter 1 from 'int' to 'int &'
        A reference that is not to 'const' cannot be bound to a non-lvalue
```

但是，若函数参数是 const 引用参数时，程序就可以通过编译了。

【代码 2-7】 将代码 2-6 改为 const 引用参数后的程序。

```cpp
#include <iostream>
using namespace std;
int fun(const int & x);
int main()
{
    int y= 2,z;
    cout << (z= fun(y + 2)) << endl;
    return 0;
}
int fun(const int & x)                  //函数参数改为 const 引用参数
{
    return x;
}
```

这个程序可以通过编译，执行结果如下。

4

这是为什么呢？因为当函数参数为 const 引用时，在下面两种情况下，编译器将会生成正确的匿名临时变量，将实际参数值传给该匿名变量，再让形式参数引用该变量。

2.2.3 形参带有默认值的函数

C++允许在函数声明中给出形参的默认值。在调用时，若给出了实参值，则使用实参值初始化形参；若没有给出实参值，函数将使用默认值初始化形参。

【代码 2-8】带有默认值的函数调用示例。

```cpp
#include <iostream>
#include <string>
using namespace std;
void dispStud (string nm= "zhang",int ag= 18, char sx ='f');    //在声明中给出默认值

int main()
{
    string name;
    int age;
    char sex;
    cout << "输入姓名、年龄、性别，用空格分隔: ";
    cin >> name >> age >> sex;
    dispStud (name,age,sex);            //函数调用
    dispStud (name,age);                //以下缺少实参的函数调用
```

```
    dispStud (name);
    dispStud();
    return 0;
}

void dispStud(string nm ,int ag, char sx )
{
    cout << nm << "," << ag << "," << sx << endl;
}
```

这样，这个函数在被调用时，就可以在调用语句中将后面一些参数或全部参数取默认值。测试输出如下。

```
输入姓名、年龄、性别，用空格分隔：Wang 25 m
Wang,25,m
Wang,25,f
Wang,18,f
zhang,18,f
```

说明：

（1）形参的默认值说明应保持唯一。

（2）在函数调用时，实参按照从左向右的顺序初始化形参，因此默认形参的声明只能按照从右向左的顺序进行，即在有默认值的形参右面不能出现无默认值的形参。

（3）形参默认值用表达式表示，也可以是一个函数调用。

（4）string 不是 C++内置的数据类型，而是定义在头文件 string 中的数据类型，其名字也属于 std 名字空间。

2.3　C++函数返回技术

除了函数参数，函数返回中也有一些技术问题。

2.3.1　C++函数返回的基本规则

函数返回是函数与调用者之间的另一接口。C++函数的返回要遵守如下规则。

（1）C++函数最多只能返回一个值。

（2）C++函数必须在声明和定义的函数名前用数据类型指定函数返回的类型。没有返回值时，用 void 指定。

（3）函数有返回值时，首先把要返回的值复制到一个临时位置，然后再让调用表达式接收这个值。例如代码

```
double d = sqrt(36.0);
```

执行时，会将函数 sqrt()计算的值保存在一个临时位置，然后再赋值给变量 d。

（4）main()函数的调用者是操作系统。 int main()表明 main()函数返回一个整数值给操作系统，通常用 return 0 向操作系统表明程序正常结束。

2.3.2 函数返回引用

函数返回引用分为返回左值引用和右值引用。返回左值引用是 C++98 就已经提供的一种机制，称为返回引用。下面介绍函数返回左值引用的特点，为叙述方便仍将之称为返回引用。

1. 函数返回引用的特点

当函数直接返回一个表达式的值时，需要把值保存到一个临时变量中，特别是当函数返回对象时，需要创建一个临时对象（当然需要调用复制构造函数）。而函数返回引用实际上是返回被绑定对象的别名，不需要调用复制构造函数创建临时对象，使返回的效率大大提高。此外，返回引用，函数调用表达式可以作为左值。

【代码 2-9】 函数调用表达式作为左值的实例。

```
#include <iostream>
int & getInt ( int& i);
int main(){
    int i = 888;
    std::cout << ++ getInt (i)  << std::endl;        //函数调用表达式作为左值
    return 0;
}
int& getInt ( int& i) {                              //使用实参的引用作为参数
    return i;                                        //返回实参的引用
}
```

执行结果如下。

889

2. 函数返回引用的限制

（1）函数返回引用，要求返回的是一个可修改的左值，而不是一个右值。

【代码 2-10】 函数返回引用要求返回的是一个左值。

```
#include <iostream>
using namespace std;
int & fun(int x);
int main(){
    int a = 1, b = fun(a);
    cout << b << endl;
    return 0;
}

int & fun(int x){
    return x + 1;                                    //函数返回的不是左值
}
```

编译这个程序，将会出现如下错误。

```
cannot convert from 'int' to 'int &'
A reference that is not to 'const' cannot be bound to a non-lvalue
```

（2）函数不能返回在函数体中定义的引用。对于代码 2-10 出现的问题，是否可以通过定义一个临时变量解决呢？

【代码 2-11】 函数返回函数体中定义的局部变量的引用时出现的问题。

```
#include <iostream>
using namespace std;
int & fun(int x);
int main(){
    int a = 1, b = fun(a);
    cout << b << endl;
    return 0;
}
int& fun(int x){
    int y = x + 1;
    return y;
}
```

这时，编译将会出现如下无法连接的错误。

```
warning C4172: returning address of local variable or temporary
Linking…
```

对象作为特殊变量，也有上述特征。这是因为引用是变量的别名，函数可以通过引用让调用函数操作被调用函数中的变量。但是函数中的变量随着函数的返回就被撤销了。"皮之不存，毛将焉附"。变量的实体不存在，从函数传递来的别名也就无法使用。尽管有的编译器在函数返回时自动生成一个临时对象，但并不能完全消除风险。最好的解决办法是不用函数中定义的局部变量的引用返回值，或者是使用 C++11 提供的右值引用。

习 题 2

概念辨析

1. 判断题。

（1）在命令式编程中，函数能帮助程序员将程序分解成可管理的任务。 （ ）

（2）一个函数最多只能返回一个值，所以最多只能有一个 return 语句。 （ ）

（3）函数可以没有 return 语句。 （ ）

（4）在一个编译单元中，函数原型必须在函数调用之前出现。 （ ）

（5）在函数调用语句中，实参可以是表达式。 （ ）

（6）在函数调用语句中，实参不需要指定其类型。 （ ）

（7）若在函数原型中指定了形参的默认值，在函数调用中就可以缺省实参。 （ ）

（8）内联函数可以省略函数的调用和返回过程，提高程序的执行速度。 （ ）

（9）左值引用参数对应的实参可以是任何表达式。 （ ）

（10）指针参数接收对应实参的地址。 （ ）

（11）C++允许不同的函数体使用同一个函数名。 （ ）

2. 选择题。

（1）下面关于函数形参的说法中，错误的是_____。

    A. 形参定义在函数体中   B. 形参定义在函数头中

    C. 形参可以是任何表达式   D. 形参可以带有默认值

（2）下面关于函数原型的说法中，正确的是_____。

    A. 函数原型就是函数头部   B. 函数原型中可以没有形参名字

    C. 函数原型中形参名字可是任意的   D. 函数原型可位于程序任何位置

（3）下面关于 void 函数的说法中，正确的是_____。

    A. void函数不能返回值给任何变量   B. void函数应当没有参数

    C. void函数没有return语句   D. void函数必须有参数

（4）下面关于函数默认参数的说法中，正确的是_____。

    A. 默认值要在函数定义中说明   B. 默认值要在函数原型中说明

    C. 默认值必须是常量表达式   D. 默认参数必须从最右边排起

（5）有如下原型：void testDefaultParam(int a, int b = 5, char c = '*');

下面的调用语句中，正确的是_____。

    A. void testDefaultPara(3);   B. void testDefaultPara(3, 8);

    C. void testDefaultPara(6, '%');   D. void testDefaultPara(0, 0 ,'%');

💥代码分析

1. 阅读下面的代码，指出代码段中的错误。

```
#include <iostream>
void func1( )
Int func2(float)
int main
{
    cout << Func1 << ',' << func2(1.234) << endl;
    return 0;
}
Int func2 (float){…}
Void func1 (void){…}
```

2. 阅读下面的代码，指出代码段中的错误。

```
#include <iostream>
GetTine(float *, int * )
int main
{
    Float x = 5;
    GetTine(x, n)
```

```
cout << Func1 << ',' << func2(1.234) << endl;
    return 0;
}
GetTine(float * pf, int * pi){…}
```

开发实践

1. 编写一个函数，对键盘上输入的两个数，分别求出平方和立方值。

2. 编写一个函数，当键盘上输入一个人名 XXX 时，就输出"您好！XXX"。

第3章　C++变量的访问属性

如果把任何一个数据都称为对象，那么在 C++中，对象与其名字是在编译时被绑定在一起的，并将这个绑定体称为变量。变量有名字、类型、存储空间（地址）这样 3 个基本存在属性。还有生命周期、作用域、连接性和名字空间这样 4 个访问属性。

生命周期（lifetime）也称数据存储的持续性，指数据在内存中保留的时间长短。显然，只有在生命周期中的数据才是可以被访问的。

作用域（scope）指名字在编译单元（文件）中的哪个范围内可见——可访问。可访问与生命周期有些情况下是一致的，但也可能不一致，这说明，在生命周期中的变量不一定在任何代码区间都是可以访问的。

连接性（linkage）指可以被不同单元共享的能力。

名字空间（namespace）决定了当有两个同样的名字出现时，如何根据命名体系进行区分，以便正确地访问。当然，名字空间并非仅仅针对变量，它们还针对一切标识符（包括保留字）。

3.1　C++变量的生命周期与存储分配

3.1.1　C++变量的生命周期

变量的生命周期即变量从创建（分配存储空间——名字与存储空间相绑定）到撤销（名字与存储空间相分离）中间的一段时间。在程序中，变量的生存期有以下 3 种。

（1）自动生命周期也称临时生命周期。具有这种生命周期的变量往往被用于程序的一个局部，即在程序的某个域中需要时才用定义语句创建，这个域结束时自动撤销。因此，除非特别声明，一般定义（声明）在语句块（函数也是语句块）中的变量都具有自动生命周期。

（2）静态生命周期也称永久生命周期。具有这种生命周期的变量在编译时就被分配了存储空间并初始化。其生命周期是从程序运行开始到程序运行结束。在程序中，凡是声明（定义）在函数外部的实体（变量、函数、类等）都具有静态生命周期。具有静态生命周期的变量称为静态变量或静态持续变量。静态变量的一个特点是声明时需要初始化，若无显式初始化,编译器会以默认值——将其所有 bit 位都设置为 0,称为零初始化(zero-initiaized)。

（3）动态生命周期，也称自由生命周期、可控生命周期。具有这种生命周期的变量可被用于程序的一个局部，但与域无关，其创建与撤销完全由程序员掌控。

显然，不管哪一种生命周期都与存储分配有关。所以也有人把变量的生存期称为存储的持续性。

3.1.2　C++存储分配

为了管理方便,编译器将 3 种生命周期的变量分配在不同的存储区中。图 3.1 所示为典型的 C++程序存储空间布局。它分为 5 个部分。

1. 全局区（静态区）

全局区（静态区,static area）也称永久区,存放永久生命周期的变量,也称静态持续变量或静态变量。这些静态变量的生命周期从程序运行开始被创建,直到程序运行结束时才被操作系统撤销。由于这个区的变量在程序运行期间不变,所以这个区是一个在程序运行期间不需要进行存储分配管理的区间。

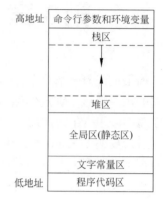

图 3.1　典型 C++程序存储空间布局

2. 栈区

栈（stack）是一种先进后出或后进先出式的存储管理方式。栈区（stack area）用于存储运行函数所需要的局部变量、函数参数、返回数据、返回地址等。程序运行到一个变量声明时,才开始为其分配存储空间,并按照分配的先后顺序压入栈中；当程序运行到该变量所在的块结束时,编译器按照先进后出的原则执行弹出操作,自动释放该块内的局部变量所占用的系统资源。由于这些变量只生存在程序的某个局部运行期间,因此称为临时变量；这些过程是自动完成的,因此又称为自动变量；这样的生命周期是局部的,也被称为局部变量。局部变量在定义时如果不显式初始化,则值是一个未知数。

3. 堆区

堆区（heap area）也称自由存储区（free store area）,用于存放由程序员分配并释放的变量,即它们可以由程序员需要时用一个操作符创建,不再需要时用一个回收操作符回收,它们的生命完全掌握在程序员手中,由程序员根据需要动态地掌控,不受块域的影响,所以它们的生命周期是可控的、动态的。如果程序员没有释放,程序结束时可能由操作系统回收。

堆与栈公用一个堆栈区,分别从这个区的两端开始分配。

4. 文字常量区

常量存储区是一块比较特殊的存储区,其中存放的是字符串常量,不允许修改,程序结束后由系统释放。

5. 程序代码区

程序代码区（code segment/text segment）用于存放函数体（类成员函数和全局区）的二

进制代码。这些代码具有只读属性，可以共享。有些编译器把代码段与文字常量区放在一起，也称为码段。

3.1.3　动态内存分配

动态存储区也称堆（heap）区或自由存储区，是供程序员在程序运行期间进行动态分配的区间。程序员可以在需要时分配，不再需要时回收，与代码块无关。在 C++中，用一元操作符 new 进行动态存储分配，用 delete 回收动态分配的内存空间。

1．用 new 进行动态内存分配

用 new 进行动态内存分配，需要下面两个参数。

（1）类型：决定所分配的内存空间以哪种类型单位为一个单位。

（2）数量：分配的内存空间为多少个分配单位，用方括号中的正整数表示。默认为 1 个单位。

分配成功，将返回一个指针——所分配空间的地址。这个地址是堆空间的一个地址，由操作系统给出。例如

```
int *ptrInt = new int;              //分配 1 个 int 空间，地址赋给 ptrInt
int * ptrInt = new int [10];        //分配 10 个 int 空间，地址赋给 ptrInt
double *ptrDouble = new double;     //分配 1 个 double 空间，地址赋给 ptrDouble
double *ptrDouble = new double [3]; //分配 3 个 double 空间，地址赋给 ptrDouble
```

在分配存储空间的同时，还可以进行初始化。初始值放在圆括号内。若圆括号内为空，则初始化为默认值。若没有圆括号，则初始值不可知。例如

```
int *p5 = new int(5);               //初始化为 5
int *p0 = new int();                //初始化为 0
int *px = new int;                  //初始值不可预测
int *pd = new int[2]{3,5};          //分配两个 int 空间，分别初始化为 3 和 5
```

2．用 delete 释放动态存储空间

当用 new 动态分配的存储空间不再使用时，应及时用操作符 delete 释放回收，否则就会造成内存空间的浪费。例如

```
delete ptrInt;                      //释放 ptrInt 所指向的动态存储空间
delete ptrDouble;                   //释放 ptrDouble 所指向的动态存储空间
```

使用 delete 应注意以下几点。

（1）delete 也是一个一元操作符，它作用于指向一个动态存储空间的指针，使所指向的地址不再有效，即释放这个指针所指向的动态存储空间。

（2）用 delete 释放一个指针所指向的堆空间，一定要是由 new 为该指针分配的堆空间。不可用来释放没有用 new 分配过堆空间的指针所指向的空间。否则，将产生不可预料的错误。也就是说，new 和 delete 是相互配合使用的。

（3）释放一个指针指向的动态存储空间时，不需要考虑该空间是否已被初始化过。

（4）尽量避免多个指针指向同一对象。例如

```
int *pi1;
int *pi2;
…
pi1 = new int;
pi2 = pi1;
…
```

这样，当 pi1 需要用 delete 释放时，必须同时也释放 pi2，否则 pi2 将"悬空"，对其操作将会导致内存混乱。

（5）当已经对一个指针使用过 delete，使其指向的内存释放，再次使用 delete 时，就会使运行的程序崩溃。克服的方法是将这个指针赋予 nullptr(NULL)值。这样，即使对其再次实施 delete，也可以保证程序是安全的。

（6）也许有人认为，程序结束时所有内存都会被自动回收。这当然是真的，不过，等程序结束再回收一些本来可以再利用的存储空间，纯属亡羊补牢。在极端情况下，当所有可用的内存都用光时，再用 new 为新的数据分配存储空间就会造成系统崩溃。例如，在一个函数中使用 new，指向所分配的堆空间的指针是一个函数中的局部变量。这样，当函数返回时，指针被销毁，所指向的内存空间即被丢弃，这片内存空间将无法利用。

【代码 3-1】　用 delete 释放对象指针的例子。

```
#include <iostream>
int main() {
using namespace std;
    int *pInt;
    pInt = new int (555);
    cout << "1. 指针内容: " << pInt << "存储内容: " << *pInt << endl;
    delete pInt;
    cout << "2. 指针内容: " << pInt << "存储内容: " << *pInt << endl;
    pInt = nullptr;                    //给指针赋予 NULL 值
    cout << "3. 指针内容: " << pInt << endl;

    //cout << "存储内容: " << *pInt << endl;
    delete pInt;
    cout << "4. 指针内容: " << pInt << endl;
    return 0;
}
```

测试结果如下。

讨论：请读者测试指针经过一次 delete 操作后，不赋予 nullptr(NULL)，再实施一次 delete 时，程序运行将会出现什么情况。

在上述程序中,有一条被注释掉的语句,用于经过一次 delete 操作并赋予 nullptr(NULL)后,还想输出指针指向空间的内容。请读者考虑,如果不注释这条语句将出现什么问题。

3.2   C++标识符的作用域与连接性

3.2.1   作用域与连接性的概念

1. 标识符的声明域

标识符的声明域（declaration region）按存在结构可以形成的代码区间。按照代码范围的大小，从小到大，可以把标识符的声明域分为语句域、语句块域、函数域、类域和文件域。

（1）语句域。语句域是指标识符仅在一个语句中有效，是最小的作用域。函数原型声明具有语句域，即在函数原型声明中使用的参数名只在这个语句中有效。

（2）语句块域。语句块域即语句块作用域，简称块域，针对那些定义在用花括号括起的一组语句中、if 的子语句中、switch 的子语句中，以及循环体中的变量或对象而言，它们的作用范围仅在定义它的相应范围内，从定义时起是有效的。

（3）函数域。函数域也称为函数作用域，针对函数的形参、函数体内定义的变量或对象而言，但不包括在函数体内的语句块中定义的变量或对象。对于 C++来说，函数域也可以看成一种块域，并且是最大的块域。

（4）类域。一个类由一些成员组成，包括数据成员和成员函数。这些成员名字的作用域为所在的类（具体见第 5 章）。

（5）文件域。文件是程序进行编译的单位，所以文件域也称编译单元域。在函数和类之外定义的标识符具有文件作用域，其作用域从说明点开始，在文件结束处结束。文件作用域包含该文件中所有的其他作用域。

由于文件是编译的单位组织，因此文件域是一个特殊域：标识符可以在文件域或块域中定义，但在文件域中定义的标识符在文件所有的块中都可以使用，称之为全局变量。相对而言，在块域中定义的标识符具有局部性，称为局部变量。

在 C++程序中，以下几项属于文件域。

① 类的成员函数以外的其他函数。

② 宏名，除非文件中出现了 undef 取消定义。

③ 如果标识符出现在头文件的文件作用域中，则该标识符的作用域扩展到嵌入了这个头文件的程序文件中，直到该程序文件结束。

2. 标识符的潜在作用域

标识符的潜在作用域（potential scope）简称作用域（scope），是标识符可见、可以被使用的代码区间。潜在作用域位于声明域中，从声明点开始到声明域结束。因为，在 C++中，标识符要先定义（或声明）才可以使用。

【代码 3-2】   作用域示例。

```
#include <iostream>
int i;                                    //文件作用域
int main()
{
    using namespace std;
    i = 888;
    {
        int i = 666;                       //块作用域
        cout << "i = " << i << endl;      //输出 666
    }
    cout << "i = " << i << endl;          //输出 888
    return 0;
}
```

测试结果如下。

在这个程序中，最外层的 i 有文件作用域，最内层的 i 有块作用域，最内层的 i 隐藏最外层的 i，这时在最内层无法存取文件作用域的 i。使用作用域操作符::可以在块作用域中存取被隐藏的文件作用域中的名字。

【代码3-3】 使用作用域操作符::在块域中访问具有文件域的变量。

```
#include <iostream>
int i;                                    //文件作用域
int main(){
    using namespace std;
    i = 888;
    {
        int i = 666;                       //块作用域
        cout << "i = " << ::i << endl;    //使用作用域操作符::
    }
    cout << "i = " << i << endl;
    return 0;
}
```

测试结果如下。

i = 888
i = 888

说明：可能读者已经注意到了，前面讲过，C++程序是从主函数开始执行，随主函数结束而结束，中间可以调用其他函数。那么定义全局变量的语句"int i;"是什么时间执行的呢？可以说，是编译时执行的。因为外部的定义都是静态的。

3. 局部变量与全局变量

在命令式编程中，以函数作用域为界，按作用域可以把 C++变量分为两类：局部变量和全局变量。当一个变量声明在函数——实际上是所有语句块外部（函数也是语句块）时，它就具有全局作用域——实际上是文件作用域，即它在当前文件——编译单元的全局范围内，可以被任何一个函数或语句块访问。这种变量就称为全局变量。

当一个变量声明在一个函数内部时，它就只具有局部作用域。这样的变量称为局部变量。

4. 标识符的连接性

标识符的连接性（linkage）指标识符的作用域可以被扩展的能力，或者说是标识符在不同的单元间共享的能力。按照连接性，可以把标识符分为外部连接标识符、内部连接标识符和无连接标识符。由于连接是编译的一个阶段，因此连接性的划分以文件域（编译域）为基准进行划分。

（1）外部连接性：标识符的作用域有可能被扩充到其他文件域，即可以在文件间共享。

（2）内部连接性：标识符的作用域只限于当前文件域，即只能在一个文件的不同函数间共享。

（3）无连接性：标识符的作用域只限于当前函数域或块域，没有被共享的能力。

3.2.2　全局变量与 extern 关键字

1. 全局变量的定义

全局变量也称外部变量，其作用域也称外部作用域，实际上就是文件作用域。定义全局变量的语法如下。

```
extern 类型关键字 变量名 = 初始化表达式;
```

这种定义，不仅将一个变量的作用域定义为外部的，而且将所声明的变量存储在静态存储区，所以该变量的生命周期是永久的。例如

```
extern double d = 0.0;      //合法的全局变量声明：有extern，也有初始化
double d = 0.0;             //合法的全局变量声明：无extern，但有初始化
double d;                   //合法的全局变量声明：无extern，也无初始化
```

2. 全局变量的初始化

1）全局变量的初始化缺省

当使用 extern 定义全局变量时，初始化是不可缺省的；只有 extern 缺省时，初始化才可以缺省。在初始化缺省时，编译器会自动给其进行零初始化。

2）全局变量的初始化阶段

从语言的层面来说，全局变量的初始化可以划分为以下两个阶段。

（1）静态初始化（static initialization）：指在程序加载的过程中用 0 或常量来对全局变量进行初始化。

（2）动态初始化（dynamic initialization）：指需要经过函数调用才能完成的初始化，例

如，int a = foo( )，或者是复杂类型（类）的初始化（需要调用构造函数）等。这些变量的初始化会在 main( )函数执行前由运行时调用相应的代码从而得以进行（函数内的 static 变量除外）。

需要明确的是，静态初始化执行先于动态初始化。只有当所有静态初始化执行完毕，动态初始化才会执行。显然，这样的设计是很直观的，能静态初始化的变量，它的初始值都是在编译时就能确定，因此可以直接硬编码（hard code）到生成的代码中，而动态初始化需要在运行时执行相应的动作才能进行。

3）初始化的顺序问题

初始化的顺序问题分如下几种情况考虑。

（1）静态初始化执行先于动态初始化。只有当所有静态初始化执行完毕，动态初始化才会执行。

（2）对于出现在同一个编译单元内的全局变量，它们初始化的顺序与它们声明的顺序是一致的。销毁的顺序则相反。

（3）对于不同编译单元间的全局变量，C++ 标准并没有明确规定它们之间的初始化（销毁）顺序是一种实现定义行为，即顺序完全由编译器自己决定。因此，一个比较普遍的认识是：不同编译单元间的全局变量的初始化顺序是不固定的，哪怕对同一个编译器，同一份代码来说，任意两次编译的结果都有可能不一样。因此，要避免不同编译单元间的全局变量相互引用的情况。

3. 全局变量的定义性声明与引用性声明

严格地说，定义与声明是两个不相同的概念。声明的含义更广一些，定义的含义稍窄一些，定义是声明的一种形式，定义具有分配存储的功能，凡是定义都属于声明，称为定义性声明（defining declaration）。另一种声明称为引用性声明（referencing declaration），它仅仅是对编译系统提供一些信息。总之，声明并不都是定义，而定义都是声明。

对于局部变量，声明与定义合二为一；对于全局变量，声明与定义各司其职。

在一个程序中，定义性声明只能有一个，而引用性声明可以有多个。定义性声明中可以有初始化表达式，但引用性声明中不可以有初始化表达式。

1）用 extern 引用性声明将全局变量的作用域向前扩展——连接到当前位置

对于 C++来说，全局变量具有内部连接性，当其定义位于一个文件的后部时，可以用引用性声明将其连接到前部。函数的原型声明就是一种引用性声明。相对于引用性声明，把外部类型的定义称为定义性声明。变量的引用性声明的格式如下。

extern 类型关键字 变量名；

注意：这里没有初始化部分。与引用性声明的区别是，定义性声明要么使用有关键字 extern 的，必须有初始化部分；要么省略关键字 extern，可以没有初始化部分。而引用性声明必须有 extern，并且不可以有初始化部分。

【代码 3-4】 使用引用性声明将全局变量的作用域向前扩展。

```
#include <iostream>
void gx( ),gy( );
using namespace std;
int main(){
    extern int x,y;                //引用性声明,将 x 和 y 的作用域扩充到主函数
    cout << ": x = " << x << "\t y = " <<  y << endl;
    y = 246;
    gx( );
    gy( );
    return 0;
}
void gx( ){
    extern int x, y;               //引用性声明,将 x 和 y 的作用域扩充到函数 gx()
    x = 135;
    cout"2:x = " << x << "\t y = " << y << endl;
}

int x, y;                          //定义性声明,定义 x,y 是全局变量
void gy( ){
    cout"3:x = " << x << "\t y = " << y << endl;
}
```

程序测试结果如下。

```
1: x = 0          y = 0
2:x = 135         y = 246
3:x = 135         y = 246
```

讨论:第一次输出 x=0 和 y=0,是全局变量初始化的结果(不给初值便自动赋以 0)。在执行 gx( )函数时,只对 x 赋值,没对 y 赋值,但在 main( )函数中已对 y 赋值,而 x 和 y 都是全局变量,因此可以引用它们的当前值,故输出"x=135, y=246"。同理,在函数 gy( )中,x 和 y 的值也是 135 和 246。

定义性声明与引用性声明除了形式不同外,全局变量的定义性声明只能有一次,但引用性声明可以有多次。

2)用 extern 引用性声明将全局变量连接到当前文件中

全局变量具有外部连接性。假设一个程序由两个以上的文件组成。当一个全局变量声明在文件 file1.cpp 中时,在另外的文件中使用 extern 声明,可以通知连接器一个信息:"此变量到外部去找";或者说在连接时告诉连接器:"到别的文件中找这个变量的定义"。即,使用 extern 声明就可将其他源文件中定义的变量及函数连接到本源程序文件中。

【代码 3-5】 将全局变量连接到其他文件的例子。

```
/*** file1.cpp ***/
#include <iostream>
int x, y;                          //定义全局变量 x,y
```

```
char ch;                         //定义全局变量 ch
int main()
{
    using std::cout;
x = 12;
    y = 24;
    f1( );
    cout << ch;
    return 0;
}
```

```
/*** file2.cpp ***/
extern int x,y;                  //引用性声明
extern char ch;                  //引用性声明
f1( )
{
    using namespace std;
    cout << x << "," << y << endl;   //引用全局变量
    ...
    ch ='a';                     //引用全局变量
...
}
```

说明：

（1）在 file2.cpp 文件中没有声明变量 x、y、ch，而是用 extern 声明 x、y、ch 是全局变量，因此在 file1.cpp 中定义的变量在 file2.cpp 中也可以引用。x、y 在 file1.cpp 中被赋值，它们在 file2.cpp 中也作为全局变量，因此输出 12 和 24。同样，在 file2.cpp 中对 ch 赋值'a'，在 file1.cpp 中也能引用它的值。当然要注意操作的先后顺序，只有先赋值才能引用。

注意：在 file2.cpp 文件中不能再定义"自己的全局变量"x、y、ch，否则就会犯"重复定义"的错误。

（2）如果一个程序包含有若干个文件，且不同的文件中都要用到一些共用的变量，可以在一个文件中定义所有的全局变量,而在其他有关文件中用 extern 来声明这些变量即可。

（3）在 C++程序中，函数都是全局的，也可以加上 extern 修饰，将其作用域扩展到其他文件。

3.2.3　C++的 static 关键字

static 是一个非常重要的存储属性关键字，它可以用来修饰局部变量，将其生命周期延长为永久的；也可以修饰全局变量，将全局变量的外部连接性限制为内部的；还可以用于定义类的成员，使其成为该类的所有对象共享的成员。

1. 用 static 将全局变量连接性限制为内部连接性

在多文件程序中，若用 static 声明全局变量的定义，则该全局变量的连接性被限制在当前文件内部，即不能连接到其他文件；而无 static 声明的全局变量，连接性是外部的。例如，

某个程序中要用到大量函数，其中有几个函数要共同使用几个全局变量时，可以将这几个函数组织在一个文件中，并将这几个全局变量声明为静态的，以保证它们不会与其他文件中的变量发生名字冲突，保证文件的独立性。

【代码 3-6】 采取表达式 r2 = (r1 * 123 + 59) % 65536，产生一个随机数序列。只要给出一个 r1，就能在 0～65535 范围内产生一个随机整数 r2。

```
static unsigned int r;          //将全局变量的连接性变为内部的
int random()
{
    r = (r * 123 + 59) % 65536;
    return (r);
}


/*产生 r 的初值*/
unsigned randomstart(unsigned int seed) {retrun r=seed; }
```

说明：r 是一个静态全局变量，初值为 0。在需要产生随机数的函数中先调用一次 randomstart()函数以产生 r 的第一个值，然后再调用 random()函数。每调用一次 random()，就得到一个随机数。

对于一个多文件程序来说，由于每个文件可能都是由不同的人单独编写的，这难免会出现不同文件中同名但含义不同的全局变量。这时，若采用静态全局变量，就可以避免因同名而造成的尴尬局面。所以，在程序设计时最好不用全局变量，非用不可时，也要尽量优先考虑使用静态全局变量。

【代码 3-7】 extern 与 static 综合应用实例。

```
extern int a;                   //声明变量a：外部连接
extern void f(int x);           //声明函数f，外部连接；x：局部，无连接
static int b = 999;             //声明变量b：全局，内部连接
int main(){
    f(a);
    f(b);
    return 0;
}
```

```
//code2.cpp
#include <iostream>
extern int a;                   //声明变量a，使其作用域向前扩展到此
void f( int b)                  //定义函数f，全局，外部连接；变量b，局部，无连接
{
    using namespace std;
cout << "a = " << a << ",b = " << b << endl;
}
int a = 888;                    //声明变量a：全局变量，外部连接
```

执行结果如下。

```
a=888, b=888
a=888, b=999
```

说明：

（1）关键字 extern 可以将作用域从定义域延伸到声明语句所在域。

（2）函数一般具有外部连接性，所以函数声明可以用关键字 extern 修饰，也可以将关键字 extern 省略。

（3）函数也可以用 static 修饰为文件内部的，以限制外部引用。

2. 用 static 将局部变量的生命周期延长为永久——创建静态局部变量

自动变量在使用中有时不能满足一些特殊的要求，特别是在函数中定义的自动变量，会随着函数的返回被自动撤销。但是有一些问题需要函数保存中间计算结果。解决的办法是将要求保存中间值的变量声明为静态的，使其生命周期成为永久性的。

【代码 3-8】　用 static 实现一个函数不同调用时的共享。

```cpp
#include <iostream>
void getFact(int n);
int main()
{
    getFact (3);
    return 0;
}
void getFact(int n)
{
    using namespace std;
    for (int i = 1; i <= 3; i ++) {
        static long int fact = 1;     //fact 只在函数第一次调用时初始化，在以后调用中共用
        fact *= i;
        cout << i <<"! = " << fact << endl;
    }
}
```

测试结果如下。

3.2.4　C++变量存储属性小结

C++中，用存储属性综合变量的作用域、生命周期和连接性，提供了如下一些存储说明符（atorage class specifier）：

auto（在 C++11 中已改类型自动判定符）；

register（寄存器存储）；

static（静态存储）；

extern（外部连接）。

表 3.1 为 C++变量存储属性小结。

表 3.1　C++变量存储属性

分类		声明位置	声明关键字	生命周期	潜在作用域	连接性
局部变量	自动变量	语句块	无/register	自动	语句块	无
	静态局部变量	语句块	static	静态	语句块	无
全局变量	静态外部变量	文件域	无/extern	静态	文件	外部
	静态内部变量	文件域	static	静态	文件	内部

3.3　C++名字空间域

3.3.1　名字空间及其创建

1. 名字空间的概念

2007 年 7 月 31 日，一个网站发布了中国 13 亿人口中重复率最高的前 50 个名字，其中张伟（290 607 人）、王伟（281 568 人）、王芳（268 268 人）、李伟（260 980 人）位居前列。众多的重名现象，在某些情况下已经成为一个令人头疼的问题。但是，对于一个家庭来说，就不会出现这个现象。

在程序中同样会出现这样的问题。随着程序规模的扩大，程序中使用的具有全局作用域的名字会越来越多，例如全局变量名、函数名、类名、全局对象名等。大规模的程序一般是多人合作编写的。每一个人在自己涉及的那部分程序中可以做到名字不重，但很难保证与别人编写的那部分程序中没有名字冲突。此外，一个程序往往还需要包含一些头文件，这些头文件中也有大量的名字，如 cout、cin、ostream、istream 等。这么多名字的程序块，其中极有可能包含与程序的全局实体同名的实体，或者不同的块中有相同的实体名。它们分别编译时不会有问题。但是，在进行连接时，就会报告出错，因为在同一个程序中有两个同名的变量，认为是对变量的重复定义。这就是名字冲突（name clash）或称全局名字空间污染（global namespace pollution）。解决名字冲突的有效方法是引入名字空间（name space）机制。

名字空间的作用是将一个程序中的所有名称规范划分到不同的集合——名字空间中，确保每个名字空间中没有任何两个相同的名字定义。否则，将会引起重定义错误。

2. 名字空间的创建

名字空间用关键字 namespace 定义，格式如下。

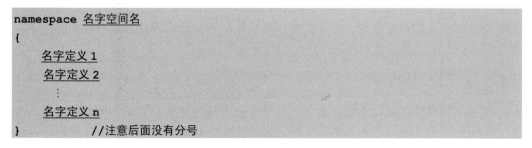

```
namespace 名字空间名
{
    名字定义 1
    名字定义 2
        ⋮
    名字定义 n
}          //注意后面没有分号
```

在声明一个名字空间时，花括号内不仅含有变量（可以带有初始化表达式），也能含有常量、数（可以是定义或声明）、构造体、类声明、模板及一个嵌套名字空间。

【代码3-9】 名字空间的定义。

```
namespace zhang1                              //名字空间定义
{
    const double  PI = 3.14159;               //全局常量定义
    double radius = 2.0;                       //全局变量声明
    double getCircumference()                  //外部函数定义
    {return 2 * PI * radius;}

    class C{                                   //类定义
        int a;                                 //类域变量声明
        int b;                                 //类域变量定义
    public:
        C (int aa, int bb):a (aa),b (bb){}     //类域函数定义
        int disp () {return (a + b);}
    };
    namespace zhang2                           //嵌套的名字空间定义
    {int age;}
}
namespace zhang1                              //在 zhang1 中加入新成员
{
    int d = 123;
}
```

说明：

（1）namespace 是定义名字空间所必须写的关键字，zhangl 是用户自己指定的名字空间的名字，在花括号内是声明块，在其中声明的实体称为名字空间成员（namespace member）。

（2）名字空间的成员可以是全局变量名（如 radius、age）、全局常量名（如 PI），函数名（如 getCircumference）、类名（如 C）。它们在名字空间中以声明或定义的形式加入。

（3）名字空间的成员也可以是其他名字空间名（如 zhang2）。这样就形成嵌套名字空间。

（4）名字空间是开放的，允许随时通过重新声明或定义方法把新的成员名称追加到已有的名字空间中去。例如，加入 d。

（5）可以给名字空间取个别名。例如

```
namespace abc = std;
```

之后，凡是原来使用 std 的地方都可以改用 abc 了。

（6）对于大型程序来说，名字空间定义以头文件的形式保存。对于较小的程序则可以将上述代码与其他操作写在一起，用一个程序文件存储。

3.3.2 名字空间的使用

名字空间外部的代码不能直接访问名字空间内部的元素。要在某作用域中使用其他名字空间中定义的元素，首先要将定义该元素的头文件包含在当前文件中，然后可以使用下

面的 3 种方法之一将名字空间中的元素引入当前的代码空间中。

1. 直接使用名字空间限定方式

【代码 3-10】 主函数中对每一个名字，都用域解析限定（qualified）其名字空间。

```
#include <iostream>
int main(){
    std::cout << zhang1::PI << std::endl;
    std::cout << zhang1::radius << std::endl;
    std::cout << zhang1::getCircumference () << std::endl;
    std::cout << zhang1::zhang2::age << std::endl;

    zhang1::C c1 (2,3);
    std::cout << c1.disp () << std::endl;

    return 0;
}
```

作用域解析符 "::" 表明所使用名字来自哪个名字空间。

2. 使用 using 声明将一个名字空间成员引入当前作用域

【代码 3-11】 在主函数中，用 using 作为关键字，声明某个名字空间中的某个名字，使其进入当前作用域，包括标准名字空间 std 中的 cout、cin、endl 等名字的应用。

```
#include <iostream>

int main() {
    using std::cout;
    using std::endl;

    using zhang1::PI;
    using zhang1::radius;
    using zhang1::getCircumference;
    using zhang1::C;                    //类名的引入
    using zhang1::zhang2::age;          //嵌套名字域的引入

    cout << PI << endl;
    cout << radius << endl;
    cout << getCircumference () << endl;

    C c1 (2,3);
    cout << c1.disp () << endl;         //成员函数的使用

    return 0;
}
```

说明：

（1）using 声明遵循作用域规则，超出了作用域就不再有效。这里，所引入的名字都是在主函数 main()中。如果在函数外部，则将这些名字引入到全局作用域中，并且局部变量能够覆盖同名的全局变量。

对于类中的成员来说，只引入类名即可。

（2）不合理的 using 声明有时会引发名字冲突。如下面的代码将导致二义性。

```
using zhang1::val1;
using wang2::val1;
val1 = 5;
```

3. 使用 using 编译预处理命令将一个名字空间中的所有元素引入到当前作用域中

如对于代码 3-10 和代码 3-11 来说，可以使用下面的语句。

```
using namespace zhang1;
...
```

使用于标准名字空间 std 时的方法为

```
#include <iostream>
using namespace std;
...
```

说明：

（1）using 命令也遵循作用域规则，超出了作用域就不再有效。

（2）using 命令使一个名字空间中的所有元素都可使用，不需要再用名字空间限定符。

（3）using 命令导入了一个名字空间中的所有名字，并且当其中某个名字与局部名字发生冲突时，局部名字将覆盖名称空间版本，而编译器不会发出警告。所以，不如 using 声明安全。因为 using 声明只导入指定的名字，并且当与局部名字冲突时，编译器会发出指示。

4. 名字空间的使用指导原则

（1）尽量使用已定义名字空间中的名字，尽量避免使用全局变量和静态全局变量。

（2）导入名字时，优先使用名字域解析和 using 声明，尽量不用 using 命令。

（3）使用 using 声明时，首先将其作用域设置为局部，即在局部域中声明。

（4）不要在头文件中使用 using 命令。

（5）非使用 using 命令不可时，应当将其放在所有编译预处理命令之后。

3.3.3　C++特别名字空间

1. 标准名字空间 std

C++ 是在 C 语言的基础上开发的，早期的 C++ 还不完善，不支持名字空间，没有自己的编译器，而是将 C++ 代码翻译成 C 代码，再通过 C 编译器完成编译。这时，C++仍然在使用 C 语言的库，如 stdio.h、stdlib.h、string.h 等头文件依然有效。此外 C++ 也开发了一些新的库，增加了自己的头文件，例如

iostream.h：用于控制台输入输出头文件。

fstream.h：用于文件操作的头文件。

complex.h：用于复数计算的头文件。

这些头文件所包含的类、函数、宏等都是全局范围的。

后来 C++引入了名字空间的概念，计划重新编写库，将类、函数、宏等都统一纳入一个名字空间，这个名字空间的名字就是 std。std 是 standard 的缩写，意思是"标准名字空间"。

2. 无名名字空间

C++还允许使用没有名字的名字空间，即名字空间定义时不给出名字。由于该名字空间没有名字，因此在其他编译单元（文件）中无法引用，只能在本编译单元（文件）的作用域内有效，其成员可以不必（也无法）用名字空间名限定。

【代码 3-12】 无名名字空间应用示例。

```cpp
#include <iostream>
using namespace std;

namespace {                    //定义无名名字空间
    int a = 5;
    void fun1( )
    { cout << "OK. " << endl;}
}

int fun2(){ return a + 3;}

int main(){
fun1();
    cout << a << endl;
    cout << fun2 () << endl;
    return 0;
}
```

无名名字空间的成员 fun1()函数和变量 a 的作用域仅为文件（从声明无名名字空间的位置开始到所在文件结束）。在代码 3-12 中使用无名名字空间的成员，不需要任何限定。

由代码 3-12 可以看出，使用无名名字空间可以把一些名字限定于一个编译单元（文件）的范围内，显然与用 static 声明全局变量具有异曲同工之效。

3. 全局名字空间

全局名字空间是一个默认的名字空间，即当一个名字不被明确地声明或限定在特定的名字空间时，就默认其为全局名字空间中的名字。

注意，无名名字空间成员和全局名字空间成员都可以在没有任何限定的条件下直接使用，但两者还是有一些明显不同，如表 3.2 所示。

表 3.2　无名名字空间与全局名字空间的明显不同

比较项	定义形式	作用域
全局名字空间	无名字空间显式定义	程序所有文件
无名名字空间	有名字空间显式定义，但没有名字空间名	仅用在当前编译单元

习　题　3

概念辨析

1. 判断题。

（1）自动变量在程序执行结束时才释放。　　　　　　　　　　　　　　　　　　　（　　）

（2）声明一个全局变量，其前必须加关键字 extern。　　　　　　　　　　　　　（　　）

（3）可以用静态变量代替全局变量。　　　　　　　　　　　　　　　　　　　　（　　）

（4）在程序中使用全局变量比使用静态变量更安全。　　　　　　　　　　　　　（　　）

（5）若 i 为某函数 func()之内说明的变量，则当 func()执行完后，i 值无定义。　（　　）

（6）delete 操作符只可以在内存值已经清零后使用。　　　　　　　　　　　　　（　　）

（7）程序执行过程中，不及时释放动态分配的内存，有造成内存泄露的危险。　（　　）

（8）使用 new 操作符，可以动态分配全局堆中的内存资源。　　　　　　　　　（　　）

（9）实现全局函数时，new 和 delete 通常成对地出现在由一对匹配的花括号限定的语句块中。　（　　）

（10）delete 必须用于 new 返回的指针。　　　　　　　　　　　　　　　　　　（　　）

（11）名字空间可以多层嵌套。类 A 中的函数成员和数据成员，它们都属于类名 A 代表的一层名字空间。　　　　　　　　　　　　　　　　　　　　　　　　　　　　　　　　　　　　　（　　）

2. 选择题。

（1）局部变量_____。

　　A. 在其定义的程序文件中，所有函数都可以访问

　　B. 可用于函数之间传递数据

　　C. 在其定义的函数中，可以被定义处以下的任何语句访问

　　D. 在其定义的语句块中，可以被定义处以下的任何语句访问

（2）全局变量_____。

　　A. 可以被一个系统中任何程序文件的任何函数访问

　　B. 只能在它定义的程序文件中被有关函数访问

　　C. 只能在它定义的函数中，被有关语句访问

　　D. 可用于函数之间传递数据

（3）_____是函数作用域变量。

　　A. 函数中的参数　　　　　　　　　　B. 函数体中定义的变量

　　C. 函数调用表达式中的变量　　　　　D. 函数原型声明中的形式参数

（4）自动变量的存储空间分配在_____。

　　A. 堆区　　　　　　B. 栈区　　　　　　C. 自由区　　　　　D. 静态区

（5）在某文件中定义的静态全局变量（或称静态外部变量），其作用域_____。

    A. 只限于某个函数   B. 只限于本文件   C. 可以跨文件   D. 不受限制

（6）静态变量_____。

    A. 生命周期一定是永久的

    B. 一定是外部变量

    C. 只能被初始化一次

    D. 是在编译时被赋初值的，只能被赋值一次

（7）以下叙述中，错误的是_____。

    A. 局部变量的定义可以放在函数体或复合语句的内部

    B. 外部变量的定义可以放在函数以外的任何地方

    C. 在同一程序中，局部变量与外部变量不可以重名

    D. 函数的形式参数属于局部变量

（8）以下叙述中，正确的是_____。

    A. 局部变量说明为 static 存储类，其生命周期将被延长

    B. 外部变量说明为 static 存储类，其作用域将被扩大

    C. 任何变量在未初始化时，其值都是不确定的

    D. 形参可以使用的存储类说明其与局部变量完全相同

（9）以下叙述中，正确的是_____。

    A. 外部变量的作用域一定比局部变量的作用域范围大

    B. 静态（static）类别变量的生存期贯穿于整个程序运行期间。

    C. 函数的形参都属于外部变量

    D. 未在定义语句中赋初值的 auto 变量和 auto 变量的初值都是随机的

（10）对于外部变量 r，下面的叙述中错误的是_____。

    A. 只有添加 static 属性，r 才被分配在静态存储区

    B. 加不加 static 属性，r 都被分配在静态存储区

    C. 加 static 属性，是限制其他文件使用 r

    D. 若加 static 属性，则 r 不是本文件中定义的变量

（11）操作符 new_____。

    A. 不会为一个指针指向的对象分配存储空间并初始化

    B. 不会为一个指针变量分配需要的存储空间并初始化

    C. 创建的对象要用操作符 delete 删除

    D. 用于创建对象时，必须显式调用构造函数

（12）操作符 delete_____。

    A. 仅可用于用 new 返回的指针

    B. 可以用于空指针

    C. 可以对一个指针使用多次

    D. 所删除的堆空间与是否初始化过无关

（13）名字空间可以_____。

A. 限制一个程序中使用的变量名过多 　　B. 限制一个名字太长

C. 用来限制程序元素的可见性 　　D. 给不同的文件分配不同的名字

（14）用于指定名字空间时，std 是一个_____。

A. 定义在<iostream>中的标识符 　　B. 系统定义的关键字

C. 定义在<iostream>中的操作符 　　D. 系统定义的变量名

（15）用于指定名字空间时，using 是一个_____。

A. 定义在<iostream>中的标识符 　　B. 系统定义的操作符

C. 系统定义的预编译命令 　　D. 系统定义的变量名

（16）用于指定名字空间时，namespace 是一个_____。

A. 系统定义的变量名 　　B. 系统定义的操作符

C. 预编译命令 　　D. 系统定义的关键字

💥代码分析

1. 找出下面各程序段中的错误并说明原因。

```
//file1.cpp
int a = 1;
int func(){
...
}
```

```
//file.,cpp
extern int a = 1;
int func();
void g(){
    a = func();
}
```

```
//file3.cpp
extern int a = 2;
int g();
int main() {
    a = g();
    ...
}
```

2. 找出下面各程序段中的错误并说明原因。

```
//file1.cpp
int a = 5, b = 8;
extern int a ;
```

```
//file2,cpp
extern double b;
extern int c ;
```

3. 指出下面各程序的运行结果。

```cpp
#incude <iostream>
using std::cout;
int f(int);
int main(){
    int i;
    for(i = 0;i < 5;i ++)
      cout<< f(i) << "";
    return0;
}
int f(int i){
    static int k = 1;
    for(;i > 0;i --)
      k + = i;
    return k;
}
```

4. 指出下面各程序的运行结果。

```cpp
#include <iostream>
using namespace std;
namespace sally{
    void message();
}
namespace {
    void message();
}
int main(){
    {
        message();
        using sally::message;
        message();
    }
    message ();
    return 0;
}
namespace sally {
    void massage() {
        std::cout
        << "Hello from sally.\n";
    }
}
namespace {
    void message () {
        std::cout
        << "Hello from unnamed.\n";
    }
}
```

5. 解释下列各句中 name 的意义。

```
extern std::string name;
std::string name("exercise 3.5a");
extern std::string name("exercise 3.5a");
```

6. 选择下面程序的输出结果为（　　　）。

```
ine  f(x) x * x
#include <iostream>
int main(){
    int a = 8,b = 4,c ;
    c = f (a)/f (b) ;
    std::cout << c << std::endl;
    return 0;
}
```

A. 4   B. 8   C. 64   D. 16

7. 找出下面代码段中的错误并说明原因。

```
const int a = 10;
int i = 1;
const int *&ri = &i;
ri = &a;
ri = &i;
const int *pi1=&a;
const int *pi2=&i;
ri = pi1;
ri = pi2;
*ri = i;
*ri = a;
```

8. 下列哪些句子是合法的？如果有不合法的句子，请说明为什么。

A. const int buf;　　　B.int cnt = 0;　　　C. const int sz = cnt;　　　D. ++cnt; ++sz;

开发实践

1. 设计一个账户类为王婆卖瓜管理账目。

2. 为一个名为 func 的 void 函数写一个函数声明。该函数有两个参数：第一个参数名为 a1，属于定义在 space1 名字空间中的 C1 类型；第二个参数名为 a2，属于定义在 space2 名字空间中的 C2 类型。

探索验证

1. 编写一段程序，测试在自己的系统上运行一个函数返回为局部变量的引用时出现的情况，并进一步解释这种现象出现的原因。

2. 分析下面一段代码：

```
const int i = 0;
int * p = (int*)&i;
```

```
p = 100;
```

它说明 const 的常量值是否一定不可以被修改呢？

3. 分析下面的代码有什么实用的价值。

```
const float EPSINON = 0.00001f ;
if ((x >= -EPSINON) && (x <= EPSINON))
…
```

第4章　C++语句流程控制

在命令式编程中，命令都是以语句形式表现的。所以，命令式编程就是设计语句序列。这个序列基本上是按照执行的先后顺序排列的。但是，为了提高程序的灵活性和效率，常常要在一些局部改变语句执行的顺序，形成语句排列与执行流程不一致的情况，并且经过挫折和失败，人们认识到，在正常情况下，程序语句的流程结构有图4.1所示的3种就完善了。

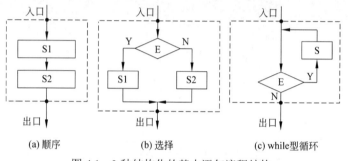

图 4.1　3 种结构化的基本语句流程结构

这3种语句流程结构的特点是：有单一的入口和出口。用它们组织的程序，从整体上看，排列顺序与执行顺序基本一致，像一串珍珠项链，条理清晰，便于检查，可以提高程序的可靠性。因此，将它们称为结构化的程序控制结构。在这3种控制结构中，顺序结构在程序中不需要控制干预。需要控制干预的是选择（也称分支）和重复结构。这两种结构之所以重要，是因为选择显示了程序的智能，而重复彰显了计算机的高速性。

第3种可以控制流程变化的机制是函数的调用与返回。这一机制在第2章已经介绍。这一章中介绍的第3种流程控制机制发生在特殊的函数调用与返回中，称为递归函数。递归的特殊性在于这种函数在一定条件下要自己调用自己。它的价值在于具有把有些难于描述的过程描述得非常简单。

本章要介绍的第4种流程转移发生在程序运行中遇到异常时需要进行的处理操作。

4.1　选　择　结　构

4.1.1　if-else 语句

计算机可以代替人脑进行计算，它已经是一种智力机器了。而选择的实现，使其智力又有一个提高。if-else 语句就是应用最为普遍的一种选择结构。

1. 简单 if-else 语句

if-else 语句是一种二分支语句，语法如图 4.2（a）所示，其流程结构如图 4.2（b）所示。

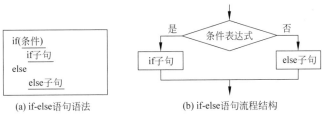

if(条件)	是 → 条件表达式 ← 否
if子句	if子句 else子句
else	
else子句	

(a) if-else语句语法　　　　　　　(b) if-else语句流程结构

图 4.2　if-else 语句的流程控制

说明：

（1）当流程到达 if-else 语句时，首先对条件进行测试：若条件为 true 或非 0，则选择执行 if 子句（在程序中再跳过 else 子句），然后执行后面的语句；若条件为 false 或 0，则选择执行 else 子句（在程序代码中先跳过 if 子句），然后执行后面的语句。

（2）if 子句和 else 子句都是语法意义上的一条语句。C++语法意义上的语句有两种形式：一种是一条简单语句——用分号（;）结尾的语句；另一种语法意义上的语句是用花括号括起的几条简单语句，称为块语句。块语句的花括号后面不需要分号（;),它在语法上相当于一条语句。

【代码 4-1】　从键盘输入一个数，求其绝对值的代码。

```cpp
#include <iostream>
double getAbs(double);
int main()
{
    using namespace std;
    double number,abs;
    cout << "请输入任何一个数: " ;
    cin >> number;
    abs = getAbs(number);
    cout << "绝对值为:" << abs << endl;
    return 0;
}
double getAbs(double x)
{
    double abs;
    if (x >= 0.0)
    {
        abs = x;
        return abs;
    }
    else
    {
        abs = -x;
        return abs;
    }
}
```

测试结果如下。

```
请输入任何一个数：-6
绝对值为：6
```

这个函数代码说明了如下两个问题。

（1）if 分支和 else 分支都可以是语句块。

（2）函数中不一定只用一个 return，但只有一个 return 语句被执行。

【代码 4-2】 函数 getAbs() 的几种简单形式。

```
double getAbs(double x)
{
    if (x >= 0.0)
        return x;
    else
        return -x;
}
```

```
//简单形式 2
double getAbs(double x)
{
    if (x < 0.0)
        x = -x;
    else
        x = x;
  return x;
}
```

```
//简单形式 3
double getAbs(double x)
{
    if (x < 0.0)
        x = -x;
    return x;
}
```

最后这种形式没有 else 分支，称为蜕化的 if-else 语句，也称为悬空 if-else 语句。

2. 条件运算符（?:）

条件运算符（?:）是一个三元运算符，它作用于 3 个操作对象——3 个子表达式，形成如下语法，经常用来代替简单的 if-else 语句。

<u>子表达式 1? 子表达式 2 : 子表达式 3</u>

在这个表达式中，子表达式 1 是条件。当子表达式 1 的值为 true 时，选取子表达式 2 的值作为整个表达式的值；否则选取子表达式 3 的值作为整个表达式的值。

【代码 4-3】 用条件运算符描述求其绝对值的简单代码。

```
#include <iostream>
int main()
```

```
{
    using namespace std;
    double number;
    cout << "请输入任何一个数: " ;
    cin >> number;
    cout << "绝对值为: " << (number >= 0.0 ? number : number = -number) << endl;
    return 0;
}
```

说明: 测试情况如前。由于条件运算符和赋值运算符的优先级别比插入运算符低, 所以要用圆括号括起, 来强制优先计算。

3. if-else 嵌套

if-else 嵌套就是一个子句或两个子句中含有 if-else 语句。

【代码 4-4】 四则算术计算器模拟程序。

```cpp
#include <iostream>
#include <cstdlib>
double fourArithmCalculator(double, char, double);
using namespace std;
int main()
{

    double operand1 = 0.0, operand2 = 0.0, result = 0.0;
    char operat = '+';
    cout << "请依次输入一个数、运算符和另一个数, 之间用空格分开: " ;
    cin >> operand1 >> operat >> operand2 ;
    result = fourArithmCalculator(operand1, operat, operand2);
    cout << "计算结果:" << result << endl;
    return 0;
}


double fourArithmCalculator(double x, char op, double y)
{
    if (op == '+')
        return x + y ;
    else
        if (op == '-')
        return x - y;
      else
          if (op == '*')
              return x * y;
      else
          if (op == '/')
              return x / y;
          else
          {
              cout << "运算符错误! " << endl;
              abort();
```

```
        }
}
```

测试情况如下。

```
请依次输入一个数、运算符和另一个数，之间用空格分开：23 / 5
计算结果:4.6
```

说明：

（1）在 cin 语句中，之所以要求用空格分隔数据项，是因为提取运算符从键盘缓冲区中提取数据要用空白字符作为一个数据的起止信息。

（2）本例中 if-else 结构的流程图如图 4.3（a）所示。这种结构常常可以写成图 4.3（b）所示的形式。这比代码 4-5 中的形式看起来要紧凑得多。

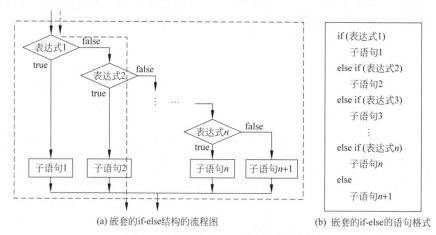

(a) 嵌套的if-else结构的流程图　　　　(b) 嵌套的if-else的语句格式

图 4.3　嵌套的 if-else 语句的流程结构

【代码 4-5】　紧凑形式的四则算术计算器模拟程序。

```
double fourArithmCalculator(double x, char op, double y)
{
    if (op == '+')
        return x + y ;
    else if (op == '-')
        return x - y;
    else if (op == '*')
        return x * y;
    else if (op == '/')
        return x / y;
    else
    {
        cout << "运算符错误！" << endl;
        abort( );
    }
}
```

（3）abort()函数是定义在头文件<cstdlib>中的一个函数。它的功能是向标准错误流发送一个"程序异常终止"（abnormal program termination）信息，然后终止程序运行。在本例中，用于用户将操作符输错的情况。测试情况如下。

请依次输入一个数、运算符和另一个数，之间用空格分开：23 ¥ 7
运算符错误！

（4）使用 if-else 语句时容易犯的错误有两点：一是使用块语句时，忘记使用花括号；二是使用判等运算符时使用了赋值运算符。这不仅是初学者容易犯的错误，有些程序员也会犯这样的低级错误。

4.1.2　switch 语句

1. switch 语句的基本机制

如图 4.4 所示，switch 提供一种多中选一的机制。因有点像一个多路开关，所以也称开关语句。

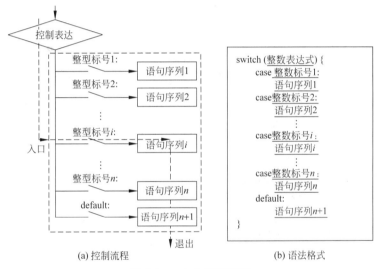

(a) 控制流程　　　　　　　　(b) 语法格式

图 4.4　switch 控制结构

说明：

（1）switch 结构由 switch 头和 switch 体两部分组成。switch 头由关键字 switch 和一个整数表达式组成。switch 体由括在一对花括号中的多个 case 标记的子结构和一个 default 子结构组成。default 子结构是可选的，它没有标记，通常作为最后一个子结构。

（2）每个 case 后面的标记是一个整型常量表达式。当流程到达 switch 结构后，就计算其后面的整型控制表达式，看其值与哪个 case 后面的整型标记（整型表达式）匹配（相等）。若有匹配的 case 整型标记，便找到了进入 switch 体的入口，开始执行这个标记引导的语句序列及后面的各个序列；若没有匹配的 case 标记，就认为是各个 case 标记以外的其他情形，便以 default 作为进入 switch 体的入口。这个过程如图 4.4（a）中虚线指向所示。

（3）一个 switch 结构中的 case 子结构与 defualt 子结构成串联结构。一旦找到一个入口，就会执行这个 switch 中后面所有语句直到这个 switch 的后花括号。为了改变这种串联结构，可以在必要的 case 子结构和 defualt 子结构的最后使用一个 break 语句，使之仅执行一个 case 子结构中的语句。

【代码 4-6】 采用 switch 结构的四则算术计算器模拟程序。

```cpp
double fourArithmCalculator(double x, char op, double y)
{
    switch (op)
    {
        case '+':
            return x + y ;
            break;
        case '-':
            return x - y ;
            break;
        case '/':
            return x / y ;
            break;
        case '*':
            return x * y ;
            break;
        default:
            cout << "运算符错误！" << endl;
            abort( );
    }
}
```

测试情况如下。

```
请依次输入一个数、运算符和另一个数，之间用空格分开：27 / 7
3.85714
```

2. if-else 判断结构与 switch 判断结构比较

if-else 与 switch 是 C++的两种判断结构。表 4.1 对这两种判断结构进行了比较。

表 4.1 *n* 条子句的 if-else 结构与 switch 结构比较

比较内容	switch 结构	if-else 结构
子结构组成	多条语法上的语句	一条语法上的语句
子句间的关系	串联	并列
控制表达式类型	整数类型（int、字符等类型）	任何基本类型
选择原则	switch 的整数表达式与 case 整数标记匹配，多中选一	根据关系/逻辑表达式的逻辑值，二中选一
选择内容	一个入口	一个分支
在 *n* 条子句中的选择次数	1	*n*−1
break 对结构的影响	增加出口	无
结构结束条件	从入口开始直到整个结构结束或遇到 break 语句	末端分支执行结束，整个结构即执行结束

4.2 重 复 结 构

重复（repetition）结构也称循环（loop）结构，就是让一段代码重复执行并控制重复的次数。使用这种结构，既充分发挥了高速计算的优势，又大大缩短了程序的长度，提高了程序设计的效率。这一节介绍 C++提供的几种重复控制结构。

重复结构尽管它们都可以控制多个语句重复执行，但在语法上都相当于一个语句，所以也称为重复语句或循环语句。

4.2.1 while 语句与 do-while 语句

1. while 语句

如图 4.5 所示，while 结构由一个 while 头和一个 while 体组成。while 体也称 while 循环体，是一个语句或语句块。while 头以关键字 while 打头，后面是一个括在圆括号中的条件表达式（称循环条件表达式）。当流程到达这个结构时，while 就先对条件表达式进行计算，若结果为 true（或非 0），就执行一次 while 体，否则就跳过该语句。while 体执行结束后，流程又返回到这个语句前，再进行一次进入与不进入的选择。如此重复，直到有一次条件为 false（或 0）为止。由于是"当"条件满足才进入，所以也称当循环语句。

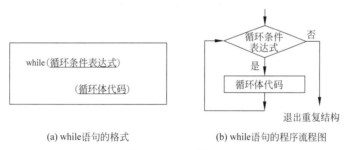

(a) while语句的格式　　　　　　　　(b) while语句的程序流程图

图 4.5　while 语句

下面以一个可连续进行四则运算的计算器模拟程序为例，介绍 while 语句的用法。这里说的连续计算，就是能像计算器那样，连续地进行四则运算，直到按下一个等号（=）为止。

【代码 4-7】　可以连续计算的算术计算器模拟程序（函数 fourArithmCalculator()略）。

```cpp
#include <iostream>
#include <cstdlib>
using namespace std;
double fourArithmCalculator(double, char, double);
int main()
{
    double result = 0.0, operand = 0.0;
    char operat = '+' ;
    cout << "请输入一个表达式，数据和运算符之间用空格分隔，用等号结束：" ;
    cin >> result >> operat;
```

```
    if (operat == '+' || operat =='-' || operat =='*' || operat =='/' || operat =='=' )
    {
        while (operat != '=')
        {
            cin >> operand;
            result =  fourArithmCalculator(result,operat ,operand);
            cout << result << ',';
            cin >> operat ;
        }
        cout << endl;
        cout << "\n 计算结果:" << result << endl;
        return 0;
    }
    else
    {
        cout << "运算符错误!" << endl;
        abort ();
    }
}
```

3 次测试情况如下。

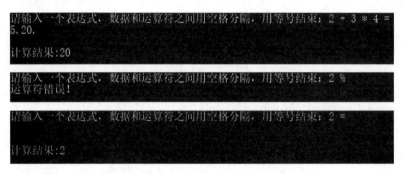

说明：

（1）在这个例子中，用输入的操作符作为判断要不要进入循环的条件。即只要 operat 的值还不是"="字符，就一直进行循环，进行与 result 的计算。这个 operat 就称为循环变量。由于循环是不能一直进行下去的（一直进行的循环称为"死循环"，死循环对于程序设计没有意义），因此，第一次可以进入循环以后，在循环体中一定会存在一种操作来修改循环变量，使它能在有限次循环后使循环条件不再满足，以退出循环。所以，设计循环结构的关键是找到这样的循环变量以及确定修改它的方法。在本例中循环变量是保存输入操作符的变量 operat，修改操作是用户的键盘输入。

（2）由于要以 operat 的值作为循环变量，一开始就要对其进行判定比较，因此在流程运行到这个 while 之前，就需要给这个循环变量一个值。给出的办法，一是初始化时给它一个值，二是与循环体内的操作一致，但要放好位置。

2. do-while 语句

如图 4.6 所示，do-while 语句与 while 语句基本结构相似，二者的区别有如下 3 点。

（1）do-while 是无条件先进入一次，执行完循环体后，再判断下次还要不要再进入。从形式上看，它把 while 写到这个语句的后面了。

（2）它的循环体一定是语句块，即循环体必须用花括号括起来。

（3）它的最后要有分号（;）结尾。

(a) do-while 语句的格式

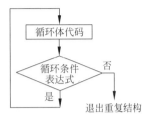

(b) do-while 语句的程序流程图

图 4.6   do-while 语句

【代码 4-8】   用 do-while 实现的可以连续计算的算术计算器模拟程序（函数 fourArithmCalculator()略）。

```cpp
#include <iostream>
#include <cstdlib>
using namespace std;
double fourArithmCalculator(double, char, double);
int main()
{

    double result = 0.0, operand = 0.0;
    char operat = '+' ;
    cout << "请输入一个表达式，数据和运算符之间用空格分隔，用等号结束: " ;
    cin >> result >> operat;
    if (operat == '+' || operat =='-' || operat =='*' || operat =='/' || operat =='=' )
    {
        do
        {
            cin >> operand;
            result = fourArithmCalculator(result,operat ,operand);
            cout << result << ',';
            cin >> operat ;
        }while (operat != '=');
        cout << endl;
        cout << "\n 计算结果:" << result << endl;
        return 0;
    }
    else
    {
        cout << "运算符错误! " << endl;
        abort ();
    }
}
```

4.2.2 for 语句

for 语句是一种引用极为广泛的重复结构，C++又为它提供了新的机制，使其应用更加方便、更加广泛。

1. 传统 for 语句

如前所述，初始化设置（initialization）、条件测试（test）和循环变量更新（update）是控制循环过程 3 大重要环节。while 和 do-while 是将这 3 个环节分别放在不同位置，而 for 结构则把这 3 个部分放在一起，形成如图 4.7 所示的语法。显然，这样一目了然，使用起来非常方便。

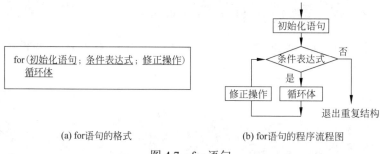

(a) for语句的格式　　　　　　　　(b) for语句的程序流程图

图 4.7 for 语句

如图 4.7(b)所示，当流程到达 for 时，先执行一次初始化语句，然后执行条件表达式。若条件表达式为 false，则跳过 for；为 true，则执行循环体；执行完循环体后，执行修正操作，然后再执行条件表达式，重复上述过程。

【代码 4-9】 采用 for 语句的计算器程序中的主函数代码。

```cpp
#include <iostream>
#include <cstdlib>
using namespace std;
double fourArithmCalculator(double, char, double);
int main()
{

    double result = 0.0, operand = 0.0;
    char operat = '+' ;
    cout << "请输入一个表达式，数据和运算符之间用空格分隔，用等号结束: " ;
    cin >> result >> operat;
    for (operat = '+'; operat != '=';cin >> operat)
    {
        cin >> operand;
        result = fourArithmCalculator(result, operat ,operand);
        cout << result << ',';
    }
    cout << "\n 计算结果:" << result << endl;
```

```
    return 0;
}
```

2. 计数 for 循环

有一些循环是基于数值的初值、终值和步长的。这时，可以把 for 循环设置为如下形式。

for (初值；基于终值的条件表达式；按步长修正值)
　　循环体

【代码 4-10】　从键盘输入一个整数，输出其阶乘。

通常，$n!$ 的值表述为

$$n! = \begin{cases} 非法 & (n < 0) \\ 1 & (n = 0) \\ 1 \times 2 \times 3 \times, \cdots, \times (n-1) \times n & (n \geq 1) \end{cases}$$

根据这个公式，可以写出函数如下。

```
#include <iostream>
using namespace std;
long int getFact(long int n){
    long fact = 1L;
    if(n < 0L){
        cout << "对不起，这里不对负数求阶乘!\n";
        abort();
    }else
        for (int i = 1; i <= n; ++ i)
            fact *= i;
    return fact;
}
```

说明：在本例中。fact 通过重复结构中的表达式 fact *= i，不断用新值代替旧值。这种计算方法称为迭代。

3. 面向容器的 for 循环（C++11）

在现实中，有时数据是以容器形式呈现的。所谓容器，就是可以存放其他数据的复合数据类型。例如，一个学习小组有 5 个人，某次考试后，想计算一下平均成绩。一种办法是用输入语句将考试成绩一个一个地输入相加，再平均计算。这是比较麻烦的。在这种情况下，使用 C++11 提供的面向群体的 for 就比较方便。程序片段如下。

```
double  totalScore = 0.0;
int n = 0;
for( double score : {89,78,63,97})
{
    totalScore += score;
    ++ n;
```

```
}
cout << "平均成绩为: " << totalScore / n << endl;
```

也可以用一个名字表示这一组成绩:

```
double scores[4] = {89,78,63,97} ;
for( double score : scores)
{…}
```

这里，scores 称为有 4 + 1 个元素的数组。每个元素可以分别用 scores[0]、scores[1]、scores[2]、scores[3]、scores[4]标识。

4.2.3　break 语句与 continue 语句

break 与 continue 是 C++的两个流程转移语句。它们的作用如图 4.8 所示。

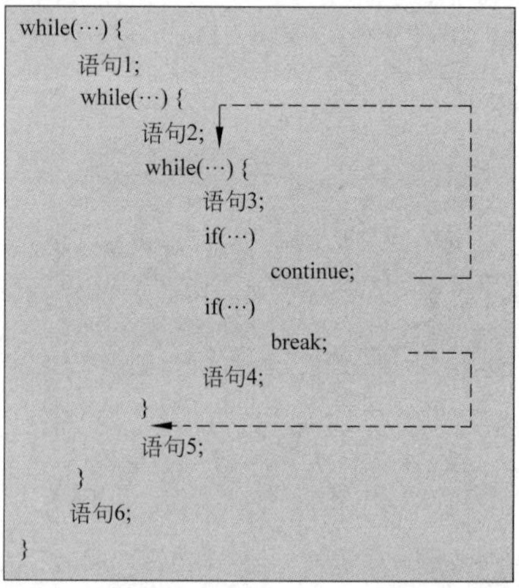

```
while(…) {
    语句1;
    while(…) {
        语句2;
        while(…) {
            语句3;
            if(…)
                continue;
            if(…)
                break;
            语句4;
        }
        语句5;
    }
    语句6;
}
```

图 4.8　重复结构中的 break 与 continue 的用法

1. break 语句

break 语句是跳出本层控制结构的语句，使用 break 语句应注意以下两点。
（1）break 语句仅对循环语句和 switch 结构有效。
（2）在嵌套的控制结构中，break 语句只跳出当前层。

2. continue 语句

使用 continue 语句应注意以下几点。
（1）continue 语句仅对循环语句有效，不可用于其他控制语句。
（2）continue 语句的作用是中途结束当前循环体，即它不是跳出一个循环体，而是提前结束当前轮，进入下一轮。

【代码 4-11】 输出 3～number 中的素数。

素数是除 1 和它本身以外不能被其他任何正整数整除的大于 1 的正整数。其粗略思路如下。

```
int main(void) {
    s1:给定一个 number;
    s2:在 3~number 中找出所有素数;
    return 0;
}
```

其中的 s2 可以设计为一个函数 getPrimers()。这个函数的基本思路如下。

```
void getPrimers(int n)
{
    for(int m = 3; m <= n ;++ m)         //穷举测试 3~n 中的各 m 是否为素数
        if(m 是素数)
            cout << m << ",";
}
```

判定素数。即测试一个数 m 是否为素数，可以用 2～$m-1$ 的数依次去除 m，只要有一个数能将 m 整除，m 就不是素数。这样，for 语句的循环体可以细化如下。

```
for(int i = 2; i <= m - 1; ++ i) {      //判断一个数 m 是否为素数
    if(m % i == 0)
        跳到下一个 m;                     //只要 m 被任何一个 i 整除就不是素数
}
cout << m << ",";                        //m 没有被任何一个 i 整除就是素数
取下一个 m;
```

这样，就基本上可以写出程序代码了。

```
#include <iostream>
using namespace std;
void getPrimSquence(int) ;

int main()
{
    unsigned int number;
    cout << "输入一个正整数:" ;
    cin >> number;
    getPrimSquence(number);
    return 0;
}

void getPrimSquence(int n)
{
    unsigned int flag;
```

```
for(int m = 3; m <= n; ++ m) {
    flag = 1;                              //设置素数标志
    for(int i = 2; i <= m - 1; ++ i) {
        if(m % i == 0) {
            flag = 0;                      //标志非素数
            break;                         //跳出当前重复语句
        }
    }
    if(flag == 0)                          //对素数标志进行判断
        continue;                          //短接当前重复语句中后面的语句
    cout << m << ",";
}
}
```

一次测试结果如下。

输入·个正整数:100
3, 5, 7, 11, 13, 17, 19, 23, 29, 31, 37, 41, 43, 47, 53, 59, 61, 67, 71, 73, 79, 83, 89, 97,

说明：

（1）本例中的 flag 称为标志，也称哨兵。使用标志是程序设计中常用的一个技巧，用于标明某一状态的变化，为某些操作执行与否提供判定条件。在本例中，flag 用于标明所测试的数 m 是否为素数，以便在后面确定是否打印该数。具体用法是：一旦发现 m 不是素数就终止后面的测试，置 flag 为 0，并用 break 跳出内层循环；在外循环中，当 flag 为 0 时，用 continue 跳过 printf 语句，即不打印非素数。

（2）unsigned 是一个修饰整数类型的关键字，它所修饰的整数不能取负值。

4.3 递　归

4.3.1 递归的概念

图 4.9 是一个猴子在画自己画自己的场面。它所描述的情况就称为递归（recursion）。一般说来，用递归的好处就是问题的描述比较简单。例如"猴子在画自己画自己的图画"，描述成"猴子递归地画自己"就比较简单了。

在 C++编程中，递归表现为函数直接或间接地调用自己。这样可以将一个复杂的过程简单地描述出来，而将烦琐的求解过程交给编译器实现，大大地提高了程序设计的效率。

递归算法有以下特点。

（1）把问题分为 3 个部分：第 1 部分称为问题的始态，这是问题直接描述的状态；第 2 部分是可以用

图 4.9　猴子自己画自己的递归场面

直接法求解的状态，称为问题的终态或基态，这是递归过程的终结；第 3 部分是中间（借用）态。

（2）用初态定义一个函数，终态和中间态以自我直接或间接调用形式定义在函数中。

（3）函数的执行过程是一个中间态不断调用的过程，每一次递归调用都要使中间态向终态靠近一步。当中间态变为终态时，函数的递归调用执行结束。

4.3.2　阶乘的递归计算

1. 算法分析

通常，求 $n!$ 可以描述为

$$n! = 1 \times 2 \times 3 \times \cdots \times (n-1) \times n$$

也可以写为

$$n! = n \times (n-1) \times \cdots \times 3 \times 2 \times 1 = n \times (n-1)!$$

这样，一个整数的阶乘就被描述成为一个规模较小的阶乘与一个数的积。用函数形式描述，可以得到以下递归模型。

$$\mathrm{fact}(n) = \begin{cases} 非法 & (n < 0) \\ 1 & (n = 0) \\ n \times \mathrm{fact}(n-1) & (n > 1) \end{cases}$$

终态
──初态和中间态

2. 递归函数参考代码

【代码 4-12】　计算阶乘的递归函数代码。

```
#include <iostream>
#include <cstdlib>
long int getFact(long int n){
  if(n == 0L)
    return 1L;                        //终态：退出
  else
    return n * getFact(n - 1);        //中间态：继续递归调用
}
```

说明：

（1）为了代码简单，暂不考虑 n 为负数时的情形。

（2）在这个函数中使用了 if-else 结构，表明如果参数为 0，就返回 1；否则递归返回 $n * (n-1)!$。反复递归回到 n 为 0 时，递归结束。

（3）在 4.2.2 节代码 4-10 中介绍了采用迭代的阶乘函数。这里介绍的是用递归实现阶乘函数。二者比较，可以看出递归代替迭代，可以不使用重复结构。或者反过来说，去除递归的手段是使用迭代。

3. 测试主函数及其测试情况

【代码 4-13】　计算阶乘的测试主函数。

```
#include <iostream>
#include <cstdlib>
using namespace std;
long getFact(long n);

int main(void)
{
    long  fact = 1L;
    int number;
    cout << "请输入一个正整数: " ;
    cin >> number;
    fact = getFact(number);
    cout << number << "的阶乘为:" << fact << endl;
    return 0;
}
```

一次测试情况如下。

```
请输入·个正整数：5
5的阶乘为:120
```

说明：

（1）递归是把问题的求解变为较小规模的同类型求解的过程，并且通过一系列的调用和返回实现。图 4.10 为本例的调用——回代过程。

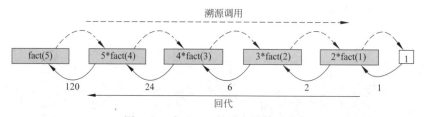

图 4.10　求 fact(5)的递归计算过程

（2）递归过程不应无限制地进行下去，当调用有限次以后，就应当到达递归调用的终点得到一个确定值（例如图中的 fact(1)=1），然后进行回代。在这样的递归程序中，程序员要根据数学模型写清楚调用结束的条件，以保证程序不会无休止地调用。任何有意义的递归总是由两部分组成的，即中间态的递归和用终态终止递归。

（3）改进的递归程序代码。分析代码 4-12 的执行过程发现，若 $n = 10\,000$，则这个函数在执行过程中就需要对 $(n < 0L)$ 判断 10 000 次，对 $(n == 0L)$ 判断 9 999 次，显然降低了程序的效率。由于这些判断一定是最后才需要的，因此应当将它们放在最后。同时把 n 为负数的情形也考虑进来。

【代码 4-14】　改进的阶乘计算的递归函数代码。

```
long int fact(long int n){
    if(n > 0L)
        return n * fact( n - 1);              //中间态，被递归调用
    else if(n == 0L)
```

```
        return 1L;                          //终态2
    else                                    //终态1
        cout << "对不起, 这里不对负数求阶乘!\n";
    abort();
}
```

这样，程序的效率就会提高不少。

4.3.3 汉诺塔

汉诺塔（Tower of Hanoi）问题是一个经典的递归求解问题。

1. 问题描述

据传古代印度布拉玛庙里有一种僧侣们用来打发寂寞的游戏，称为汉诺塔游戏。如图 4.11 所示，这种游戏的装置是一块铜板，上面有 3 根杆，在 a 杆上自下而上、由大到小顺序地串有 64 个金盘。游戏要求把 a 杆上的金盘全部移到 b 杆上：但一次只能够动一个盘，可以借助 a 与 c 杆，并且移动时不允许大盘在小盘上面。

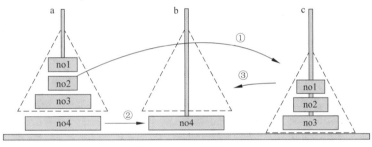

图 4.11　汉诺塔游戏

容易推出，n 个盘从一根杆移到另一根杆至少需要 2^n-1 次，所以 64 个盘的移动次数为 $2^{64} - 1 = 18\ 446\ 744\ 073\ 709\ 511\ 615$。这是一个天文数字，即使用一台功能很强的现代计算机来解汉诺塔问题，每 1μs 可能模拟（不输出）一次移动，那么也需要几乎 100 万年。如果每秒移动一次，则需近 5800 亿年，而目前从能源角度推算，太阳系的寿命也只有 150 亿年。

2. 算法分析

这个问题并不复杂，但是描述起来非常烦琐。读者可以尝试描述一下 n = 3 时的游戏过程。如果盘子再增加，描述就更烦琐了。但是，若进行递归描述，就简单多了。

假定把模拟这一过程的算法称为 hanoi (n,a,b,c)，那么这个递归过程可以描述如下。

第 1 步：先把 n−1 个盘子设法借助 b 杆放到 c 杆，如图 4.11 中的箭头①所示，记为 hanoi(n−1,a,c,b)。

第 2 步：把第 n 个盘子从 a 杆移到 b 杆，如图 4.11 中的箭头②所示，记为 move(n,a,b)。

第 3 步：把 c 杆上的 n−1 个盘子借助 a 杆移到 b 杆，如图 4.11 中的箭头③所示，记为 hanoi(n−1,c,b,a)。

3. 函数代码

【代码 4-15】 汉诺塔的递归函数：移动函数 move()和计算函数 hanoi()。

```
int  step = 1;                                    //用一个全局变量记录步数

void  move(int n, char  from, char  to)           //将编号为 n 的盘子由 from 移动到 to
{
    cout << "第" << step++ << "步:";
    cout << "从" << from << "移动" << n << "号盘子到" << to << endl;
}

void hanoi(int n,char from, char to,char temp)    //将 n 个盘子从 from 借 temp 移到 to
{
    /* n: 盘子数
       from:当前柱
       to:目的柱
       temp:中间柱 */
    if (n > 1)                                    //递归非终止条件
    {
        hanoi(n-1,from, temp, to);                //递归调用中间态
        move(n,from,to);                          //终态: 直接移动盘子
        hanoi(n-1,temp,to, from);                 //递归调用中间态
    }
    else
        move(1, from,to);                         //终态: 直接移动盘子
}
```

说明：

（1）括在/*和*/之间的内容称为 C++块注释，即这种注释可以占用多行。

（2）请读者考虑，如果不使用递归，这个问题的求解程序应如何描述。

4. 测试主函数及测试情况

【代码 4-16】 汉诺塔递归函数的测试主函数。

```
#include <iostream>
using  namespace std;
void move(int  n, char  from, char  to) ;
void hanoi(int n,char a,char b,char c);

int main(void){
    int n;
    cout << "输入盘子的个数:";
    cin >> n;
    cout << "盘子移动情况如下:\n";
    hanoi(n,'A','B','C');
    return 0;
}
```

（1）$n = 1$ 时的测试情况。

```
输入盘子的个数:1
盘子移动情况如下:
第1步:从A移动1号盘子到B
```

（2）$n = 3$ 时的测试情况。

```
输入盘子的个数:3
盘子移动情况如下:
第1步:从A移动1号盘子到B
第2步:从A移动2号盘子到C
第3步:从B移动1号盘子到C
第4步:从A移动3号盘子到B
第5步:从C移动1号盘子到A
第6步:从C移动2号盘子到B
第7步:从A移动1号盘子到B
```

5. 说明

为了再一次说明递归函数的调用与回代过程，下面将 hanoi( )函数简写为

```
h(n,a,b,c){
    h(n-1,a,c,b);
    non:a b;
    h(n-1,c,b,a);
}
```

当 $n = 3$ 时，调用与回代情况如图 4.12 所示。

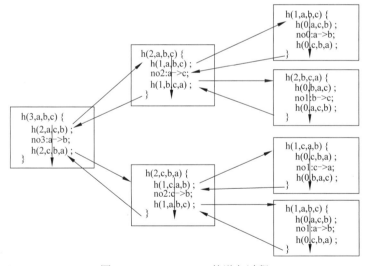

图 4.12　hanoi(3,a,b,c)的递归过程

4.4 C++异常处理

4.4.1 程序错误与异常

程序设计与程序员的智力和问题复杂性有关。因此，程序中难免存在错误。根据错误发生的原因、错误出现的位置、错误造成的损害等，可以将错误分为许多类型。按照发现错误的时间，通常将错误分为如下几种类型。

1. 编译时错误

编译时错误指在编译预处理或编译时由编译器发现的错误，通常可以分为如下 4 种。

1）语法错误

语法错误是不符合语法规范的代码。对于初学者，常见的语法错误有如下几种。
（1）应当成对使用的标点符号没配对。例如，前面写了"{"，后面使用了")"等。
（2）丢失标点符号。例如，语句没有以分号结束，常见的如类声明没有以分号结束等。
（3）关键字拼错，常见的是把关键字的首字母写成大写，例如写成 Int、Main、Class 等。
（4）标识符中出现非法字符。
（5）因疏忽导致标识符前后不一致，如丢失、增加或写错其中的字符。

2）类型错误

C++是一种强类型语言，一旦排除了语法错误，就会进行类型检查。常见的类型错误有如下几种。
（1）变量、函数、参数、对象的声明中没有类型信息。
（2）函数的调用使用的实际参数与函数原型参数不匹配。

3）连接错误

一个程序，特别是大型程序，往往要分成多个模块分别编译，此外，还可能包括要使用的系统的其他一些模块。当这些模块中的相关信息（如一个类或函数的声明与使用）不一致时，就会导致连接错误。

4）编译错误对策

（1）编译器和连接器发现错误后，一般会给出错误信息或警告。但是应当注意，编译器的理解往往会与人的理解不同，所以其给出的出错信息以及出错位置与人的想象往往不同，甚至有些令人费解。要真正找到错误，一般应当从编译器指出的出错位置往回查找分析。
（2）在调试程序时，先修正最先出现的错误。
（3）查出一个错误后，应当再看一下后面还有无同类错误，因为在一个程序中所犯的错误往往会重复。若有，一并修改后，再调试运行；若无，立即调试运行，因为有些错误会导致后面的错误。例如，一个标识符没有正确地声明，而后面多处引用了它。将这个声明改正后，可减少后面的多处引用错误。

2. 逻辑错误

逻辑错误是编译和连接时检查不出来的错误，是由于对问题的理解错误或由于使用的语言机制不当，造成程序不能得到正确结果的错误。要发现这样的错误，程序员需要仔细阅读程序——称为静态测试，并设计一些数据（称为测试数据）去实际运行程序——称为动态测试。

3. 未定义行为与未指定行为

未定义行为（undefined behavior）指为简化标准并给予实现一定的灵活性而产生的行为不可预测的计算机代码。例如，C++标准对于下面的情况没有给出定义。

（1）各种整型数据的表示字节数，如 char 是 1 字节，还是 2 字节。

（2）数据在计算机中是以原码，还是反码、补码、移码表示。

（3）不确定的值参加运算，如使用未初始化的自动变量参加计算。

（4）越界进行的操作，如一个整数被 0 除、数组下标越界等。

未指定行为（unspecified behavior）指标准提供了两种或更多种可能，但未强制要求选择其中一种行为。例如，函数的实际参数是两个相关表达式，这样其求值顺序会使参数的值变得不确定。例如表达式

```
f3( f1(),f2());
```

中，若 f1() 与 f2() 是 f3() 的两个实际参数，并且它们之间由于存在着相互制约关系，所以哪个先计算对输出结果都会有影响。此外，C++标准也没有指定 char 类型的取值范围是 $-128 \sim$ 127、$-127 \sim 127$ 还是 $0 \sim 255$，数值在计算机内是以原码形式还是补码形式表示及存储等，它们也会因编译器而异。

C 语言标准从来没有要求编译器判断未定义行为和未指定行为，它只是告诫人们："什么事情都可能发生"，也许什么都没有发生。C++也继承了这些原则，目的是给编译器更多灵活性。因此，如果程序调用未定义行为，可能会成功编译，甚至一开始运行时没有错误，而是在另一个系统上，或者是另一个日期运行失败。所以，未定义行为是非常难于发现的异常。处理的基本方法是：改写代码，用已定义操作书写程序。

4. 运行异常

运行时错误也称为运行时异常，它可以通过编译和连接，也可以得到正确的结果，但有时程序无法正常运行，其错误现象如下。

（1）需要一个文件时，该文件打不开。

（2）内存无法满足程序的运行而死机等。

（3）遭遇不能容忍的值。

这类问题，既不是语法错误，也不是逻辑错误，属于可以预料但无法确定的情况。早期的编译器，没有考虑这些问题，一遇到这类情况，就无法执行而导致程序不明不白地停止运行或死机，让用户莫名其妙、不知所措。于是，就想由程序员弥补，在程序设计时，预估一下可能发生的情况，按可能分情形处理，起码发出一些有关信息，告知用户可能发生了什么情况，不让用户摸不着头脑。这就是异常处理。

不过现在，许多系统也在采取措施。例如，被零除的情况，有些编译器提供了 Inf、INF、inf 等特殊浮点值表示。也有不少系统会自动给出出错信息。但是，有些系统还不能完全处理种类繁多的异常。另外，把异常一层一层地向上传递，会耗费较多的资源。所以，在程序函数中就地处理，还是很有必要的。

4.4.2 C++异常处理机制

许多运行时异常在程序编写时就能预料到，问题的关键在于如何在程序中处理这些可以预料到的问题。在编写程序时，不仅要保证程序逻辑上的正确性，还必须保证程序具有容错的能力。也就是说，在一定的环境条件下，如果程序出现意外，应该有适当的处理方法，保证不会导致错误蔓延或出现灾难性后果。

1. C++异常处理概貌

为了便于理解 C++的异常处理机制，先来看一个社会问题。社会上每天都会有一些突然事件发生，例如突发急病、盗窃、群体事件等。为了处理这些事件，设立了不同的部门，如急救中心、公安机关、信访部门等。但是，不可能每个部门都派出人员来专门进行查看，于是成立了一个突发事件处理中心（110），并重点监控突发事件高发地段，如车站、码头等。那些从来不会发生突发事件的区域则不在监控范围内。这样，若监控区内发生了突发事件，只需向应急处理中心报告事件的类型，应急处理中心就会通知相应部门进行处理。图 4.13 为用 C++异常处理机制来描述这一社会机制的示意图。

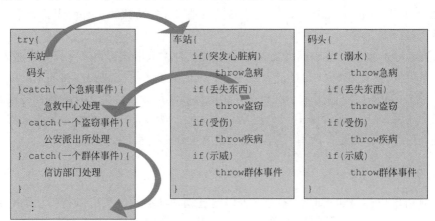

图 4.13　用 C++异常处理机制来描述这一社会机制的示意图

与此相似，C++的异常处理机制由以下 3 种成分组成。

（1）try 部分：圈定一个监控段（可能是一条语句，也可能是一个语句块）。

（2）throw 语句——抛出异常，即携带着异常特征跳转到相应的处理块。

（3）catch 块：根据异常类型进行异常处理。

2. C++异常处理的特点

C++异常处理机制的特点可以归结为如下几点。

（1）明确地将错误处理代码从"正常"代码中分离出来。这样，提高了程序的可读性。阅读程序时，哪一部分负担什么职责，非常清晰。

（2）由于异常处理部分被分离，很容易使用工具处理。

（3）异常处理提出了一种规范的错误处理风格，不仅改善了程序风格，而且明确地要求程序员，在分析问题时，把充分考虑程序运行环境也作为一种需求处理。

4.4.3　C++异常处理技术

1. 在同一个函数中抛掷并处理异常

【代码4-17】　在函数 calculate( )中抛掷并处理被 0 除异常。

```cpp
#include "calculator10.h"
#include <iostream>
#include <cstdlib>
Using namespace std;

//其他代码

int Calculator::calculate(){
    switch (operat)
    {
        case '+': return operand1 + operand2;break;
        case '-': return operand1 - operand2;break;
        case '*': return operand1 * operand2;break;
        case '/':try
                {
                    if(operand2 == 0)
                        throw -1;    //抛掷被 0 除异常，用一个整数表示
                    else
                    {
                        return operand1 / operand2;break;
                    }
                }
                catch (int)          //捕获整数类型异常
                {
                    cerr << "除数为 0" << endl;
                    exit (1);
                }
        default: cout << "\n操作符输入错误!"; exit (1);
    }
}
```

测试代码如下。

```
#include "calculator10.h"

int main(){
    Calculator cacl1 (2,'+',3);
    cout << "计算结果为: " << cacl1.calculate() << endl;
    Calculator cacl2 (2,'-',3);
    cout << "计算结果为: " << cacl2.calculate() << endl;
    Calculator cacl3 (2,'*',3);
    cout << "计算结果为: " << cacl3.calculate() << endl;
    Calculator cacl4 (2,'/',0);
    cout << "计算结果为: " << cacl4.calculate() << endl;
    return 0;
}
```

测试结果如下。

说明：

（1）本例中，抛掷异常与处理异常都放在函数 calculate() 中。

（2）catch 只能捕获 try 块内及 try 块内调用的函数抛出的异常，不能捕获 try 块外抛出的异常。如果在 try 块执行期间没有捕获到异常，则会跳过所有 catch 块，接着执行后面的语句。

（3）throw 表达式抛出一个异常对象，其类型用于寻找匹配的 catch，其值可以被 catch 中的语句使用。例如，本例中抛出的字符串就被 catch 输出语句使用。所以异常值很像函数的参数。

（4）一个 catch 块执行后，其后的 catch 块就都会被跳过，接着执行后面的语句。

2. 异常抛掷与检测处理在不同函数中

【代码 4-18】　在函数 div() 中抛掷被 0 除异常，在 calculate() 中检测并处理。

```
#include "calculator10.h"
#include <iostream>
#include <cstdlib>
using namespace std;

//其他代码
int Calculator::calculate() {
    try{                                //检测异常
        switch (operat) {
            case '+': return operand1 + operand2;break;
            case '-':return operand1 - operand2;break;
            case '*': return operand1 * operand2; break;
```

```
                    case '/':
                        if(operand2 == 0)
                            throw -1;                //抛掷异常
                        return operand1 / operand2;
                        break;
                    default:
                        cout << "\n 操作符输入错误!";
                        exit (1);
                }
        }
}
```

测试代码如下。

```
#include "calculator10.h"

int main(){
    try{                                        //检测
        Calculator cacl1 (2,'+',3);             //测试加操作
        cout << "计算结果为: "<< cacl1.calculate() << endl;
        Calculator cacl2 (2,'-',3);             //测试减操作
        cout << "计算结果为: "<< cacl2.calculate() << endl;
        Calculator cacl3 (2,'*',3);             //测试乘操作
        cout << "计算结果为: "<< cacl3.calculate() << endl;
        Calculator cacl4 (2,'/',0);             //测试被 0 除操作
        cout << "计算结果为: "<< cacl4.calculate() << endl;
    }
    catch (int){                                //捕获并处理 int 类型异常
        cerr << "除数为 0" << endl;
    }
    return 0;
}
```

测试结果与代码 4-17 相同。

3. 抛掷多个异常

【代码 4-19】　在函数 calculate()中把操作符错误作为异常，与被 0 除异常一起抛掷。

```
#include "calculator10.h"
#include <iostream>
using namespace std;
//#include <cstdlib>

//其他代码

int Calculator::calculate(){
    switch (operat){
            case '+': return operand1 + operand2;break;
            case '-': return operand1 - operand2;break;
            case '*': return operand1 * operand2;break;
```

```
            case '/':
                if(operand2== 0)
                    throw -1;                    //用一个整数抛掷被 0 除异常
                else{
                    return operand1 / operand2;break;
                }
            default:  throw 'e';
    }
}

int main(){
    try{
        Calculator cacl3 (2,'A',3);               //测试不存在操作
        std::cout << "计算结果为: "<< cacl3.calculate() << std::endl;
        Calculator cacl4 (2,'/',0);               //测试被 0 除
        std::cout << "计算结果为: "<< cacl4.calculate() << std::endl;
    }
    catch (int){                                   //捕获并处理 int 类型异常
        cerr << "除数为 0" << endl;
    }
    catch(char){                                   //捕获并处理 char 类型异常
        cerr << "操作符输入错误!" << endl;
    }
    return 0;
}
```

测试结果如下。

操作符输入错误：

说明：不同类型的异常，要用不同类型表示。如在本例中，一个使用整型，一个使用字符型。

习　题　4

🔍概念辨析

判断题。

（1）bool 类型的值只能是 1 或 0。   （　　）

（2）在 switch 结构中，所有的 case 必须按其标记值的大小从小到大排列。   （　　）

（3）C++表达式 3/5 和 3/5.0 的值是相等的，且都为 double 类型。   （　　）

（4）在 switch 语句中，不一定要使用 break 语句。   （　　）

（5）递归函数的名称在自己的函数体中至少要出现一次。   （　　）

（6）在递归函数中必须有一个控制环节用来防止程序无限期地运行。   （　　）

（7）递归函数必须返回一个值给其调用者，否则无法继续递归过程。   （　　）

（8）不可能存在 void 类型的递归函数。   （　　）

1. 找出下面程序段中的错误并说明原因。

```
if (t > 100) std::cout << "Hot\n";
else std::cout << "Warm\n";
else std::cout << "Cool\n";
```

2. 找出下面程序段中的错误并说明原因。

```
int a = 2, b = 3;
switch (choiceProgTV)
 case 1; std::cout << "中央一台\n";
 case 1.5; std::cout << "山西一台\n";
 case a; std::cout << "江苏一台\n";
 case b; std::cout << "无锡一台\n";
```

3. 给出下面程序的执行结果。

```
# include <iostream>
void SB (char ch) {
    switch (ch) {
    case 'A': case 'a': std::cout <<"well!"; break;
    case 'B': case 'b': std::cout <<"good!"; break;
    case 'C': case 'c': std::cout <<"pass!"; break;
    default: std::cout <<"nad!"; break;
    }
}
void main (void) {
    char a1 = 'b',a2 = 'C',a3 = 'f';
    SB (a1);SB (a2);SB (a3);SB ('A');
    std::cout << std::endl;
}
```

4. 下面程序的功能是用 do-while 语句求 1～1000 满足"用 3 除余 2；用 5 除余 3；用 7 除余 2"的数，且一行只打印 5 个数。请填空。

```
#include <iostream>
using namespace std;
int main(void){
    int i = 1, j = 0;
    do{
        if ___[1]___ {
            cout << i;
            j = j + 1;
            if ___[2]___ cout << endl;
        }
        i = i + 1;
    }while(i < 1000);
    return 0;
```

```
    }
  }
```

5. 鸡兔共有 30 只，脚共有 90 只，下面程序段的功能是计算鸡、兔各有多少只，请填空。

```
for(int x = 1;x <= 29;x ++){
    y = 30 - x;
    if _____ cout << x << "," << y << endl;
}
```

6. 下面程序的功能是求出用数字 0～9 可以组成多少个没有重复的 3 位偶数，请填空。

```
#include <iostream>
using namespace std;
int main(void){
    int n = 0;
    n = 0;
    for(int i = 0; i <= 9; ++ i)
    for(int k = 0; k <= 8;    [1]    )
          if(k != 1)
      for(int j = 0; j <= 9; j ++)
              if    [2]    n ++;
    cout << "n = "<< n << endl;
return 0;
}
```

7. 下面程序的功能是计算 $1 - 3 + 5 - 7 + \cdots - 99 + 101$ 的值，请填空。

```
#include <iostream>
int main(void){
    using namespace std;
    int t = 1,s = 0;
    for(int i = 1;i <= 101;i += 2)
    {    [1]    ; s = s + t;    [2]    ;}
    cout << s << endl;
    return 0;
}
```

8. 以下程序用梯形法求 sin(x) * cos(x)的定积分，求定积分的公式为

$$S = \frac{h}{2}\left[f(a) + f(b) + h\sum_{i=1}^{n-1}\Sigma f(x_i)\right]$$

其中，$x_i = a + ih$，$h = (b - a)/n$。

设 $a = 0$，$b = 1$，为积分上限，积分区分隔数 $n = 100$，请填空。

```
#include <iostream>
int main(void){
    using namespace std;
    int n; double h,s,a,b;
    cout <<"input a,b:\n");
    scanf("%lf %lf",    [1]    );
```

```
    n = 100;h = ___[2]___ ;
    s = 0.2 * (sin(a) * cos(a) + sin(b) * cos(b));
    for(int i = 1;i <= n - 1;++ i) s += ___[3]___ ;
    _s *= h;
    cout << s << endl;
    return 0;
}
```

9. 以下程序的功能是根据公式 $e=1 + \frac{1}{1!} + \frac{1}{2!} + \frac{1}{3!} + \cdots$ 求 e 的近似值，精度要求为 10^{-6}。请填空。

```
#include <iostream>
int main(void){
    using namespace std;
    double e,new;
    ___[1]___ ; new=1.0;
    for(int i = 1; ___[2]___ ; ++ i)
    {new /= (double)i;e += new;}
    cout << "e = " << e << endl;
    return 0;
}
```

10. 以下程序的功能是卖西瓜。有 1020 个西瓜，第一天卖一半多两个，以后每天卖剩下的一半多两个，问几天以后能卖完，请填空。

```
#include <iostream>
int main(void){
    using namespace std;
    int day,x1,x2;
    day = 0;x1 = 1020;
    while ___[1]___ {x2 = ___[2]___ ; x1 = x2; day ++;}
    cout << "day =" << day << endl;
    return 0;
}
```

🔧开发实践

1. 学习成绩转换器。某学校规定，平时成绩采用百分制，期末学习成绩采用评语制；百分制向评语制按照下面的规则转换。

（1）百分成绩 90 分以上为"优秀"。

（2）百分成绩 80~89 分为"良好"。

（3）百分成绩 70~79 分为"中等"。

（4）百分成绩 60~69 分为"及格"。

（5）百分成绩 59 分及以下为"不及格"。

请用 switch 结构实现这个学习成绩转换器。

2. 牛的繁殖问题。有位科学家曾出了这样一道数学题：一头刚出生的小母牛（cow）从第 4 个年头起每年年初要生一头小母牛，按此规律，若无牛死亡，买来一头刚出生的小母牛后，到第 20 年头共有多少头母牛？

3. 某种品牌的过滤器的过滤效率是 0.12，问它要过滤几次才能把水中杂质的量控制在最初的 10%？

4. 编程把下面的数列延长到第 50 项。

$$1,2,5,10,21,42,85,170,341,682,\cdots$$

5. 设计一个程序，将一个十进制整数转换为二、三、五、六、七、八、十六进制的数。

6. 编写一个 C 程序，利用以下的格里高利公式求 π 的值，直到最后一项的值小于 10^{-5} 为止。

$$\frac{\pi}{4} = 1 - \frac{1}{3} + \frac{1}{5} - \frac{1}{7}\cdots$$

7. 随着圆的内接多边形边数的增加，多边形的面积接近圆的面积，试用此方法求圆周率。

8. 一个排球运动员一人练习托球，第 $i+1$ 次托起的高度是第 i 次托起高度的 9/10。若他第 8 次托起了 1.5m，问他第 1 次托起了多高？（分别用迭代和递归实现）。

9. 某人为了购置商品房贷了一笔款，其贷款的月利息为 1%，并且每个月要偿还 1000 元，两年还清。问他最初共贷款多少？（分别用迭代和递归实现）。

10. 假设银行一年整存整取的年利率为 0.300%，某人存入了一笔钱，每满一年都取出 200 元，将余数再存一年，到第 5 年期满刚好只有 200 元。请设计一个 C++程序，计算该人当初共存了多少钱。（分别用迭代和递归实现）。

11. 用 C++程序计算两个非负整数的最大公约数。（请分别用迭代和递归实现）。

12. 约瑟夫问题：M 个人围成一圈，从第 1 个人开始依次从 1 到 N 循环报数，并且让每个报数为 N 的人出圈，直到圈中只剩下一个人为止。用 C++程序数输出所有出圈者的顺序。

第2篇　C++面向对象编程

20世纪50年代末端倪初显的第一次软件危机，给了计算机领域的精英们大展才华的机会。结构化程序设计思想提出之后，先是出现了用函数（或子程序）进行代码封装的模式。但是，函数（子程序）是基于功能的程序代码封装，其粒度很小，在设计大程序系统时，还显得十分烦琐。于是人们开始寻找更大粒度的代码封装体。1967年5月20日，在挪威奥斯陆郊外的小镇莉沙布举行的IFIP TC-2工作会议上，挪威科学家Ole-Johan Dahl和Kristen Nygaard正式发布了Simula 67语言。这一语言为程序设计带来一股新风。它采用类（class）作为程序代码的封装体。类是对系统中具有共同特征的实体的抽象。也就是说，采用这种语言进行程序设计，首先要分析系统涉及哪些对象（实体），并且要分析这些对象可以抽象为哪几种类型。编码针对类进行。把具体对象看作是类的实例。所以，这是一种分析式编程思想，也是一种基于类（尽管多称为面向对象）的程序设计思想。

类是一种抽象数据结构（Abstract Data Type，ADT），它封装了描述一类事物的属性以及行为。属性用数据描述，行为用函数（称为方法）描述。所以它还是基于命令式编程的，只不过封装的粒度大了，适合于构造大型程序。

面向对象编程的另外特点是通过继承与多态实现代码复用。继承允许在已有类的基础上生成新的类，多态可以赋予一个名字或符号不同的意义。从这一点上来提高程序设计的效率和可靠性。

本篇具体介绍C++中如何应用这些机制。

第5章 类与对象

C++是一种强类型语言。命令式编程中以数据为核心,强调所有的数据(包括字面量、常量、变量、表达式、函数返回等)都要属于某一种类型。在面向对象的程序设计中,它强调一切皆对象(objects),所有对象也要属于特定的类型。这些"类型"都是抽象数据类型,封装了用数据描述的对象相关属性种类和用函数表示的对象相关行为,并将这种抽象数据类型称为类(class)。类是一种将抽象类型转换为用户定义类型的载体。要使用对象,必须用类进行声明(构造),所声明的变量就是该类的对象。因此,在面向对象的编程中,要使用对象,就要先定义类。有了类,才能由类构造对象。所以,面向对象的编程实际上主要的工作是设计类。

5.1 类 的 设 计

5.1.1 类的声明与实现

1. 类的声明

面向对象程序设计认为,世界是由对象(objects)组成的。面向对象的程序就是对世界的某个子结构的描述。要对一个问题进行求解,首先要分析这个问题中有哪些对象,并进一步将这些对象抽象为几种类型,然后用类来描述这几个类。

任何一类对象,都可以从两个方面进行描述:属性(attributes)和行为(behaviors)。然后将这个现实世界中的对象用程序设计语言描述,就粗略地得到了程序世界中对象的类型——class。图5.1为将现实世界中的职员类型转化为C++程序世界中的Employee类的示意图。

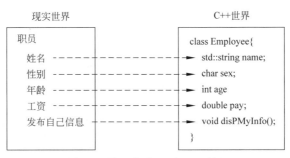

图 5.1　从现实世界到C++世界

由此可以得到一个简单的C++类声明的粗略框架。

(1)一个C++类声明由类头和类体两部分组成。

（2）类头由关键字 class 引出，后面是一个类名。类名应当符合 C++标识符命名规则。为了与变量相区别，通常类名第一个字符大写。

（3）类体是由括在花括号中的类成员组成。类成员有两种：数据成员和成员函数。数据成员用于描述类的属性，在类声明中以变量声明的形式表示。成员函数用于描述类的行为，在类声明中以原型表示。

（4）类声明要以分号（;）结尾。

（5）在 C++程序中，类具有外部作用域，即它定义在所有函数的外部。

这还是个粗略的框架，意思是这还不是可用的类。要可用，还需要进行以下完善。

2. 成员函数的实现

在图 5.1 中的 C++世界中，定义了一个 Employee 类。在这个类中声明了一个函数——成员函数 dispMyInfo()，但是没有给出其函数体，即没有函数的实现部分——函数定义。那么，这个成员函数被调用时，到哪里去找其函数体呢？C++允许将成员函数的定义在类体中直接写出，也允许其在类体外写出。这里主要介绍在类体外定义的方法。

由于函数具有外部作用域，当一个类的成员函数定义在类外部时，像普通函数那样定义成员函数，就会出现一个问题：若有几个类，那么如何知道哪个函数是哪个类的成员呢？

为消除这种混乱，C++提供了一个域解析运算符（::）来指定哪个函数是哪个类的成员函数。这样，就可以写成员函数的定义了。

【**代码 5-1**】 在 Employee 类外定义其成员函数。

```
#include <iostream>
using namespace std;
void Employee :: dispMyInfo()
{cout << name << ","<< sex << "," << age << "," << pay << endl;}
```

注意，这里有一个问题：为什么在这个成员函数中使用的变量 name、sex、age 和 pay 没有在函数中声明就可以直接使用呢？因为在类的声明中已经声明了，它们就具有类作用域，可以供类的每个成员函数访问。

5.1.2　信息隐藏原则与类成员的访问控制

在图 5.1 的 C++世界中定义了一个 Employee 类，并在类体中声明了几个数据成员和一个成员函数。那么，Employee 类中定义的这些成员是给谁用的呢？答案有二：一是给自己用，如在代码 5-1 中定义成员函数 dispMyInfo()中，就使用了各个数据成员；另一个是在其外部使用。但是，图 5.1 中定义的这个 Employee 类的成员是不能被外部使用的。为什么呢？这要从信息隐藏原则说起。

在模块化程序设计的实践中，人们又总结出了一条经验：一个好的模块是内互动最少的模块，即内部的元素尽量不与外界联系、互动；如果非要联系，就"光明正大"地通过规定接口联系，并且让外部具有最少的操作权限。1972 年，David Parnas 将这些经验总结为信息隐蔽原则。

在面向对象的程序设计中，类是一组属性和行为的抽象和封装体。这种封装性

（encapsulation）的好处就是可以将这些成员作为一个整体，按照信息隐蔽原则把操作分为两类：一部分局限在这个封装体内部；一部分对外开放，形成一个公开的接口。于是，在设计类时将成员分为两类：公开（public）成员和私密（private）成员。它们的区别在于，公开成员可以被外部（类的定义域之外）的对象访问，而私密成员不可以被外部的对象直接访问。也就是说，类及其对象，要以公开成员作为接口。C++严格遵循了信息隐藏原则，它把所有类成员都默认为是 private 的，如果要把某些成员作为接口，就需要用关键词 public 去声明它。这样，就清楚了在图 5.1 中定义的类 Employee 不能被外部使用的原因了，因为它还没有用 public 声明的成员，即没有可访问的接口。

那么，在一个类中，哪些成员应当声明为 public 的，哪些成员应当声明为 private 的呢？一个基本的考量是：数据成员一般应声明为 private 的，成员函数可以声明为 public 的。因为，一个类的所有对象都具有相同的成员函数，没有保密的必要；而一个类的各对象具有不同的数据成员值，所以才具有隐私性质。public 的成员函数，可以被外部访问，也可以对内进行操作，是理想的接口元素。

关键词 public 和 private 是 C++保护成员的两个访问控制关键词，它们有两种用法：一种是逐成员地声明；另一种是在一个成员处声明，后面的成员只要不是变更访问控制属性，就认为还是这种访问属性。

【代码 5-2】 带有访问控制约束的 Employee 类声明。

```
#include <string>
using std :: string;
class Employee
{
    private:
        string name;
        int age;
        char sex;
        double pay;
    public:
        void dispMyInfo();
};
```

在 C++类中，私密成员是不需要特殊声明的。但是，从可移植的角度明显地用关键词 private 对私密成员加以标记，也是有好处的。

到此为止，一个类的声明和定义才基本可用。例如使用语句

```
Employee emplZgang;
```

就可以创建一个名为 emplZhang 的对象。不过，虽然如此，却还不完全。因为，创建对象时的初始化问题还没有交代清楚。

5.1.3　构造函数与析构函数

1. 对象初始化

创建一个对象，可能是空的，也可能是有特定值的。对象初始化就是创建一个有特定

值的对象。这时要涉及两个问题。

（1）在创建对象的同时，如何为对象开辟一个对象存储区。当一个 C++程序开始运行时，编译器就把其函数，包括类的成员函数保存到内存代码区。这些代码可以被任何符合语法规则和访问条件的表达式调用。而存放到栈区的类的数据成员要在执行对象创建语句时分配。

（2）另外一个问题是给对象的各数据成员赋初值。这一项工作常常可以由构造函数代劳。但是，这不是必需的。因为程序员完全可以设立 set 类型的函数来完成这个任务。例如，对于 Employee 类，可以设置下面的 set 函数进行初值设置

```
void Employee::setName(){cin >> name;}
```

但是，若让构造函数一身兼两职不是可以减少函数调用的次数吗？这何乐而不为呢？

2. 有参构造函数、无参构造函数与构造函数重载

担负对象初始化任务的是一种特殊的成员函数——构造函数（constructor）。构造函数具有如下特点。

（1）构造函数与类同名。例如 Employee 类的构造函数为 Employee()。

（2）构造函数是在声明对象时，由对象名激活。

（3）构造函数不需要写返回类型，因为其返回类型是不言而喻的。

（4）构造函数有两种形式：有参构造函数——兼有存储分配与数据成员初始化二职；无参构造函数——只有存储分配职责而不管数据成员初始化。

【代码 5-3】　　Employee 类的有参构造函数。

```
#include <iostream>
#include <string>
using namespace std;

Employee::Employee(const string & nm, int ag, char sx, double py)
{
    name = nm;
    age = ag;
    sex = sx;
    pay = py;
}
```

说明：

（1）在这个构造函数中，参数 nm 使用了引用，因为字符串比较长，不希望为它开辟其他的存储空间。而且名字是不会轻易被修改的，所以用了 const 保护。

（2）当然，也可以从键盘输入这些数据成员的值。这时，参数就没有用处了。

（3）C++允许构造函数重载。重载时用参数进行区别绑定。

【代码 5-4】　　Employee 类的构造函数重载测试。

（1）将类声明存储为头文件 ex0504.hpp。

```
//文件名: ex0504.hpp
#include <string>
using namespace std;
class Employee
{
    private:
        string name;
        int age;
        char sex;
        float pay;
    public:
        Employee();                                   //无参构造函数
        Employee(string nm, int ag, char sx);         //部分参数构造函数
        Employee(string nm, int ag, char sx, float py); //完全参数构造函数
        void dispMyInfo();
};
```

（2）将成员函数实现和主函数存储为程序文件 ex0504.cpp。

```
#include <iostream>
#include "ex0504.hpp"                                 //将头文件包含到当前文件
Employee::Employee()
{
    cout << "执行无参构造函数。\n";
}

Employee::Employee(string nm, int ag, char sx)
{
    cout << "执行部分参数构造函数。\n";
    name = nm;
    age = ag;
    sex = sx;
}

Employee::Employee(string nm, int ag, char sx, float pay)
{
    cout << "执行全部参数构造函数。\n";
    name = nm;
    age = ag;
    sex = sx;
    pay = py;
}

void Employee::dispMyInfo()
{
    cout << name << "," << age << "," << sex << "," << pay << endl;
}

int main()
{
```

```
Employee empl1;
empl1.dispMyInfo();

Employee empl2("zhangsan",28,'f');
empl2.dispMyInfo();

Employee empl3("Lisi",25,'m',2345.67);
empl3.dispMyInfo();

return 0;
}
```

测试结果如下。

```
执行无参构造函数。
 , 1, , nan
执行部分参数构造函数。
zhangsan, 28, f, 5.96155e-039
执行全部参数构造函数。
Lisi, 25, m, 2345.67
```

说明：

（1）在编译预处理命令中，头文件名要用一对尖括号（<>）括起来。这对尖括号表明这个头文件被保存在系统给出的特定位置（文件夹）中，编译器可以直接去那里找到。而自定义的头文件名要用一对双撇号（""）引起来，因为自定义头文件不在系统给出的特定位置（文件夹）中，需要编译器搜索才能找到。

（2）表达式 empl1.dispMyInfo()、empl2.dispMyInfo()和 empl3.dispMyInfo()表示分别引用 empl1、empl2 和 empl3 的 dispMyInfo()。圆点（.）运算符称为分量运算符或成员运算符，用于指定所引用的成员是哪个对象的。此外，还可以用别名（引用）或指针引用。例如下面的语句等效于 empl1.dispMyInfo()。

```
Employee *pEmpl1 = &empl1;
pEmpl1 -> dispMyInfo();
```

这里的箭头（->）称为指向分量运算符。也可以使用指针的递引用，例如

```
Employee *pEmplZhang = &emplZhang;
(* pEmplZhang) .dispMyInfo();
```

（3）成员变量初始化时，其值是不可预料的。

3. 类的默认构造函数

如果声明一个类时，没有显式地定义一个构造函数，编译器会自动生成一个默认构造函数。这个构造函数是无参的。但是，如果类中已经定义了一个构造函数，不管是有参的，还是无参的，编译器就不再生成构造函数了。

应当注意，无参构造函数与默认构造函数还是有所不同的。在无参构造函数中除了分配存储空间外，还可以做一些别的事情，如通过键盘输入对数据成员初始化，而默认构造

函数就不会做任何多余的工作。

4. 对象的生命周期与析构函数

一个对象的生命周期是在其构造，即调用构造函数开始的。这时，编译器将会为该对象的各数据成员分配需要的存储空间。与变量一样，一个对象的生命周期，视其创建时的存储属性，可以是自动的，也可以是静态的，还可以是动态的。当这个对象的生命周期结束时，编译器还会调用另一个特殊的成员函数——析构函数，将该对象的数据成员占用的存储空间回收。

析构函数有如下特点。

（1）析构函数名是类名号前加一个波浪号（~）。如 Employee 类的析构函数名为 ~Employee。

（2）"三无"特点：无返回类型、无参数、在一个类中独一无二。

（3）它可以是程序员自己定义的。当程序员没有定义时，在该对象生命结束时，编译器会自动为其生成一个个默认的析构函数进行善后工作。自定义析构函数与默认析构函数的不同之处在于，它可以在函数体中搞点花样。例如可以在函数体中用输出语句输出其被调用的信息。

【代码 5-5】 显示有显式构造函数和析构函数的 Employee 类对象生命周期状况示例。

（1）将类声明定义成头文件。

```cpp
//头文件: ex0504.hpp
#include <string>
using namespace std;
class Employee
{
    private:
        string name;
        int age;
        char sex;
        double pay;
    public:
        Employee(const string & nm, int ag, char sx, double py);
        ~Employee( );
        void dispMyInfo();
};
```

（2）将类的实现和主函数存储为程序文件。

```cpp
//程序文件: ex0504.cpp
#include <iostream>
#include "ex0504.hpp"

Employee::Employee(const string & nm, int ag, char sx, double py)
{
    name = nm;
    age = ag;
```

```
    sex = sx;
    pay = py;
    cout << "构造" << name << "\n";
}
Employee::~Employee(){cout << "析构" << name <<"\n"; }
void Employee :: dispMyInfo(){cout << name << ","<< sex << "," << age << "," << pay << endl;}

int main()
{
    Employee emp1Wang("Wang1",26,'f',3333.33) ;
    {
        cout << "-------------------\n";
        Employee emp1Zhang("Zhang1",28,'m',5555.55) ;
        emp1Zhang.dispMyInfo();                    //引用 emp1Zhang 的 dispMyInfo()
    }
    cout << "-------------------\n";
    emp1Wang.dispMyInfo();                         //引用 emp1Wang 的 dispMyInfo()
}
```

（3）程序运行情况如下。

说明：析构函数确实是在对象寿终正寝之时来料理后事。由于对象名也是变量，所以，对于自由对象，在哪个作用域内被创建，其生命周期就会在这个作用域尾部因自动调用析构函数而结束；若对象是静态的，则其生命周期就会在程序结束时才调用析构函数而结束。

5.1.4 对象的动态存储分配

1. 对象的堆空间分配与回收

一般来说类对象都比基本类型数据占有较多的存储空间。因此，对对象进行动态内存分配，即进行堆空间的分配，比较有意义。

【代码 5-6】 Employee 对象的动态分配示例。

```
void fun(){
    pTime *pEmployee;               //创建一个指向 Employee 类的指针
    pEmployee = new Employee;       //将 pEmployee 指向 new 在堆空间分配的一个 Employee 对象空间
    .../其他操作
    delete pTime;                   //释放堆空间
}
```

说明：

（1）从字面上看，语句"pEmployee = new Employee;"执行时，new 先分配一个空堆空间，然后将这个空间的首地址赋值给指针 pEmployee。实际上，应该解释为：这个语句执行时，new 调用 Employee 的默认构造函数在堆空间分配到一块足以容纳一个 Employee 对象的空间，然后将这个空间的首地址赋值给指针 pEmployee。显然，如果要进行具体初始化，则要使用类似下面的语句

```
pTime = new Time("Wang1",26,'f',3333.33)
```

这时，new 先要调用 Employee 的一个有参构造函数在堆空间分配到一块足以容纳一个 Employee 对象的空间并进行初始化后，将这个空间的首地址赋值给指针 pEmployee。

（2）如果对象是用 new 创建的，则只有显式使用 delete 删除对象时，析构函数才会被调用。如在本例中，执行语句"delete pEmployeep;"时，delete 会先隐式调用 Employee 的析构函数，释放所指向的堆空间。

2. 数据成员的动态存储分配

根据需要，也可以将类的某个数据成员在堆区分配存储空间。这意味着需要在构造函数中使用 new 进行动态分配。

【代码 5-7】 用 new 为 Employee 类的数据成员 name 进行动态分配示例。

```
Employee::Employee(const string & nm, int ag, char sx, double py)
{
    string *pName = new string(nm) ;                //为成员分配堆空间
    age = ag;
    sex = sx;
    pay = py;
    cout << "构造" << *pName << "\n";
}
Employee::~Employee()
{
    cout << "析构" << name <<"\n";
    delete &name;
}
```

注意：

（1）在构造函数中使用 new 初始化的成员，须在析构函数中使用 delete 撤销。

（2）delete 撤销的一定要是个地址，不能是数据变量。例如本例中，使用语句是"delete &name;"，而不能是"delete name;"。

5.1.5 set 类函数、get 类函数与 this 指针

1. set 类函数与 get 类函数

前面在介绍构造函数时说过，采用构造函数进行对象的初始化，可以在为数据成员分配存储空间的同时给它们初始化。这样就减少了函数调用次数。但是，对此也有人持不同意见，认为功能单一是设计函数的一条基本原则。让构造函数身兼二职不符合这一原则，也降低了程序的灵活性。同样，用一个 dispMyInfo() 来自报个人信息，也有同样的问题。因

此，推荐使用 set 类函数与 get 类函数分别进行处理。

【代码 5-8】 采用 set 类函数与 get 类函数的 Employee 类声明和定义。

（1）类声明。

```
//头文件: ex0505.hpp
#include <string>
using namespace std;
class Employee
{
    private:
        string name;
        int age;
        char sex;
        double pay;
    public:
        Employee();
        ~Employee( );
        void setName(const string & nm);
        void setAge(int ag);
        void setSex(char sx);
        void setPay(double py);
        void getName();
        void getAge();
        void getSex();
        void getPay();
};
```

（2）类实现。

```
//程序文件: ex0505.cpp
#include <iostream>
#include "ex0505.hpp"

Employee::Employee( ){ cout << "构造" << name << "\n";}
Employee::~Employee(){cout << "析构" << name <<"\n"; }
void Employee :: setName(const string &nm){name = nm;}
void Employee :: setAge(int ag){age = ag;}
void Employee :: setSex(char sx){sex = sx;}
void Employee :: setPay(double py){pay = py;}
void Employee :: getName(){cout << name << endl;}
void Employee :: getAge(){cout << age << endl;}
void Employee :: getSex(){cout << sex << endl;}
void Employee :: getPay(){cout << pay << endl;}

int main()
{
    Employee emplWang;
    {
        cout << "--------------------\n";
```

```
        Employee emplZhang ;
        emplZhang.setName("Zhang");
            emplZhang.setAge(28);
            emplZhang.setSex('f');
            emplZhang.setPay(5555.55);
            emplZhang.getName();
            emplZhang.getAge();
        emplZhang.getSex();
          emplZhang.getPay();
    }
  cout << "--------------------\n";
        emplWang.setName("Wang");
        emplWang.setAge(26);
        emplWang.setSex('m');
        emplWang.setPay(3333.33);
        emplWang.getName();
        emplWang.getAge();
        emplWang.getSex();
        emplWang. getPay();
}
```

（3）程序运行情况如下。

讨论：

（1）构造函数没有显示出 name 的值，是因为当时还没有对 name 初始化。

（2）初始化数据成员是用构造函数好，还是用 set 函数好，是一个仁者见仁、智者见智的问题。各有利弊，就看各人的习惯和应用场所吧。

2. this 指针

在前面的代码中，为了给一个数据成员赋初值，需要另外定义一个名字，这也是一件麻烦的事情。为此，C++提供了一个 this 指针，用了它就可以使用同样的名字，而不会造成概念上的混乱。例如

```
void Employee :: setName(const string & name){this -> name = name;}
```

this 是 C++为每一个类的成员函数自动生成的指向调用的类对象的特别指针常量。也就

是说，每一个成员函数都可以使用 this 指针来代表当前调用的类对象，将其与箭头运算符合起来理解为"本对象的"。这在许多场合非常有用。

也可以使用 this 的递引用。例如

```
void Employee :: setName(const string & name){ (*this ) . name = name;}
```

5.2 对象行为控制与类定义延伸

在类定义中，按照信息隐藏原则将成员分为 public 和 private 两大类，成为类对象访问控制的基本模式。但是，这样的分类一方面灵活性不足，另一方面在某些情况下对于类对象的保护强度还显较弱。为此，C++补充了一些措施作为类定义的延伸与补充。

5.2.1 const 修饰类成员与对象

1. 数据成员的 const 保护

const 限定类的数据成员，可以保护该成员不被修改。其使用要点如下。

（1）const 数据成员是一种特殊的数据成员，任何函数都不能对其实施赋值操作。

（2）const 数据成员的初始化不能在类声明的声明语句中进行。因为编译器不为类声明分配存储空间，所以不能保存 const 变量的值。此外也不能在构造函数的函数体中对 const 数据成员以赋值的方式进行初始化，只能而且必须在构造函数的初始化段中进行。

【代码 5-9】 用 const 保护数据成员的正确与错误用法。

```
class A {
    const int aa = 10;                    //错误，不能在声明语句中初始化常数据成员
    const int aa;                         //正确
  public:
    A (const int a) { aa = a;}            //错误
    A (const int a): aa (a) {}            //正确，在初始化段中初始化常数据成员
    //…
};
```

注意：

（1）用 const 变量作为类的数据成员，尽管可以用初始化段的方式进行初始化，但这样的符号常量仅对某一个对象有效，而不是被所有对象共享。

（2）若将一个数据成员声明为 mutable，则表明此成员总是可以被更新，即使它是在一个 const 成员函数中。

2. const 成员函数

const 成员函数就是用 const 限定的类成员函数，其使用要点如下。

（1）const 成员函数不能用来修改对象的数据成员；也不能调用本类对象中的非 const 成员函数，即不能间接修改本类对象的数据成员。如果在编写 const 成员函数时，不慎修改

了数据成员，或者调用了其他非 const 成员函数，编译器将指出错误。但是，如果数据成员是指针，则 const 成员函数只保证不修改这个指针，而不保证是否修改该指针指向的对象。

（2）关键字 const 应放在函数头的最后，避免与返回类型混淆。例如

```
void Person::disp()const;
```

（3）定义 const 成员函数的 const 也是函数类型的一部分。两个函数名字和参数都相同时，一个带有 const 而另一个不带有 const，可以被看成两个不同的函数，即 const 成员函数可以被相同参数表的非 const 成员函数重载。

【代码 5-10】 const 成员函数被相同参数表的非 const 成员函数重载的实例。

```
#include <iostream>

class A {
    public:
      A(int x, int y) : _x(x), _y(y) {}
      int get() { return _x;}
      int get() const { return _y;}
    private:
      int _x, _y;
};

int main(){
   A obj(2, 3);
   const A obj1(2, 3);
   std::cout << obj.get() << " " << obj1.get();
   return 0;
}
```

（4）类的构造函数、析构函数、复制构造函数及赋值构造函数都属于特殊的成员函数，都不能为 const 成员函数。

3. 对象的 const 保护

对象也是一种变量。类对象也可以被声明为 const 对象。语法如下。

const 类名 对象名 （初始化值列表）；

例如，采用下面的声明后，对象 zh 就成为一个 const 对象。

```
const Person zh("Zhang",50,'m');
```

说明：

（1）不允许在非 const 成员函数中引用 const 对象的数据成员。表 5.1 列出了对象的不同成员函数对不同数据成员的访问关系。

（2）一个对象一旦被声明为 const 对象，其所有的数据成员就自动成为 const 数据成员，即其所有数据成员的值在对象的整个生命周期内都不能被改变。

表 5.1　对象的不同成员函数对不同数据成员的访问关系

数据成员性质	非 const 成员函数	const 成员函数
非 const 对象的非 const 数据成员	可以引用，也可以改变	可以引用，但不可以改变
非 const 对象的 const 数据成员	可以引用，不可以改变	
const 对象的任何数据成员	不可访问	

（3）与其他常量一样，动态创建的 const 对象必须在创建时初始化，并且一经初始化，其值就不能再修改。由于 const 对象的所有数据成员都是 const 数据成员，因此应采用初始化列表方式进行初始化。但若该类提供了无参构造函数，则此对象可隐式初始化为默认值。

（4）const 对象只能调用 const 成员函数，不能调用非 const 成员函数。原因就是 const 对象由 const *this 指针指向，而不能由非 const *this 指针指向。而非 const 对象既能调用非 const 成员函数，又能调用 const 成员函数。非 const 对象能调用 const 成员函数的原因就是 this 指针可以转换为 const *this 指针。例如，对已经定义为 const 对象的 Person zh，例如

```
zh.disp();
```

执行时，系统将会发出警告

```
Non-const function Person::disp() called for const object in function main().
```

而进行下面的声明后，就可合法地访问对象，即可用成员函数 disp( )对它的数据成员输出了。

```
void Person::disp() const;
```

属于例外的是构造函数与析构函数，因为 const 对象被看作只能生成与撤销、不能访问的对象。

（5）允许定义一个与 const 成员函数同名的非 const 重载的成员函数。在这种情况下，编译器将根据类对象的常量性决定与哪个函数绑定。

5.2.2　static 成员

类的成员不能使用 register 和 extern 等修饰符，只能用 static 修饰符。用 static 修饰的成员称为该类的静态成员。类的静态成员有许多特殊性，主要特点是为所有实例所共享，也就是说，它属于一个类，供所有对象共享。

1. 静态数据成员

静态数据成员是一个类的所有对象的公共财产，这个类的所有对象都可以操作它，结果也是一个可为所有对象共享的值。注意，静态成员在类声明中声明，在包含类方法的文件中初始化。

【代码 5-11】　王婆卖瓜：每卖一个瓜，作为一个卖瓜对象，把卖出个数和重量作为两个静态成员。

（1）头文件设计。

```
//文件名: ex0511.hpp
```

```
using namespace std;
class WangPo {
      float weight;                                    //一个瓜的重量
      int status;
      static int  totalNumber ;                        //静态数据成员：卖出个数
      static float totalWeight;                        //静态数据成员：卖出总重
   public:
      WangPo (float weight,int status);                //构造函数模拟卖或退一个瓜
      ~ WangPo ();                                      //析构函数
};
```

（2）王婆卖瓜类的实现与主函数。

```
#include <iostream>
#include "ex0511.hpp"
int WangPo :: totalNumber = 0;                         //初始化静态数据成员
float WangPo :: totalWeight = 0.0;
WangPo::WangPo (float weight, int status)              //构造函数模拟卖一个瓜
{
  if (status == 1)
  {
    std::cout << "卖出一个瓜，重量: " << weight << std::endl;
    totalNumber ++;
    totalWeight += weight;
  }
  if (status == 2)
  {
    std::cout << "退货一个瓜，重量: " << weight << std::endl;
    totalNumber --;
    totalWeight -= weight;
  }
}

WangPo::~ WangPo ()                                     //析构函数兼输出总计
{
  cout << "总计卖出个数:" << totalNumber << endl;
  cout << "总计卖出重量:" << totalWeight << endl;
}

//测试主函数
int main()
{
  int businessStatus = 1;
  float weight = 0.0;
  while(true)
  {
    cout << "输入营业状态：1.卖一个瓜；2.退一个瓜；0.下班。请选择:";
    cin >> businessStatus;
    if(businessStatus == 1 or businessStatus == 2)
    {
```

```
    cout << "输入瓜重:";
    cin >> weight;
    WangPo(weight ,businessStatus);
  }
  else if (businessStatus == 0)
  {
    cout << "下班!" << endl;
    return 0;
  }
  else
    cout << "输入错误，请重新输入" << endl;
  }
}
```

测试情况如下。

```
输入营业状态：1.卖一个瓜；2.退一个瓜；0.下班。请选择:1
输入瓜重:12.3
卖出一个瓜，重量: 12.3
总计卖出个数:1
总计卖出重量:12.3
输入营业状态：1.卖一个瓜；2.退一个瓜；0.下班。请选择:2
输入瓜重:7.6
退货一个瓜，重量: 7.6
总计卖出个数:0
总计卖出重量:4.7
输入营业状态：1.卖一个瓜；2.退一个瓜；0.下班。请选择:0
下班!
```

2. 静态成员函数

使用 static 关键字声明的成员函数称为静态成员函数。静态成员函数具有如下特性。

（1）静态成员函数属于类的静态成员，可以被独立访问，既可以通过类名引用，也可以通过对象名引用，而一般的成员函数只能通过对象名来调用。

（2）静态成员函数不能直接调用类中的非静态成员，只能访问静态成员变量。因为静态成员函数属于类本身，在类的对象产生之前就已经存在，先存在者无法访问后存在者。但非静态成员函数可以调用静态成员函数。因为，后出现者应当可以访问先出现者。

（3）静态成员函数要访问非静态数据成员，可以通过传一个对象的指针、引用等参数得到对象名，然后通过对象名来访问。这是相当麻烦的。

【代码 5-12】 静态成员函数的使用。

```
#include <iostream>
class M{
    public:
      M(int a) { A=a; B+=a;}
      static void f1(M m);
    private:
      int A;
      static int B;
};
```

```
void M::f1(M m){
  std::cout << "A =" << m.A << std::endl;
  std::cout << "B =" << M.B << std::endl;
}

int M::B=0;

int main(){
  M p(111),q(222);
  M::f1(p);                          //调用时不用对象名，直接用类名
  M::f1(q);
  return 0;
}
```

程序运行结果如下。

（4）静态成员函数的地址可用普通函数指针存储，而普通成员函数地址需要用类成员函数指针来存储。例如

```
class base{
  static int func1();
  int func2();
};
int (*pf1)()=&base::func1;          //普通的函数指针
int (base::*pf2)()=&base::func2;    //成员函数指针
```

（5）静态成员函数不含 this 指针。构造函数和析构函数不可以定义为 static，因为构造函数要给每一个对象一个 this 指针。若将构造函数定义为静态的，就无法构造和访问 this指针。

（6）静态成员函数在类体中的声明前加上关键字 static，不可以同时再声明为 virtual、const、volatile 函数；它们出现在类体外的函数定义不能再加上关键字 static。

```
class base{
  virtual static void func1();       //错误
  static void func2() const;         //错误
  static void func3() volatile;      //错误
};
```

（7）静态成员函数可以定义成内联的，也可以定义成非内联的。当要定义成非内联的静态成员函数时，不可再使用关键字 static。

5.2.3 友元

对一个家庭来说，有家人和外人之分，他们对于家庭财产的处置权限是不同的。但是，

一个家庭还有亲友。经过授权的亲友也会有家人一样的权利。C++提供的友元就是一种类似的授权机制，并且将友元分为友元函数、友元成员函数和友元类 3 种情形。

1. 友元函数

友元函数是将类的某外部函数授权为友元函数。如图 5.2 所示，一旦声明了函数 f() 为类 X 的友元后，函数 f() 就可以访问类 X 的任何成员，即将 f() 当作了 X 类的一个成员一样。

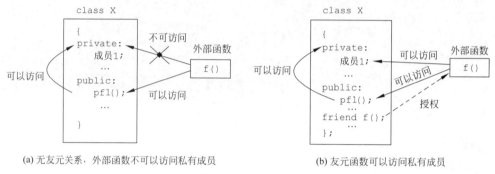

(a) 无友元关系，外部函数不可以访问私有成员　　　　(b) 友元函数可以访问私有成员

图 5.2　友元函数

【代码 5-13】　女孩子的电话号码一般不给别人，但特殊情况例外，如网上购物或购买机票时。下面是用一个 Girl 类外部的函数作为友元函数访问 Girl 类成员的代码。

```
#include <iostream>
#include <string>

class Girl{                              //授权类
     std::string name;
     long int teleNumber;
   public:
     Girl(std::string name,long int teleNumber) {
          this->name = name;
          this->teleNumber = teleNumber;
     }

     friend void disp( Girl& );          //声明友元函数
};

void disp(Girl &x){                      //定义外部友元函数，不是定义成员函数
   std::cout << "Girl\'s name is:"<< x.name  << ",tel:" << x.teleNumber << "\n";
}

int main() {
   Girl g("Eluza",13306192);
   disp(g);                             //调用友元函数
   return 0;
}
```

测试结果如下。

说明：

（1）友元函数的使用有如下 3 个要点。

① 在授权类的定义中用关键字 friend 授权。

② 在类定义之外定义。

③ 使用类对象引用作参数。

（2）外部友元函数的作用域是所在类的类作用域（从声明点开始到类名结束为止）。

（3）友元函数不仅可以访问对象的公开成员，而且可以访问对象的私密成员。它的主要作用是作为访问对象的一个界面，提高程序的效率。

（4）友元关系声明可以出现在类的私有部分，也可以出现在公开部分。

（5）在一个类中，凡冠以 friend 的（如上述 friend void disp(Girl &)）一定不是它的成员。

2. 友元成员函数

友元成员函数是一个类的成员函数被另一个类用 friend 声明为友元函数。这种成员函数不仅可以访问自己本类对象中的私有成员，还可以访问所在类（授权类）的对象中的私有与公开成员。

【代码 5-14】 用一个 Boy 类的成员函数作为 Girl 类友元函数访问 Girl 类成员。

```cpp
#include <iostream>
#include <string>

class Girl;                              //声明类名 Girl

class Boy {
    std::string name;
    long int teleNumber;
  public:
    Boy(std::string name,long int teleNumber)
    {
        this->name = name;
        this->teleNumber = teleNumber;
    }
    void disp( Girl& );                  //被声明为友元函数
};

class Girl {                             //授权类
    std::string name;
    long int teleNumber;
  public:
    Girl(std::string name,long int teleNumber) {
        this->name = name;
        this->teleNumber = teleNumber;
    }
```

```
        friend void Boy::disp(Girl&);      //声明友元关系
};

void Boy::disp(Girl &x) {                   //定义 Boy 成员函数
    std::cout << "Girl\'s name is:"<< x.name  << ",tel:" << x.teleNumber << "\n";
}

int main() {
    Girl g("Eluza",13306192);
    Boy b(" Zhang3",1883306);
    b.disp(g);                              //调用友元函数
    return 0;
}
```

测试结果同代码 5-13。

说明：

（1）友元函数作为一个类（如 Boy）的成员函数时，除应当在它所在的类定义中声明之外，还应当在另一个类（如 Girl）中授权它的友元关系。声明语句的格式为

friend 函数类型　　所在类名::函数名（参数表列）；

（2）友元函数（如 disp）既可以访问授权本类（如 Boy）对象（如 b）的私密成员（如 name, age）（这时不需要本类对象的引用参数），还可以访问授权类（如 Girl）对象（如 e）中的私密成员（如 name,dial）（这时必须有友元类对象的引用参数）。

（3）一个类（如 Boy）的成员函数作另一个类（如 Girl）的友元函数时，必须先定义它所在的类（Boy），而不仅仅是声明它。

使用友元函数直接访问对象的私密成员，可以免去先调用其公开成员函数，再通过其公开成员函数访问其私密成员所需的开销。友元函数作为类的另一种接口，对已经设计好的类，只要增加一条声明语句，便可以使用外部函数来补充它的功能，或架起不同类对象之间联系的桥梁。问题是，它破坏了对象封装与信息隐藏，使用应谨慎。

3. 友元类

也可以把一个类（如 Boy）而不仅仅是一个成员函数声明为另一个类（如 Girl）的友元类。这时，要先声明它（Boy）。

【代码 5-15】　将 Boy 类作为 Girl 类的友元类。

```
class Girl {                                //授权类
    std::string name;
    long int teleNumber;
  public:
    Girl(std::string name,long int teleNumber) {
        this->name = name;
        this->teleNumber = teleNumber;
    }
    friend CBoy;                            //声明友元类, 不是声明友元函数
```

```
            //friend void Boy::disp(Girl&);   //声明友元关系
};
```

测试结果与代码 5-13 相同。

注意：友元关系是单向的，并只在两个类之间有效。若类 X 是类 Y（在类 Y 定义中声明 X 为 friend 类）的友元，类 Y 是否为类 X 的友元，要看在类 X 中是否有相应的声明，即友元关系不具有交换性。若类 X 是类 Y 的友元，类 Y 是类 Z 的友元，类 X 不一定是类 Z 的友元，即友元关系不具有传递性。

当一个类要和另一个类协同工作时，使一个类成为另一个类的友元类是很有用的。这时友元类中的每一个成员函数都会成为对方的友元函数。

5.3　运算符重载

5.3.1　运算符重载概述

1. 运算符重载的思路

为了方便程序员开发，C++提供了丰富的运算符。但是，这些运算符基本都是面向基本类型的数据的，它不可能、也不知道该如何给用户定义数据类型提供运算符。因为不同的数据类型有不同的运算规则，例如时间的加减与日期的加减规则就不相同。当然，程序员可以设计一些函数来完成这些操作。不过，用惯了操作符，总觉得操作符用起来得心应手。为此，C++提供了操作符重载机制，可以通过重载，使这些老运算符担负起新的使命。

在 C++中，操作符实际上就是 operator X()函数。例如，操作符＋的函数就是 operator +()，操作符–的函数就是 operator -()等。所以，操作符重载就是操作函数 operator 的重载。实际上，C++已经给 operator 函数重载过了。例如一个操作符"＋"，之所以既能进行整数相加，又能用于浮点数相加，它们的函数原型就是

```
int operator + (int, int);
double operator + (double, double);
```

而现在，如果要用类似的形式进行某些类对象的运算，例如对于时间类，就要实现下面形式的 operator +函数

```
Time operator + (Time t1, Time t2);
```

如前所述，函数重载就是用不同类型的参数设计函数。对于类对象来说，还需要考虑的一个问题是：这个函数就必须是对象所属类的公开成员函数，或者是友元函数。

具体是哪种形式，要看操作符的语义要求。

2. Time 类

后面几小节将介绍几个有代表性的运算符+、++、<<和=的重载方法。比较恰当的实例是针对时间类 Time 对象的操作。下面先给出 Time 类的雏形如下。

【代码 5-16】 Time 类的雏形。

```cpp
#include <iostream>
class Time {
    private:
        int hours;
        int minutes;
        int seconds;
    public:
        Time( int hours, int minutes, int seconds);
        void disp();                    //显示时间
        //…
};

Time::Time ( int hours, int minutes, int seconds){
  this -> hours = hours;
  this -> minutes = minutes;
  this -> seconds = seconds;
}
using namespace std;
void Time::disp(){
  cout << this -> hours << ":" << this -> minutes <<  ":" << seconds << endl;
}
...
```

5.3.2　加操作符（+）重载

加操作符（+）的重载可以采用友元函数形式，也可以采用成员函数形式。

1. 友元函数形式的操作符+重载

【代码 5-17】 友元函数 operator + ( )的定义。

```cpp
Time operator + (const Time &t1, const Time &t2){
  Time t (0,0,0);
  t. seconds = t1. seconds + t2. seconds;
  if(t.seconds >= 60){
    t.minutes ++;
    t.seconds %= 60;
  }
  t.minutes = t.minutes + t1.minutes + t2.minutes;
  if(t.minutes >= 60){
    t.hours ++;
    t.minutes %= 60;
  }
  t.hours = t.hours + t1.hours + t2.hours;
  return t;
}
```

说明：

（1）这个函数采用了引用参数，目的是减少参数传递时的过大开销。特别是对象有内部指针指向动态分配的堆内存时，一定要按引用传递。

（2）参数用 const 修饰，目的是不允许在函数中对参数进行修改。因为相加只要求两个加数的和，而不是修改两个加数的值。

（3）使用这个关于+操作的重载函数在类 Time 中的声明，要使用 friend 关键字。

（4）Time 类的+重载函数的返回类型必须是 Time 类。这样，才能在一个表达式中连续使用+操作符，如 time1 + time2 + time3。

（5）使用友元函数，需要在 Time 类声明中增加一条授权声明

```
friend Time operator + (const Time &t1, const Time &t2);  //友元函数声明
```

【代码5-18】 一个 Time 类的测试主函数。

```
int main() {
  Time time1(12,59,59);
  Time time2(3,59,59);
  Time time3(5,5,5);
  Time time0(0,0,0);
  time1.disp();
  time2.disp();
  time0 = time1 + time2;
  time0.disp();
  time0 = time1 + time2 + time3;
  time0.disp();
  return 0;
}
```

测试结果如下。

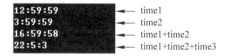

2. 成员函数形式的操作符+重载

如前所述，当类对象作为被操作对象时，操作符的重载函数要少一个参数。

【代码5-19】 成员函数形式的 Time 类的操作符+重载函数。

```
Time Time::operator + (const Time & other)const {
  int h = this -> hours + other.hours;
  int m = this -> minutes + other.minutes;
  int s = this -> seconds + other.seconds;
  if(s >= 60)m ++;
  if(m >= 60)h ++;
  return Time(h,m %= 60,s %= 60);            //返回一个临时对象,这时将调用构造函数
}
```

对于这个操作符+的重载函数定义，仍然可以使用代码 5-18 进行测试，只是表达式 time1 + time2 将被解释为 time1.operator +(time2)，而使用代码 5-17 中的友元函数形式将被解释为 operator +(time1,time2)。测试结果仍如前。

5.3.3　增量操作符（++）重载

增量操作符++是一个一元操作符，它有前缀和后缀两种使用形式。这两种形式的语义有所不同。

（1）前缀增量操作是先增量、后引用，返回的是可修改左值，可以直接连续操作。

（2）后缀增量操作是先引用（返回）、后增量，返回的是由原有对象复制的临时对象，操作完成后原来的对象已经被修改。

由于它们的语义不同，它们的重载函数也不相同，要分别体现它们的语义。另外，它们都是既可以通过成员函数的形式实现，也可以通过友元函数的形式实现。

1. 增量操作符++的友元函数重载

【代码 5-20】　为 Time 类增加后缀和前缀两个友元函数形式的增量操作符。

Time 类的增量操作，以秒（second）为单位进行。要求秒计到 60 时，清零并进 1 分；分计到 60 时，清零并进 1 时；时计到 24 时，清零。

```cpp
#include <iostream>
//时间类界面定义
class Time {
    public:
        Time (int h = 0,int m = 0, int s = 0)
        {hours = h, minutes = m, seconds = s;}
        friend Time& operator ++ (Time& t);          //前缀增量符重载函数
        friend Time operator ++ (Time& t,int);       //后缀增量符重载函数
        void disp();
    private:
        int  hours,minutes,seconds;                  //时、分、秒
};


//实现代码
#include <iostream>
void Time::disp(){
  std::cout << this -> hours << ":" << this -> minutes << ":" << seconds << std::endl;
}

Time operator ++ (Time& t,int) {                    //后缀增量操作符重载
  Time temp (t);                                    //用临时对象保存增量前的值
  if (! (t.seconds = (t.seconds + 1) % 60))         //判断秒进分
    if (! (t.minutes = (t.minutes + 1) % 60))       //判断分进时
      t.hours = (t.hours + 1) % 24;                 //进入下一天
  return temp;                                      //返回保存原值的临时对象值
}
```

```
Time& operator ++ (Time& t) {                    //前缀增量操作符重载
  if (! (t.seconds = (t.seconds + 1) % 60))
    if (! (t.minutes = (t.minutes + 1) % 60))
      t.hours = (t.hours + 1) % 24;
  return t;
}
```

说明:

(1) 后缀形式和前缀形式的增量操作符重载函数, 都是用实参的引用做参数, 因此在函数中改变的就是实参本身。

(2) 后缀形式的增量操作符重载函数返回的是 temp 的值, 即参数原来的值, 以实现先引用、后增量。而前缀形式的增量操作符重载函数返回的是参数 t, 是经过增量的实参的引用, 从而实现了先增量、后引用。

(3) 前缀形式返回一个引用, 并且是在重载函数中被改变过的值, 所以返回的是可以修改的左值。而后缀形式采用值返回, 是非左值。

【代码 5-21】 类 Time 的测试主函数。

```
using namespace std;
int main(){
  Time t1(23,59,55);
  for(int i = 0; i <= 5; i++)
    t1++.disp();
  cout << endl;
  Time t2(23,59,55);
  for (int i = 0; i <= 5; i++)
    (++t2).disp();
  cout << endl;
  return 0;
}
```

测试结果如下。

```
23:59:55
23:59:56
23:59:57
23:59:58
23:59:59
0:0:0

23:59:56
23:59:57
23:59:58
23:59:59
0:0:0
0:0:1
```

2. 增量操作符++的成员函数重载

由于一个用成员函数形式作为操作符的重载函数时, 应将第一参数作为默认的 this 指向的对象, 因此后缀增量操作符和前缀增量操作符的重载函数, 可以有如下两种形式。

```
X& operator ++();                                                        //前缀++
X operator ++(int);                                                      //后缀++
```

【代码 5-22】 作为 Time 成员函数的前缀增量操作符重载函数。

```
Time& Time::operator ++(){
  if (! (this -> seconds = (this -> seconds + 1) % 60))
    if (! (this -> minutes = (this -> minutes + 1) % 60))
      this -> hours = (this -> hours + 1) % 24;
  return *this;
}
```

【代码 5-23】 作为 Time 成员函数的后缀增量操作符重载函数。

```
Time Time :: operator ++(int){                          //后缀增量操作符重定义
  Time temp (*this);                                    //临时对象保存增量前的值
  if (! (this -> seconds = (this -> seconds + 1) % 60))  //判断秒进分
    if (! (this -> minutes = (this -> minutes + 1) % 60)) //判断分进时
      this -> hours = (this -> hours + 1) % 24;          //进入下一天
  return temp;                                           //返回保存原值的临时对象
}
```

说明：在后缀增量操作符的重载函数中，参数 int 仅仅是为了与前缀增量表达式区别而加入的，除此之外，没有其他作用。关于它们的使用与测试代码不再给出。

5.3.4 用友元函数实现插入操作符（<<）重载

1. 插入操作符的特点

在前面的代码中，使用了成员函数 disp() 来输出一个对象的数据成员。在许多情况下，若有一个可以直接把类对象插入到输出流中的操作符<<就方便多了。这就靠<<的重载函数了。但要注意的是，插入操作符<<无法用成员函数实现其重载。因为一个二元操作符的重载函数，要求左操作对象是哪个类的对象，这个函数就由那个类对象调用，并且返回类型与左操作对象一致。而插入运算符的左操作对象是声明在头文件 iostream 中的 ostream 类的对象 cout，并且返回类型也一定是 ostream 类型，否则无法连续输出多个数据项。显然它作为自定义类型的成员函数是不行的。但是，又无法修改 ostream 类，所以 operator<<( ) 只能是有下面形式的外部友元函数。

```
ostream & operator << (ostream &, 自定义类 &);
```

2. 友元函数形式的 Time 类对象插入操作符的<<重载实现

【代码 5-24】 Time 类对象的插入操作符<<的重载函数。

```
#include <iostream>
std::ostream& operator << (std::ostream& out,const Time& t) {
  out << t.hours << ":" << t.minutes << ":" << t.seconds;
  return out;
}
```

说明：

（1）这个函数的第一个参数是 ostream 类的一个引用。如前所述，使用引用参数不仅可以提高参数传递的效率，还可以在函数中修改调用函数中的数据对象。在本例中，向输出流中插入对象，就是修改输出流。

（2）函数返回类型决定了输出的数据是否还可以修改及能否实现<<操作符的串接。为了实现串接，要求<<的重载函数一定要返回 ostream 类型。但是，返回 ostream 类型需要调用 ostream 类的复制构造函数，而 ostream 类没有公开的复制构造函数，所以必须返回 ostream&类型。因为返回 ostream&也同样可以实现串接，却不需要调用 ostream 类的复制构造函数。此外，输出流的串接与+操作结果的串接不同。+操作的结果不要求其是可以修改的左值。而<< 操作的结果要求输出流是一个可以修改的左值，因为<< 的串接就是继续向输出流中插入数据。而为了得到可以修改的左值，重载的<<函数也必须返回引用类型。

但是，要返回引用，需要这个引用作为参数引入到函数中。也就是说，这个引用的基对象是在调用者中定义的，作为参数传到函数后，函数实际还是在原来的对象上操作，返回仅仅是最后传了一次修改后的值，即实现了向输出流的输入。所以函数终结时，不能销毁引用的基对象，只能终结这个引用。

【代码 5-25】 测试操作符<<的重载函数（注意，在 Time 类声明中，必须加入关于友元函数 operator << ()的声明）。

```cpp
int main(){
  Time t1(23,59,55);
  for (int i = 0; i <= 5; i++)
    std::cout << ++ t1 << std::endl;
  std ::cout << std::endl;
  Time t2(23,59,55);
  for (int i = 0; i <= 5; t2,i++)
    std::cout << t2 ++ << std ::endl;
  std ::cout << std::endl;
  return 0;
}
```

执行结果与代码 5-21 的执行结果相同。

5.3.5 操作符重载的基本规则

操作符重载可以给程序设计带来方便，提高程序的简洁性和可读性。但是，操作符重载不能违背一些基本原则，否则适得其反成为陷阱。下面介绍几个基本原则。

1. 操作符重载限制性原则

（1）只可针对 C++定义的操作符进行，不可以生造非 C++的操作符，例如，给##、#等以运算机能。

（2）不可改变操作符的语义习惯，只可以赋予其与预定义相近的语义，尽量使重载的操作符语义自然、可理解性好，不造成语义上的混乱。例如，不可赋予+以减的功能，赋予

<<以加的功能等，这样会引起混乱。特别是逗号操作符（,）、赋值操作符（=）和地址 /引用操作符（&）与预定义的语义必须一致。

（3）不可改变操作符的语法习惯，勿使其与预定义语法差异太大，避免造成理解上的困难。保持语法习惯包括如下内容。

① 要保持预定义的优先级别和结合性。例如，不可把+的优先级定义为高于*。

② 操作数个数不可改变。例如，不能用++对 2 个操作数进行操作、用+对 3 个操作数进行操作。

③ 注意各操作符之间的联系。如[ ]、*、&、->等与指针有关的操作符之间有一种等价关系。因此，重载也应维持这种等价关系。

（4）以下操作符不可以重载。

① sizeof（数据类型标识符或表达式计算占用的字节数）。

② .（成员操作符）。

③ *（指针指向 / 间接引用）。

④ ::（作用域指定）。

⑤ ?:（条件）。

⑥ typeid（RTTI 操作符）。

⑦ const_cast（强制类型转换）。

⑧ dynamic_cast（强制类型转换）。

⑨ reinterpret_cast（强制类型转换）。

⑩ static_cast（强制类型转换）。

（5）除了函数调用操作符 operator()之外，重载操作符时使用默认实参是非法的。

（6）操作符重载只可用于操作对象为用户自定义类型的情况，不可用于操作对象是系统预定义类型的情况。所以重载后操作符至少有一个操作数是用户定义类型。

2. 操作符重载建议

（1）最好不对逻辑"与"（&&）、逻辑"或"（||）和顺序操作符（,）进行重载。因为&&和 || 用来对布尔类型进行操作,同时按照逻辑运算规则：对于&&,操作数中有一个"假"时，表达式的值就是"假"，另一个操作数不需要再判断；对于 ||，操作数中有一个"真"时，表达式的值就是"真"，另一个操作数不需要再判断，这称为短路判断。若对这两个操作符进行重载，要么会改变操作对象的类型，要么需要完全判断。这些都不符合编程者的习惯，降低程序的可读性，会导致错误。

逗号操作符是要求操作按照从左到右的顺序进行，但重载后不一定能保证这样的顺序。

（2）赋值操作符、取地址操作符和逗号操作符对类型操作数有默认含义。如果没有特定重载版本，编译器就自己定义这些操作符。

（3）对于基于 = 的复合赋值操作符 +=、-=、/=、*=、&=、|=、~=、%=、>>=、<<=等，建议重载为成员函数。

（4）改变对象状态或与给定类型紧密联系的其他一些操作符，如自增、自减和解引用，通常应定义为类成员。

（5）对称的操作符，如算术操作符、相等操作符、关系操作符和位操作符，最好定义为普通非成员函数。

（6）有些关联性操作符最好一起重载。例如：

① 如果类重载了相等操作符（==），也应该重载不等操作符（!=）。

② 如果类重载了<，也应该重载>、>=、< 和<=。

（7）由于友元函数形式破坏了类的封装性，一般不建议使用友元函数形式，因此应尽可能使用成员函数形式。特别是有 4 个操作符必须采用成员函数形式，它们是"="（赋值操作符）、"()"（函数调用操作符）、"[]"（下标操作符）、"->"（间接成员操作符）。

（8）所有一元操作符建议重载为成员函数。

（9）如果有一个操作数类型与操作符重载函数所在类的实例不同，例如前面介绍的插入 / 提取操作符重载函数，建议采用友元函数形式。

（10）C++编译器在没有发现赋值操作符（=）和地址操作符（&）的显式重载定义时，会自动提供它们的隐式定义。

3. 操作符重载的成员函数方式与友元函数方式比较

由上面的讨论可知，为了能使用户定义类型的重载操作符函数访问运算对象的私密成员，只能采用成员函数或友元函数两种形式定义操作符重载。如果要采用非友元函数的其他外部函数定义操作符的重载函数，去访问对象的私密成员就得采用间接方式。对于这种形式这里不做介绍。表 5.2 对操作符重载的成员函数方式和友元函数方式进行了比较。

表 5.2　操作符重载的成员函数方式与友元函数方式比较

表 达 式		成员函数重载方式	友元函数重载方式
一元操作符	obj @	obj.operator @ (int)	operator @ (obj,int)
	@ obj	obj.operator @ ()	operator @ (obj)
二元操作符	obj1 @ obj2	obj1.operator @ (obj2)	operator @ (obj1,obj2)

从语法上来看，操作符既可以定义为全局函数，也可以定义为成员函数。如果操作符被重载为类的成员函数，那么一元操作符没有参数，二元操作符只有一个右侧参数，因为对象自己成了左侧参数。

5.4　对　象　复　制

对象复制就是从一个对象复制出另一个对象。这种情况发生在如下两种情况出现时。

（1）有下面的表达式时：<u>新对象名(已有对象名)</u>。

（2）函数按值传递参数时。

它们都属于由已有对象创建新对象的途径，所以需要调用构造函数。这种构造函数称为复制构造函数。声明复制构造函数的基本语法如下：

```
类名(const 类名&);
```

说明：这是一个复制构造函数的架构。其中，<u>类名</u>&表明这个构造函数不是用成员作为参数，而是用一个已有类对象的引用作为参数，目的是用已有对象初始化新的对象。使用引用，是为了避免传递对象的开销。还要用 const 限定，是因为在这个构造函数中使用的对象只用来初始化新对象，不能对其进行修改。

下面分析它的实现。

5.4.1 隐式复制构造函数与浅复制

当程序中出现复制表达式时，编译器就会查找该类中寻找这种以对象的引用作为参数的显式定义。如果找不到，它就会自动生成一个隐式复制构造函数，来完成这个新对象的构建工作。

【代码 5-26】 Employee 类的隐式复制构造函数调用情况演示。

（1）Employee 类的声明。

```cpp
//文件名：ex0526.hpp
#include <string>
using namespace std;

class Employee
{
    private:
        string name;
        int age;
        char sex;
        float pay;
    public:
        Employee(string name, int age, char sex, float pay);      //完全参数构造函数
        void dispMyInfo();
};
```

（2）将成员函数实现和主函数存储为程序文件 ex0526.cpp。

```cpp
#include <iostream>
#include "ex0526.hpp"                                           //将头文件包含到当前文件
Employee::Employee(string name, int age, char sex, float pay)
{
    cout << "执行全部参数构造函数。\n";
    this -> name = name;
    this -> age = age;
    this -> sex = sex;
    this -> pay = pay;
}

void Employee:: dispMyInfo()
{
    cout << name << "," << age << "," << sex << "," << pay << endl;
}
```

```
int main(){
    Employee emplLi("Lisi",25,'m',2345.67);
    cout << "Li: ";
    emplLi.dispMyInfo();

    Employee emplLiu(emplLi);                        //创建新对象
    cout << "Liu: ";
    emplLiu.dispMyInfo();
    return 0;
}
```

（3）测试结果。

```
执行全部参数构造函数。
Li: Lisi, 25, m, 2345.67
Liu: Lisi, 25, m, 2345.67
```

从代码 5-26 的执行结果可以看出，初始化构造函数只执行了一次，却构造了两个对象，而且第二个对象的属性与第一个完全相同。这说明是用第一个对象复制了第二个对象。这个复制操作是由编译器自动生成的一个隐式复制构造函数进行的。不过，并非所有的情况下编译器自动生成的隐式复制构造函数都能正确地执行。下面在 Employee 类中增加一个职员编号（emplNumber）并将 name 的类型用指向字符的指针表示，并为突出问题再减少两个成员，看看会出现什么情况。

【代码 5-27】　用隐式复制构造函数复制 Employee 类对象的情况演示。

（1）修改后的 Employee 类的声明。

```
//文件名: ex0527.hpp
class Employee
{
    private:
        char* name;                    //用字符指针表示 name 的类型
        float pay;
        static int emplNumber;         //职员编号
    public:
        Employee(char* name, float pay);
        ~Employee();
};
```

说明：emplNumber 为所有对象共有，所以设置为静态成员。

（2）将成员函数实现和主函数存储为程序文件 ex0527.cpp。

```
#include <iostream>
#include <cstring>
#include "ex0527.hpp"
using namespace std;
int Employee::emplNumber = 0;              //在外部初始化静态成员
Employee::Employee(char* nm, float pay)    //构造函数
```

```
{
    int len = strlen(nm);                    //strlen()声明在头文件cstring中，测试字符串长度
    name = new char[len + 1];                //len + 1为存储name的空间大小
    strcpy(name,nm);                         //strcpy()声明在头文件cstring中，复制字符串
    this -> pay = pay;
    cout << "构造" << ++ emplNumber << ":" << name << "," << pay << endl;
}
Employee::~Employee()                        //析构函数
{
    cout << "析构" << emplNumber << ":" << name << "," << pay << endl;
    delete []name;                           //回收堆空间
}

int main(){
    Employee emplLi("Lisi",2345.67);
    Employee emplLiu(emplLi);                //创建新对象
    return 0;
}
```

说明：

（1）静态数据成员在类声明中声明，但是它并不与其他数据成员存储在一起，而是另外存储的。所以要在包含类方法的文件中初始化。

（2）char *是 C 风格的字符串。C 语言为支持这种字符串型，还提供了一些列操作函数。这些函数的原型声明在头文件 cstring 中。为了使用这些资源应当用#include 编译预处理命令将这个头文件包含到当前文件中来。

（3）在本例中，name 是一个指向字符的指针。在构造函数中用 new 给它所指向的字符串在堆中分配存储空间。为此要先获取要存储的字符串的长度。用 strlen()获取的字符串长度不包括最后的空格，所以在实际占用的存储空间为 len + 1。由于这个字符串是存储在堆区的，并非与 Employee 的其他数据成员一起存储，所以它也不是 Employee 的正式成员。作为 Employee 正式成员的是它的地址 name。

（4）在构造函数中用 new 分配的堆空间，要在这个对象生命周期结束时在析构函数中用 delete 释放。

3）测试结果如下。

```
构造1:Lisi,2345.67
析构1:Lisi,2345.67
析构1:,2345.67
```

说明：由测试结果可以看出，构造函数执行了一次，而析构函数执行了两次。这说明一个对象是初始化构造函数创建的，另一个是隐式复制构造函数创建的。但是，有两处没有达到预期效果。

（1）第二个对象的静态成员 emplNumber 没有实现增量。因为其增量操作是在构造函数中进行的，而隐式复制构造函数做不到这一点。

（2）第二个对象的 name 没有创建成功。隐式复制构造函数只是逐个复制了类声明中所

声明的数据成员。在那里 name 只是个地址，而其所代表的数据实际存储在堆区。这种只能复制类声明中声明的数据成员值的复制称为浅复制（shallow copy），而能真正实现完全复制的称为深复制（deep copy）。

5.4.2 显式复制构造函数与深复制

当有在构造函数中实施的静态数据成员的操作，以及仅在类声明中声明了指针而动态存储分配还要在构造函数中进行的情况时，为了实现深复制，就必须定义一个显式复制构造函数。从上述代码可以看出，显式复制构造函数的设计并非难事，简单地说就是肩负起初始化构造函数的全部职能，如对上例，要做到如下 3 点。

（1）为指针成员指向的数据进行动态分配。

（2）为静态成员数据实施增量操作。

（3）对其他成员的初始化。一旦定义了显式复制构造函数，编译器就不再自动生成隐式复制构造函数了。

需要注意的是，这时的输入参数是已有对象的分量。

【代码 5-28】　用显式复制构造函数复制 Employee 类对象的情况演示。

（1）修改后的 Employee 类的声明。

```
//文件名：ex0528.hpp
class Employee
{
    private:
        char* name;                      //用字符指针表示 name
        float pay;
        static int emplNumber;           //静态成员
    public:
        Employee(char* name, float pay);
        Employee(const Employee& empl);  //显式复制构造函数
        ~Employee();
};
```

（2）将成员函数实现和主函数存储为程序文件 ex0528.cpp。

```
#include <iostream>
#include <cstring>
#include "ex0528.hpp"
using namespace std;
int Employee::emplNumber = 0;            //在外部初始化静态成员
Employee::Employee(char* nm, float pay)  //构造函数
{
    int len = strlen(nm);                //测试字符串长度
    name = new char[len + 1];            //动态存储分配
    strcpy(name,nm);                     //复制字符串
    this -> pay = pay;
    cout << "初始化构造" << ++ emplNumber << ":" << name << "," << pay << endl;
}
```

```
Employee::Employee(const Employee& empl)       //显式复制构造函数
{
    int len = strlen(empl.name);               //测试已有对象中的字符串长度
    this -> name = new char[len + 1];          //动态存储分配
    strcpy(this -> name, empl.name);           //复制字符串
    this -> pay = empl.pay;                    //初始化其他数据成员
    cout << "复制构造" << ++ emplNumber << ":" << name << "," << pay << endl;
}
Employee::~Employee()                          //析构函数
{
    cout << "析构" << emplNumber << ":" << name << "," << pay << endl;
    delete []name;                             //回收堆空间
}

int main(){
    Employee emplLi("Lisi",2345.67);
    Employee emplLiu(emplLi);                  //复制创建新对象
    return 0;
}
```

（3）测试结果如下。

```
初始化构造1:Lisi,2345.67
复制构造2:Lisi,2345.67
析构2:Lisi,2345.67
析构2:Lisi,2345.67
```

显然，实现了深复制。

5.4.3 赋值运算符重载

赋值操作符本来是针对基本数据类型而设置的操作符，若要使用于自定义类型，需要进行重载定义。与复制构造函数一样，如果编译器在类声明中找不到赋值运算符重载的显式声明，就会遇到对象赋值表达式时自动生成一个隐式赋值运算符重载函数，完成所需要的操作。但是，在与复制构造函数一样的两种情况下，需要定义一个显式的赋值运算符重载定义。而且定义的函数体内容应当完全相同，仅函数头不一样。

5.5 类 型 转 换

5.5.1 C++算术类型转换

C++提供有丰富的内置数据类型，例如，它有 11 种整数类型和 3 种浮点类型。此外它还允许程序员自己定义数据类型。这给程序设计提供了很大的资源支持。但是，丰富的类型资源给予程序员的也是一些过多的约束，使程序员在程序设计时不得不花费一部分时间和精力来确定数据的类型和变量的定义。为此，C/C++提供了数据的类型转换（casting）机制，使程序员可以为自己松松绑。本节介绍算术类型转换。

C++提供的算术类型转换机制分为两大类：隐性算术类型转换和显式算术类型转换。

1. 隐性算术类型转换

隐性算术类型转换是由 C++执行的类型转换。这类转换发生在如下场合。

1）在表达式中按照校验表转换

在表达式中执行向高看齐提升的类型转化，具体规则由类型校验表描述。C++11 的校验表内容如下。

若有一个操作数是 long double，则将另一个也转换为 long double；

否则，若有一个操作数是 double，则另一个操作数也转换为 double。

否则，若有一个操作数是 float，则另一个操作数也转换为 float；

否则，执行下面的整数提升（integral promotion）：

若有一个操作数是 unsigned long int，另一个操作数也转化为 unsigned long int；

否则，若一个是 long int，另一个是 unsigned int, 结果取决于 long int 能否表示 unsigned int;

能，则 unsigned int 被转化为 long int；

不能，则都被转化为 unsigned long int。

否则，若一个是 long int，另一个也转换为 long int；

否则，若一个是 unsigned int, 另一个也转换为 unsigned int；

否则，二者被保持 int。

编制这个校验表的目的是希望在保证数据安全的前提下，让程序员有一定的宽松度。但是，这个校验表还有缺陷。因为，double 类型只有 52b 的位数空间，float 类型只有 23b 的位数空间。而 long 需要的存储空间为 32b，long long 需要 64b。显然，将 long long 转换为 double，将 long 转换为 float 都有可能丢失有效数字，造成精度损失。

2）变量初始化和赋值转换

变量初始化和赋值时进行的转换有一定强制性，并且也有一定风险。这些风险表现为精度损失、符号丢失和数据值损失。

除了上述情况，在函数参数传递时也会有数据类型转换。这里先不讨论。

3）bool 类型的隐式转换

在表达式中计算时，true 和 false 往往被提升转换为 int 类型的 1 和 0。例如

```
int tr = true;          //实际上是给 tr 赋了初值 1
int fl = false;         //实际上是给 fl 赋了初值 0
```

此外，任何指针值和非 0 的数值值都可以被隐式转换为 true，0 可以被隐式转换为 false。所以 bool 类型常常被作为特殊的整型类型。

【代码 5-29】   bool 类型隐式转换示例。

```
#include <iostream>
int main()
```

```
{
  using namespace std;
  bool start = -99;        //被指定为true
  bool stop = 0;           //被指定为false
  int i = 5;
  cout << i + start + stop << endl;
  return 0;
}
```

测试结果如下。

6

2. 显式算术类型转换

显式算术类型转换也称强制算术类型转换，目的是让程序员自己明明白白地知道在什么地方进行说明转换，风险也由自己估量。

1）操作符形式的显式算术类型转换

操作符形式的算术类型转换来自 C 语言。它用括在一对圆括号中的类型符作为类型运算符来操作一个数据，使之变换为类型符指示的类型。

【代码 5-30】　操作符形式的强制类型示例。

```
#include <iostream>
int main()
{
  using namespace std;
  char c = 'Q';
  double d = 3.1415926;
  cout << (int)c << "," << (int)d << endl;
  return 0;
}
```

测试结果如下。

81,3

2）函数形式的显式算术类型转换

函数形式的算术类型转换是 C++的显式类型转换形式。它把类型符作为函数名，把数据作为参数，使之变换为类型符指示的类型。例如

```
int (c);
int (d);
```

除了这两种形式，C++还引入了更为严格的 4 个类型转换符，这里先不介绍。

5.5.2 对象转类与 explicit 关键字

1. 转类构造函数

转类构造函数（conversion constructor fuction）是能够实现其他类型向本类类型的构造函数。

【代码 5-31】 定义人民币类 RMB，其成员有元（yuan）、角（jiao）、分（fen），并可以进行人民币的加、减运算。

```
#include <iostream>
using namespace std;

class RMB {
        int    yuan,jiao,fen;
    public:
        RMB (int y = 0,int j = 0,int f = 0); //初始化构造函数
        RMB (const RMB& qian);               //复制构造函数
        RMB (double d);                      //转类构造函数
        double toDouble ();                  //向 double 类型转换函数
        void disp ();                        //输出成员函数
};

//类成员函数的实现
RMB :: RMB (int y = 0,int j = 0,int f = 0):yuan (y),jiao (j),fen (f) {
  cout << "调用初始化构造函数。\n";
}

RMB :: RMB(double d){
  cout << "调用转换构造函数实现 double==>RMB 转换。\n";
  yuan = static_cast <int> (d);
  jiao = static_cast <int> ( (d - yuan) * 10);
  fen = ( (d - yuan) * 10 - jiao) * 10;
}

double RMB :: toDouble(){
  cout << "转换 RMB==>double。\n";
  return yuan + jiao / 10.0 + fen / 100.0;
}

void RMB :: disp(){
  cout << yuan << "元" << jiao << "角" << fen << "分\n";
}

//测试主函数
int main(){
    RMB rmb1 (123,4,5);rmb1.disp();
    RMB rmb2 (543,2,1);rmb2.disp();
```

```
    RMB rmb3;rmb3.disp();
    rmb3 = rmb1.toDouble() + rmb2.toDouble();        //转换成 double 再相加，之后转化成 RMB 类型
    rmb3.disp();
    return0;
}
```

运行结果如下。

```
用构造函数初始化。————————— 执行RMB rmb1 (123,4,5);
123元4角5分
用构造函数初始化。————————— 执行RMB rmb2 (543,2,1);
543元2角1分
用构造函数初始化。————————— 执行RMB rmb3 ();
0元0角0分
转换RMB==>double。 ————————— 执行rmb1.toDouble () + rmb2.toDouble ()
转换RMB==>double。
转换构造函数实现double==>RMB转换。——— 执行rmb3=rmb1.toDouble () + rmb2.toDouble ()
666元6角6分
Press any key to continue
```

说明：

（1）在本例中，toDouble()是类型转换函数，RMB(double)是转类构造函数。类型转换函数是一个普通成员函数（非构造函数），其作用是将一个类对象转换为其他类型，通常要显式调用。转类构造函数是一个构造函数，只能在创建对象时被调用；当数据类型是隐式转换时，它也被隐式调用。

（2）例如在本例中，表达式 rmb3=4mb1.toDouble()+rmb2.toDouble()的执行过程如下。

① 分别将 rmb1 和 rmb2 转换为 double 类型进行相加，得 666.66。

② 把 666.66 赋值给 RMB 类型变量 rmb3。为此，要先调用隐式转类构造函数，将 double 类型的 666.66，转换为赋值符左边 rmb3 的类型（RMB），并创建一个 RMB 类型的临时对象保存转换后的值。

③ 调用赋值构造函数（编译器自动提供的），将临时对象的值赋值给 rmb3。

2. explicit 关键字

在 C++中，有时可以将构造函数用作自动类型转换函数。但这种自动特性并非总是合乎要求的，有时会导致意外的类型转换。为此，C++新增了关键字 explicit（显式），用于关闭这种自动特性，即被 explicit 关键字修饰的类构造函数，不能进行自动地隐式类型转换，只能显式地进行类型转换。

【代码 5-32】 explicit 应用实例。

```
class C1 {
    public:
        C1(int n){
            num = n;
        }//普通构造函数
    private:
        int num;
};


class C2 {
```

```
    public:
        explicit C2(int n) {
            num = n;
        }//explicit(显式)构造函数
    private:
        int num;
};

//测试代码
int main(){
    C1 c1 = 555;                //隐式调用其构造函数，成功
    C2 c2(555);                 //显式调用，成功
    return 0;
}
```

测试代码不通过编译。但若改用下面的测试代码

```
int main(){
//C1 c1 = 555;                 //隐式调用其构造函数，成功
    C2 c2 = 555;               //编译错误，不能隐式调用其构造函数
//C2 c2(555);                  //显式调用，成功
    return 0;
}
```

则出现如下编译错误。

```
[Error] conversion from 'int' to non-scalar type 'C2' requested
```

普通构造函数能够被隐式调用，而 explicit 构造函数只能被显式调用。

5.5.3 3 种构造函数的区别

在 C++中，构造函数是一个非常重要的机制，除了创建对象时要调用构造函数外，在对象复制和类型转换时也要调用构造函数。为了区别它们，把构建对象时的构造函数称为初始化构造函数，把赋值对象时的构造函数称为构造函数，把对象类型转换时的构造函数称为转类构造函数。表 5.3 列出了初始化构造函数、复制构造函数和转类构造函数之间的区别。

表 5.3 初始化构造函数、复制构造函数和转类构造函数之间的区别

比较项	初始化构造函数	复制构造函数	转类构造函数
形式	类名（参数列表）	类名（const 类名& 对象名）	类名（const 其他类名& 对象名）
形参	形参是各数据成员的类型	形参为同类的 const 对象引用	形参为其他类的 const 对象引用
实参	分别为各数据成员类型值	同类的对象	其他类的对象
调用时间	创建新对象时	① 用已有对象初始化新对象时 ② 向函数传递对象参数时 ③ 函数返回对象时	在表达式中需要进行对象类型转换时

【代码 5-33】 在 RMB 类中增加复制构造函数。

```cpp
#include <iostream>
using namespace std;

class RMB{
        int  yuan,jiao,fen;
    public:
        …//其他代码
        RMB (const RMB& qian);              //复制构造函数
};

…//其他代码

RMB :: RMB (const RMB& qian){
   cout << "调用复制构造函数。\n";
   yuan = qian.yuan;
   jiao = qian.jiao;
   fen = qian.fen;
}

//测试主函数
int main(){
   RMB qian1 (123,4,5);
   qian1.disp ();
   RMB qian2 (qian1);
   qian2.disp ();
   double qian3 = 543.21;
   RMB qian4 (qian3);
   qian7.disp ();
   return 0;
}
```

运行结果如下。

```
调用初始化构造函数。
123元4角5分
调用复制构造函数。
123元4角5分
调用转换构造函数实现double==>RMB转换。
543元2角1分
Press any key to continue_
```

注意：

（1）默认构造函数、默认复制构造函数、默认赋值操作符重载函数及默认析构函数这4种成员函数被称作特殊成员函数。如果用户程序没有显式地声明这些特殊的成员函数，那么编译器将隐式地声明它们。由于派生类中的成员函数可以覆盖基类中的同名成员函数。因此，这些函数都不能被继承。

（2）在一个表达式中，初始化操作优先于赋值操作。

（3）用对象作参数时，应改用对象的引用，可以提高函数的效率，避免生成临时对象的开销。

习　题　5

1. 判断题。

（1）只有私密成员函数才能访问私密数据成员，只有公开成员函数才能访问公开数据成员。　（　　）

（2）在每个类中必须显式声明一个构造函数。　（　　）

（3）构造函数和析构函数都没有返回类型，但可以含有参数。　（　　）

（4）若类声明了一个有参构造函数，如果需要，系统还将自动生成一个默认构造函数。　（　　）

（5）构造函数也可以定义成私密的。　（　　）

（6）类可以不用构造函数直接在类定义中将其成员变量初始化。　（　　）

（7）声明了一个类，就为所有的成员分配了相应的存储空间。　（　　）

（8）若类 A 是类 B 的友元类，且类 B 是类 C 的友元类，那么类 A 也是类 C 的友元类。　（　　）

（9）构造函数和析构函数的返回类型是所在的类。　（　　）

（10）构造函数初始化列表中的内容与对象中成员数据的初始化顺序无关。　（　　）

（11）类的私密成员只能被类中的成员函数访问，类外的任何函数对它们的访问都是非法的。　（　　）

（12）用指向对象的指针可以用来访问该对象的成员函数和数据成员。　（　　）

（13）类指针可以做数据成员。　（　　）

（14）可以将任何对象地址赋值给 this 指针，使其指向任一对象。　（　　）

（15）this 是系统定义的一个指针，可以用它指向任何类的对象。　（　　）

（16）不能定义一个类的成员函数为另一个类的友元函数。　（　　）

（17）友元类的所有成员函数都是友元函数。　（　　）

（18）用 delete 删除对象时要隐式调用析构函数。　（　　）

（19）重载操作符时只能重载 C++现有的操作符。　（　　）

（20）所有的 C++操作符都可以被重载。　（　　）

（21）"++"操作符可以作为二元操作符重载。　（　　）

（22）只有在类中含有引用数据成员时，才需要重载类的赋值操作。　（　　）

（23）复制构造函数要以类对象的引用作为参数。　（　　）

（24）通过修改类 A 的声明或定义，可以禁止用户在类 A 的对象间进行任何赋值操作。　（　　）

（25）当指针用作数据成员时，默认的复制构造函数不能以正确方式复制对象。　（　　）

2. 选择题。

在下列各题的备选项中，选择符合题意的项。

（1）在声明 C++类时，_____是错误的。

　　A. 所有数据成员都要声明成 private 的，所有成员函数都要声明成 public 的

　　B. 只有外部要直接访问的成员才能声明成 public 的

　　C. 声明成 private 的成员是外部无法知道的

D. 凡是不声明访问属性的，都被默认为 public 的

（2）在一个类中，_____。

  A. 构造函数只有一个，析构函数可以有多个 B. 析构函数只有一个，构造函数可以有多个

  C. 构造函数和析构函数都可以有多个   D. 构造函数和析构函数都只能有一个

（3）析构函数的特征包括_____。

  A. 可以有一个或多个参数   B. 名字与类名不同

  C. 声明只能在类体内   D. 一个类中只能声明一个析构函数

（4）已知 p 是一个指向类 Sample 数据成员的指针，s 是类 Sample 的一个对象，则将 8 赋值给 p 的正确表达式为_____。

  A. s.p = 8   B. s→p = 8   C. s.*p = 8   D. *s.p = 8

（5）构造函数和析构函数_____。

  A. 前者可以重载，后者不可重载   B. 二者都不可重载

  C. 前者不可重载，后者可以重载   D. 二者都可以重载

（6）下列不能作为类的成员的是_____。

  A. 本类对象的指针 B. 本类对象   C. 本类对象的引用   D. 他类的对象

（7）常量对象中的数据成员_____。

  A. 全部都会被自动看作为常量

  B. 只有再用 const 修饰的成员才会被看作为常量

  C. 只有 private 成员才可以被自动看作为常量

  D. 只有 public 成员才可以被自动看作为常量

（8）已知：print ()函数是一个类的常成员函数，它无返回值，下列表示中，正确的是_____。

  A. void print () const;   B. const void print ();

  C. void const print ();   D. void print (const);

（9）下列操作符中，不能被重载的是_____。

  A. ?:   B. []   C. &&   D. ::

（10）若要对类 AB 定义加号操作符重载成员函数，实现两个 AB 类对象的加法，并返回相加结果，则该成员函数的声明语句为_____。

  A. AB operator+ (AB & a , AB & b)   B. AB operator+ (AB & a)

  C. operator+ (AB a)   D. AB & operator+ ( )

（11）在某类的公开部分有声明"string operator ++ ();"和"stringoperator ++ (int);"，则说明_____。

  A. "string operator++ ();"是后置自增操作符声明

  B. "string operator++ (int);"是前置自增操作符声明

  C. "string operator++ ();"是前置自增操作符声明

  D. 两条语句无区别

（12）在一个类中可以对一个操作符进行_____重载。

  A. 一种   B. 两种以下   C. 三种以下   D. 多种

（13）在重载操作符中，_____操作符必须重载为类成员函数形式。

  A. +   B. −   C. ++   D. ->

（14）友元操作符 obj > obj2 被 C++编译器解释为＿＿＿＿＿。

    A. operator > (obj1,obj2)   B. > (obj1,obj2)

    C. obj2.operator > (obj1)   D. obj1.oprator> (obj2)

（15）下列操作符中，不能用友元函数形式重载的是＿＿＿＿＿。

    A. +   B. =   C. *   D. <<

（16）C++操作符中，＿＿＿＿＿是不能重载的。

    A. ?:   B. []   C. new   D. &&

（17）下列 C++操作符中，＿＿＿＿＿是不能重载的。

    A. =   B. ()   C. ::   D. delete

（18）下列关于操作符重载的描述中，正确的是＿＿＿＿＿。

    A. 操作符重载可改变操作符的操作对象数   B. 操作符重载可以改变优先级

    C. 操作符重载可以改变结合性   D. 操作符重载不可以改变语法结构

（19）以下关于 C++操作符的描述中，正确的是＿＿＿＿＿。

    A. 只有类成员操作符   B. 只有友元操作符

    C. 只有非成员和非友元操作符   D. 上述三者都有

（20）对于复制构造函数和赋值操作的关系，正确的是＿＿＿＿＿。

    A. 复制构造函数和赋值操作的操作完全一样

    B. 进行赋值操作时，会调用类的构造函数

    C. 当调用复制构造函数时，类的对象即被建立并被初始化

    D. 复制构造函数和赋值操作不能在同一个类中被同时定义

代码分析

1. 找出下面程序段中的错误并说明原因。

```
class A{
    private:
        int     x;
        double  y;
    public:
        A(int a, double b);
        void dispA ();
}
int main(){
    A a1,a2;
    a1.A(1,2.3);
    a.dispA ();
    return 0;
}
```

2. 找出下面程序段中的错误并说明原因。

```
class Class1{
    int data = 5;
```

```
public:
    Class::class1 ();
    Double func ();
}
```

3. 指出下面程序的运行结果。

```
#include <iostream>
using namespace std;

class Sample{
    public:
        int v;
        Sample(){
            cout << "调用无参构造函数。"<< endl;
        }

        Sample(int n) : v ( n ) {
            cout << "调用有参构造函数。" << endl;
        }

        Sample(Sample & x) {
            v = x.v ;
            cout << "调用复制构造函数。" << endl;
        }
};

int main( ){
    Sample a(5);
    Sample b = a;
    Sample c;
    c = a;
    cout << c.v;
    return 0;
}
```

4. 下面的程序定义了一个简单的 SmallInt 类，用来表示–128～127 的整数。类唯一的数据成员 val 存放一个–128～127（包含–128 和 127 这两个数）的整数。类的定义如下：

```
class SmallInt {
    public:
        SmallInt(int i=0);

        //重载插入和抽取操作符
        friend ostream &operator<< (ostream &os,const SmallInt &si);
        friend istream &operator>> (istream &is, SmallInt &si);

        //重载算术操作符
        SmallInt operator+ (const SmallInt &si) {return SmallInt (val+si.val);}
        SmallInt operator- (const SmallInt &si) {return SmallInt (val-si.val);}
```

```
    SmallInt operator* (const SmallInt &si) {return SmallInt (val*si.val);}
    SmallInt operator/ (const SmallInt &si) {return SmallInt (val/si.val);}

    //重载比较操作符
    bool operator== (const SmallInt &si) {return (val==si.val);}

   private:
    char val;
};

SmallInt::SmallInt (int i) {
  while (i > 127)
    i -= 256;
  while (i < -128)
    i += 256;
  val = i;
}

ostream &operator<< (ostream& os,const SmallInt& si) {
  os << (int)si.val;
  return os;
}

istream &operator>> (istream &is,SmallInt &si) {
  int tmp;
  is >> tmp;
  si = SmallInt (tmp);
  return is;
}
```

回答下面的问题。

（1）上面的类声明中，重载的插入操作符和抽取操作符被定义为类的友元函数，能否将这两个操作符定义为类的成员函数？如果能，写出函数原型；如果不能，说明理由。

（2）为类 SmallInt 增加一个重载的操作符 "+="，其值必须正规化为−128～127。请写出函数原型。

5. 已知类 String 的原型为

```
class String {
  public:
    String (const char * str = NULL);           //普通构造函数
    String (const String &);                    //复制构造函数
    ~String ();                                 //析构函数
    String & operator = (const String &);       //赋值构造函数
  private:
    char * m_data;                              //用于保存字符串
};
```

请编写 String 的上述 4 个成员函数。

开发实践

用 C++描述下面的类，自己决定类的成员并设计相应的测试程序。

1. 一个学生类。

2. 一个运动员类。

3. 一个公司类。

4. 定义一个日期类，可以直接用操作符+、−、++、−−、=、<<进行日期的操作。

5. 有一个学生类 Student，包括学生姓名、成绩。设计一个友元函数，比较两个学生成绩的高低，并求出获得最高分和最低分的学生。

6. 设计一个日期类 Date，包括日期的年份、月份和日号。编写一个友元函数，求两个日期之间相差的天数。

7. 领导、家属与秘书之间有如下关系。

① 领导一般不自己介绍自己，而是由秘书介绍。

② 领导的工资收支只有领导本人、秘书和家属可以查，而其中只有领导和家属有公布权，秘书只能查后告诉领导不能告诉别人。

请模拟领导、家属与秘书之间的关系。

第6章 继 承

继承（inheritance）通常用于表示生物界的血缘关系。在面向对象程序设计中，通过继承形成类与类之间的层次关系，使一个下层（新）类自动地拥有上层（既有）类的成员，并以此为基础进行扩充或修改，实现代码复用。通常把既有类称为基类（base class）或超类（super class），把新类称为派生类（derived class）或子类（subclass）。它们之间的关系，可以称为子类继承自超类（有时也称父类）或基类派生子类。

6.1 单 基 继 承

派生类只有一个基类，称为单基派生或单一继承。

6.1.1 C++中的派生与继承

1. 公司人员的类层次结构模型

图 6.1 公司人员
体系模型

一个简单的公司人员体系，通常涉及 3 类对象：人（person）、职员（employee）和管理者（manager）。不管是普通职员（employee），还是管理人员（manager），都是职员（employee），都具有职员特征；而不管是本公司职员，还是非本公司职员，都是人（person），都具有人的特征。如果声明 3 个类，则它们之间具有如下关系：Person 通常具有姓名（name）、年龄（age）和性别（sex）等属性；Employee 要在Person 的基础上增加两个属性：职工号（workerID）和工资（salary）；而 Manager 又要在 Employee 的基础上再增加一个属性——职位（post）。从而形成一种包含关系：人⊇职员⊇管理者。图 6.1 所示的类图用向上的箭头描述了本例中 3 个类之间的继承关系，管理者继承自职员，职员继承自人；也描述了由特殊向一般的关系，即泛化关系，职员是管理者的泛化，人是职员的泛化。这一单元将介绍这种类之间关系的描述和其中的规则。

2. 由一个类派生另一个类

在 C++语言中，派生关系用下面的格式描述。

```
class 派生类名：派生方式 基类名
{
    新增成员列表
};
```

下面是一个从 Person 类派生 Employee 类的例子。

【代码 6-1】 Person 类声明。

```
//文件名: person.h
#include <string>
using namespace std;

class Person{
    private:
        string    name;
        int       age;
        char      sex;
    public:
        Person (string name,int age,char sex);
        ~Person(){}

        string    getName() const {return name;}
        int       getAge() const {return age;}
        char      getSex() const {return sex;}
        void      output();
};
```

【代码 6-2】 Person 类实现。

```
//文件名: person.cpp
#include "person.h"
#include "employee.h"
#include <iostream>

Person::Person (string name,int age,char sex):name (name),age (age),sex (sex) {}
void Person::output(){
    cout << "姓名: " << name << endl;
    cout << "年龄: " << age << endl;
    cout << "性别: " << sex << endl;
}
```

定义了 Person 类之后，可以以其为基类，派生类 Employee。

【代码 6-3】 派生类 Employee 的声明。

```
//文件名: employee.h
class Employee : public Person {
    private:
        unsigned int   workerID;                              //新增成员
        double         basePay;                               //新增成员
    public:
        Employee (string name,int age,char sex,unsigned int workerID, double basePay);
        ~Employee(){}
        unsigned int   getWorkerID() const {return workerID;} //新增成员
        double         getBasePay() const {return basePay;}   //新增成员
};
```

【代码6-4】 Employee 类的实现。

```
//文件名: employees。cpp
#include "person.h"
#include "employee.h"

Employee :: Employee (string name, int age, char sex, unsigned int workerID, double basePay)
            :Person (name, age, sex), workerID (workerID), basePay (basePay) {}
```

【代码6-5】 测试代码。

```
#include "person.h "
#include "employee.h"
#include <iostream>

int main(){
    Employee e1("AAAAA", 26, 'f', 123456, 1234.56);
    cout << "\n-------执行e1.output()的情形---------------------\n";
    e1.output ();
    cout << "\n-------执行e1.Person::output()的情形-------------\n";
    e1.Person::output ();
    cout << "\n-------执行e1.Employee::output()的情形-----------\n";
    e1.Employee::output ();

    return 0;
}
```

测试结果如下。

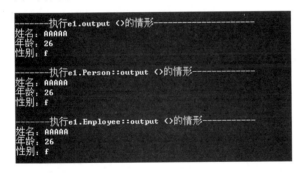

说明: 派生类是通过对基类的继承、修改和扩充而形成的。下面对此进一步说明。

(1) 在本例中, 派生方式使用了关键字 public。这种派生称为公开派生。公开派生具有如下基本特点。

① 基类的公开成员被派生类继承为公开成员, 所以可以使用表达式 e1.output()。

② 基类的私密成员虽然也被派生类继承, 但成为隐藏的成员, 所以不可以使用表达式 e1.name。

③ 构造函数和析构函数都不可继承, 所以 Employee 类中需要定义自己的构造函数。

除了公开派生, C++还允许使用 private(私密)派生和 protected(保护)派生。不同的派生方式使得派生类对象的特征有所不同。例如私有派生将使基类的公开成员成为派生类的私密成员。因为私密派生和保护派生很少使用，所以本书不作介绍。

（2）在派生类中除了必须添加自己需要的构造函数外，还可以增添其他数据成员和成员函数。这就是对基类的扩充。如在代码 6-3 中，扩充了成员变量 wokerID 和 basePay，以及成员函数 getWokerID()和 getBasePay()。

（3）在派生类中还可以修改基类中的成员函数。例如再增添一个与基类中同名的 output()时，须增添 wokerID 和 basePay 的输出。关于这部分内容将在 5.1.3 节中介绍。

（4）"∷" 称为作用域运算符。在本例中基类 Person 和派生类 Employee 中都有 output()，操作符∷用于区分调用的 output()是哪个类的成员函数。

（5）关键字 const 放在成员函数的函数头后面，将成员函数声明为 const 成员函数。这样，就不允许在所定义的成员函数中出现修改数据成员值的语句，也不能调用非 const 成员函数，只能调用 const 成员函数。在本例中，凡是仅返回数据成员值的函数都不允许修改数据成员，所以都定义为 const 成员函数。

（6）unsigned int 称为无符号 int 类型，其只取正值，即最小为 0，最大为 int 的两倍。

（7）内联函数的定义有两种形式：隐式形式和显式形式。定义在类中的内联函数称为隐式内联函数。如果在函数声明语句中冠以关键字 inline，这种内联函数就是显式的。显式内联函数的定义也可以写在类声明之外，这时函数头部的关键字 inline 是可选的。

【代码 6-6】 显式内联函数的例子。

```cpp
class Circle {
public:
   ...
   inline double calcPerimeter ();
   ...
};


inline double Circle :: calcPerimeter() { //关键字 inline 可选
   return 2 * PI * radius;
}
...
```

（8）派生类 Employee 还可以再派生新的类 Manager。

【代码 6-7】 派生类 Manager 的声明。

```cpp
//文件名: manager.h
class Manager : public Employee {
    private:
        string  post;                           //新增成员
    public:
        Manager (string name,int age,char sex,
                unsigned int workerID,double basePay,string post)
        ~Manager () {}
        string getPost ()const {return post;}      //新增成员

};
```

【代码6-8】　派生类 Manager 的实现。

```
//文件名: person.cpp
#include "person.h"
#include "employee.h"
#include "manager.h"

Manager :: Manager (string name,int age,char sex,unsigned int workerID,double basePay,
        string post):Employee(name,age,sex,workerID, basePay),post (post)
```

从继承体系中类的组织可以看出，按照项目并把每个类分成声明和实现，非常便于程序的扩展。

6.1.2　在派生类中重定义基类成员函数

在类层次中，派生类继承了基类的成员函数（或数据成员）。但是，在派生类中往往有不同于基类中的功能补充。例如，在一个人事管理系统中，在每一层都需要有一个显示人员数据的函数。为了便于记忆，可以使用相同的名字。然而，每一层显示的内容不相同。可能在父类只显示职工号、姓名、岗位，而在子类下一层还需要增加职位……为此，需要在子类中对这个显示函数重新定义。

【代码6-9】　output 函数的重定义与实现。

```
#include <iostream>
using namespace std;

class Person {
    …
    void output();
};

class Employee:public Person {
    …
    void output();
};

class Manager:public Employee {
    …
    void output();
};

void Person::output(){
    cout << "姓名: " << name << endl;      //直接使用
    cout << "年龄: " << age << endl;       //直接使用
    cout << "性别: " << sex << endl;       //直接使用
}

void Employee::output(){
    Person::output();
```

```
    cout << "工号: " << workerID << endl;
    cout << "工资: " << basePay << endl;            //直接使用
}

void Manager::output(){
    Employee::output();
    cout << "职位: " << post << endl;              //直接使用
}
```

说明：

（1）从上述代码可以看出，派生类虽然可以继承基类的成员，但它对于基类来说毕竟是"外部"，因此对于基类的私密成员，只能继承，不可由其成员直接调用，要使用基类的私密成员也须借助基类的公开函数间接使用。

（2）在派生类中重定义了基类中的成员函数后，派生类对象用这个名字调用的是派生类中用这个名字定义的成员函数版本，基类对象用这个名字调用的是基类中用这个名字定义的成员函数版本，实现了一种多态性。例如：

```
Person per;
Employee emp;
Manager mang;
emp.output();                              //调用 Employee 类的 output()
per.output();                              //调用 Person 类的 output()
mang.output();                             //调用 Manager 类的 output()
```

也就是说，一旦在派生类中重定义了基类的一个成员函数，则在派生类中这个基类的成员函数就会被覆盖——屏蔽。如果还想在派生类中访问基类中的函数版本，也并非不可能，只是需要使用作用域操作符来指定其作用域。例如：

```
Manager m1 (…);
m1.output();                               //调用 Manager 类的 output()
m1.Employee::output();                     //调用 Employee 类的 output()
m1.Person::output();                       //调用 Person 类的 output()
```

（3）重定义与重载是两个不同的概念。重载是靠参数区分，而重定义函数靠类域区分，因为重定义函数的名字和参数必须相同，要重载参数要求名字相同，参数必须不同。

（4）当派生类与基类中有同名函数时，除非用作用域操作符指定，否则在派生类对象调用该同名函数时，将按照派生类优先的原则调用派生类的同名函数。

6.1.3　基于血缘关系的访问控制——protected

前面介绍了若一个类的成员采用 private 和 public 访问保护，在 public 派生时，基类的 private 成员在派生类中将不可访问。这就带来了许多不便。例如，在代码 6-9 中，派生类若要访问基类的私密成员，必须先调用基类的一个公开成员。那么如何才能做到在一个类层次结构中，使某些成员可以被各个类对象共同访问，而在该类层次结构的外部，则不能访问这些成员，即做到血缘内外有别呢？这就要用 protected 进行访问控制。这类用 protected 进行访问控制的成员称为保护成员。一个基类的保护成员进行 public 派生后，在派生类中仍然是保护成员。这样，访问控制就被分为下述 3 个级别。

（1）private：访问权限仅限于本类的成员。

（2）protected：访问权限扩大到本血缘关系内部。

（3）public：访问权限扩大到本血缘关系外部。

【代码 6-10】 若将上述 Person 类和 Employee 类中的 private 改为 protected，则代码 6-9 可以改写为如下形式。

```cpp
#include <iostream>
using namespace std;

class Person {
    protected:
        string  name;
        int     age;
        char    sex;
    public:
        ...
        void output();
};

class Employee:public Person {
    protected:
        unsigned int  workerID;
        double        basePay;
    public:
        ...
        void output();
};

class Manager:public Employee {
    private:
        string  post;                          //新增成员
    public:
        ...
        void output();
};

void Person::output(){
    cout << "姓名: " << name << endl;
    cout << "年龄: " << age << endl;
    cout << "性别: " << sex << endl;
}

void Employee::output(){
    cout << "姓名: " << name << endl;          //保护成员，直接调用
    cout << "年龄: " << age << endl;           //保护成员，直接调用
    cout << "性别: " << sex << endl;           //保护成员，直接调用
```

```
    cout << "工号: " << workerID << endl;
    cout << "工资: " << basePay << endl;
}


void Manager::output(){
    cout << "姓名: " << name << endl;            //保护成员，直接调用
    cout << "年龄: " << age << endl;             //保护成员，直接调用
    cout << "性别: " << sex << endl;             //保护成员，直接调用
    cout << "工号: " << workerID << endl;        //保护成员，直接调用
    cout << "工资: " << basePay << endl;         //保护成员，直接调用
    cout << "职位: " << post << endl;
}
```

6.1.4 类层次结构中构造函数和析构函数的执行顺序

在 Person 类、Employee 类和 Manager 类的构造函数、析构函数中分别加入输出语句：

```
cout << "执行 Person 构造函数。" << endl;
cout << "执行 Person 析构函数。" << endl;
cout << "执行 Employee 构造函数。" << endl;
cout << "执行 Employee 析构函数。" << endl;
cout << "执行 Manager 构造函数。" << endl;
cout << "执行 Manager 析构函数。" << endl;
```

如：

```
class Person {
    protected:
        string   name;
        int      age;
        char     sex;
    public:
        Person (string name,int age,char sex):name(name),age(age),sex(sex){
            cout << "执行 Person 构造函数。"<< endl;      //输出提示
        }

        ~Person () {
         cout << "执行 Person 析构函数。"<< endl;          //输出提示
        }
         //其他代码
};
```

【代码 6-11】 测试公司人员类层次中构造函数和析构函数的执行顺序。

```
#include <iostream>
int main(){
    cout << "\n-------初始化 Manager 对象时构造函数调用顺序--------\n";
    Manager m1 ("AAAAA",26,'f',555555,5432.10,"部长");
    cout << "\n-------执行 m1.output()的情形---------------------\n";
    m1.output();
```

```
cout << "\n-------执行 m1.Employee::output()的情形-----------\n";
m1.Employee::output();
cout << "\n-------执行 m1.Person::output()的情形-------------\n";
m1.Person::output();
cout << "\n-------撤销 Manager 对象时析构函数调用顺序-----------\n";

return 0;
}
```

测试结果如下。

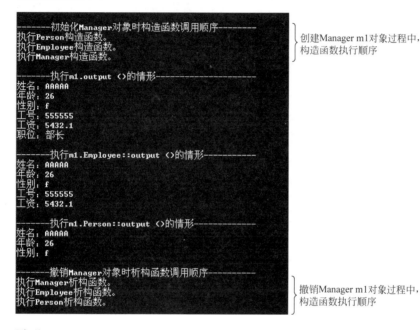

说明：

（1）在多层类层次结构中，派生类的构造函数须调用直接基类的构造函数，以构建所继承的基类分量，但不能调用间接基类的构造函数。即构造函数的初始化列表中只能列出直接基类构造函数的调用。

（2）在类层次中，构造函数的执行过程分为两个阶段。第一阶段是调用阶段——初始化信息传递阶段，即沿继承链而上，把初始化信息传递到上层各类的构造函数，直到最基层的类（没有可调用）为止。第二阶段是从最基类开始，沿派生链向下执行各层的构造函数。在每一层中，如采用初始化列表，则按照从左到右的方向依次执行。也就是说，声明一个派生类对象，意味着要先自动创建一个基类对象，再创建一个派生类对象。如图 6.2 所示，在声明一个 Manager 对象时，首先执行 Person 类构造函数，自动创建一个 Person 类对象；再执行 Employee 类构造函数，自动创建一个 Employee 类对象；最后执行 Manager 类构造函数，创建一个 Manager 类对象。

（3）析构函数的执行顺序与构造函数的执行顺序相反。即当销毁派生类对象时，析构函数的执行顺序是从下向上进行的，即先执行派生类的析构函数，撤销派生类对象，然后执行基类的析构函数，撤销基类对象。

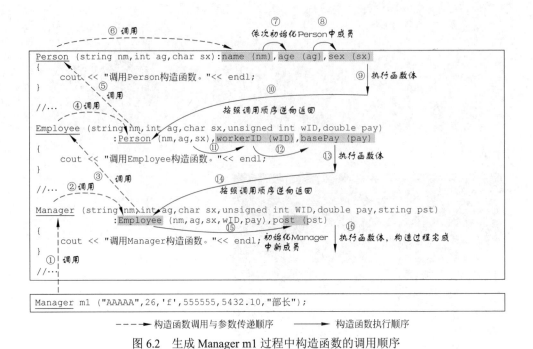

图 6.2　生成 Manager m1 过程中构造函数的调用顺序

（4）在创建派生类对象时，由于首先执行基类构造函数，因此也就首先创建了基类对象，只不过这个对象是一个匿名对象。接着，再为派生类中所增添的数据成员分配存储空间。图 6.3 表明生成 Manager 对象时存储空间的分配过程。

(a) 执行 Person ()后生成　　　(b) 执行 workerID ()和 basePay()后　　　(c) 执行 post ()后生成
一个无名 Person 对象　　　　　生成一个无名 Employee 对象　　　　　一个 Manager 对象

图 6.3　Manager m1 对象的内存分配过程

6.2　类层次中的赋值兼容规则与里氏代换原则

6.2.1　类层次中的类型赋值兼容规则

一个类层次结构有许多特性，其中一个重要特性称为类型赋值兼容规则，指在需要基类对象的任何地方都可以使用公有派生类对象来替代。具体如下。

（1）可以将派生类对象赋值给基类对象，或者说允许派生类对象使用基类方法，条件是方法不是私密。

（2）可以用派生类对象初始化基类的引用，或者说基类引用可以指向派生类对象，而无须进行强制类型转换。

（3）可以用派生类对象地址初始化指向基类的指针，或者说指向基类的指针可以指向派生类对象，而无须进行强制类型转换。

因为通过公开继承，派生类得到了基类中除构造函数、析构函数之外的其他成员，并且所有成员的访问控制属性也和基类完全相同，即公有派生类实际就具备了基类的所有功能。凡是基类能解决的问题，公有派生类都可以解决。在替代之后，派生类对象就可以作为基类的对象使用，但它只能使用从基类继承的成员。

【代码6-12】 在公司人员层次结构中进行类型赋值兼容规则的验证。

```
int main(){
    Employee e ("AAAAA",26,'f',555555,5432.10);
    cout << "\n------将派生类对象赋值给基类对象后,用基类对象调用output()------\n";
    Person p = e;
    p.output();

    return 0;
}
```

测试结果如下。

由此得出以下结论。

（1）从测试结果可以看出，在使用基类对象的地方用派生类对象替代后，系统仍然可以编译运行，语法关系符合类型赋值兼容规则。但是，替代之后，派生类仅仅发挥基类的作用，即只进行了基类部分的计算。这称为对派生类对象的切割。

（2）类型赋值兼容规则是单向的，即不可以将基类对象赋值给派生类对象。

6.2.2　里氏代换原则

里氏代换原则（Liskov Substitution Principle，LSP）是由 2008 年图灵奖得主、美国第一位计算机科学女博士 Barbara Liskov 教授和卡内基梅隆大学教授 Jeannette Wing 于 1994 年提出的。它的严格表达是：如果对每一个类型为 T1 的对象 ob1，都有类型为 T2 的对象 ob2，使得以 T1 定义的所有程序 P 在所有的对象 ob1 都代换为 ob2 时，程序 P 的行为没有变化，那么，类型 T2 是类型 T1 的子类型。里氏代换原则可以通俗地表述为：在程序中，能够使用基类对象的地方必须能透明地使用其子类的对象。

应当注意，子类方法的访问权限不能小于父类对应方法的访问权限。例如，当"狗"是"动物"的派生类时，在程序段

```
动物 d = new 狗();
d.吃();
```

中，若"动物"类中的成员函数"吃（）"的访问权限为 public，而"狗"类中的成员函数"吃（）"的访问权限为 protected 或 private 时，是不能编译的。所以说，里氏代换原则是继承重用的一个基础。只有当派生类可以替换掉基类，而使软件单位的功能不受到影响时，基类才能真正被重用，而派生类也才能够在基类的基础上增加新的行为。反过来的代换是不成立的。

可以说，里氏代换原则是类型赋值兼容规则的另一种描述。这个原则已经被编译器采纳了。在程序编译期间，编译器会检查其是否符合里氏代换原则。这是一种无关实现的、纯语法意义上的检查。关于里氏代换原则的意义，通过第 6 章和第 7 章的介绍将会帮助读者进一步理解。

6.2.3 对象的向上转换和向下转换

在一个类层次中，派生类对象向基类的类型转换称为向上转换（或上行转换，upcasting），基类对象向派生类的类型转换称为向下转换（或下行转换，downcasting）。根据赋值兼容规则，对象的向上转换是安全的，因为派生类对象也是基类对象。例如，研究生类对象也是学生类对象，学生类对象也是 Person 类对象。对象的向上转换有以下 3 种情形。

（1）将派生类对象转换为基类类型的引用。

（2）用派生类对象对基类对象进行初始化或赋值。

（3）将派生类指针转换为基类指针。

注意：

（1）尽管把一个派生类对象赋值给一个基类对象变量是合法的，但是会造成在派生类对象中新增成员被抛弃的结果。这种情况称为对象切片。

（2）尽管可以用基类指针或引用指向派生类对象，但也不能通过基类指针或引用访问基类没有而派生类中有的成员。

（3）根据赋值兼容规则，不可以将基类对象赋值给派生类对象，所以基类对象（引用）向派生类的隐式转换不存在，如果需要，只能用 static_case 进行强制（显式）转换，但要求这个转换必须是安全的。因为，基类对象可以作为独立对象存在，也可以作为派生类对象的一部分存在。而在一般情况下，基类对象不一定是派生类对象。例如，学生类对象不一定是研究生类对象，人对象不一定是学生类对象。

6.3 多基继承

C++允许多基继承，即允许一个派生类有多于一个的基类。

6.3.1 C++多基继承语法

派生类只有一个基类时，称为单基继承。一个派生类具有多个基类时，称为多基继承或多重继承（multiple inheritance）。这时派生类将继承每个基类的代码。多基继承是单基继承的扩展，单基派生可以看成是多基继承的特例。它们既有同一性，又有特殊性。设类 D 由类 B1,B2,…,Bn 派生，则它应有如下语法。

```
class D : 继承方式1 B1，继承方式2 B2，…，继承方式n Bn
{
    //…
};
```

其中继承方式 i（i = 1, 2,…, n）规定了 Bi 类成员的继承方式：private 派生、protected 派生或 public 派生。若有连续几个基类具有相同的继承方式，则可以默认后面几个相同继承方式的关键字。

【代码6-13】 由 Hard（机器名）与 Soft（软件，由 os 与 Language 组成）派生出 System。

```
#include <iostream>
#include <string>
using namespace std;

class Hard{
    protected:
        string   bodyName;
    public:
        Hard (string bdnm);
        Hard (const Hard & aBody);
        ~Hard (){}
        void print ();
};

class Soft {
    protected:
        string os;
        string lang;
    public:
        Soft (string o, string lg);
        Soft (const Soft & aSoft);
        ~Soft(){}
        void  print();
};

class System:public Hard,public Soft  {                    //派生类 System
        string owner;
    public:
        System (string ow, string bn, string o, string lg);
        System (string ow,const Hard& h, const Soft& s);
        ~System(){}
        void  print();
};
```

```
Hard :: Hard (string bdnm) : bodyName(bdnm){          //构造函数
   cout << "构造 Hard 对象。\n";
}
Hard :: Hard (const Hard & aBody) {                   //复制构造函数
   cout << "复制 Hard 对象\n";
   bodyName = aBody.bodyName;
}
void Hard :: print(){
   cout << "硬件名:" << bodyName << endl;
}

Soft :: Soft(string o, string lg) : os (o) ,lang(lg){   //构造函数
   cout << "构造 Soft 对象。\n";
}
Soft :: Soft (const Soft & aSoft){                     //复制构造函数
   cout<<"复制 Soft 对象。\n";
   lang = aSoft.lang;
   os = aSoft.os;
}
void Soft :: print(){
   cout << "操作系统:"<< os << ",语言:" << lang << endl;
}

System :: System (string ow, string bn, string o, string lg)
                  :Hard (bn),Soft (o,lg), owner (ow){   //调用基类构造函数
   cout << "构造 System 对象。\n";
}
System :: System (string ow,const Hard& h, const Soft& s)
                  : Soft(s), Hard (h){                  //调用基类复制构造函数
   owner = ow;
   cout << "复制 System 对象。\n";
}

void System :: print(){                                //重定义一个 print 函数
   cout << "机主:" << owner  << ";\n 硬件名:" << bodyName
        << ";\n 软件名:" << os << "," << lang << "。" << endl;
}
```

【代码 6-14】 测试主函数如下。

```
int main(){
   System s1 ( "Wang",
              "DELL Optiplex 330",
              "Linux",
              "C++");
   s1.print();
   cout <<"Ok!\n";
   Hard abody("三星笔记本 X1");
   Soft asoft("UNIX","Java");
```

```
    System s2 ("Zhang",abody,asoft);              //用基类对象创建派生类对象
    s2.print();
    system ("pause");
    return 0;
}
```

测试结果如下。

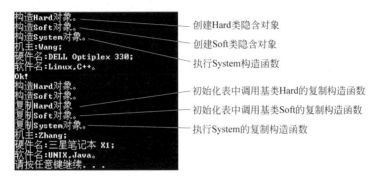

说明：

（1）在多基派生类中执行构造函数时，需要调用直接基类的构造函数。调用的顺序由派生类声明时类头中基类的顺序（如本例是：class System:public Hard、public Soft，即先Hard，后 Soft）决定，而不是按照派生类构造函数的初始化列表中的顺序（本例中为 System (string ow, string bn, string o, string lg):Hard (bn)、Soft (o,lg)、owner (ow)，即先 Soft，后 Hard）决定。因此，本例先调用 Hard 构造函数，后调用 Soft 构造函数。

（2）析构函数的调用顺序与构造函数的调用顺序相反。

6.3.2　多基继承的歧义性问题

1. 基类中同名成员的冲突

图 6.4 所示为在代码 6-13 中将 System 类中的成员函数 print ()注释后程序的编译情况。

这 4 个错误分别发生在主函数中的两个语句处："b.print ();" 和 "a.print ();"。每一个语句处各出现两个错误。

（1）"error C2385: 'System::print' is ambiguous"，即在 System 域中 print 是 "模糊的"。

（2）"warning C4385: could be the 'print' in base 'Hard' of class 'System' or the 'print' in base 'Soft' of class 'System'"，即进一步说明，问题在于（派生到）System 类中的 print，到底是来自基类 Hard，还是来自基类 Soft。

这种歧义性问题是由于 System 类的两个基类中存在同名的成员，在派生类中形成名字冲突所致。解决这个问题的方法有以下两个。

（1）在派生类中重定义一个成员，将两个同名的基类成员屏蔽掉。代码 6-13 中就是采用了这种方法，所以在未注释掉 System 类中的 print ()函数之前，程序可以正常运行。

（2）用域分辨符进行分辨。

图 6.4　在代码 6-13 中将 System 类的成员函数 print ()注释后程序的编译情况

2. 共同基类造成的重复继承问题

如图 6.5 所示，在多基继承中，如果在多条继承路径上有一个公共的基类（如图中的 base0），则在这些路径的会合点（如图中的 derived 类对象）将形成相当于图 6.6 所示的结构，从而在派生类中产生来自不同路径的公共基类的重复复制，形成名字冲突。

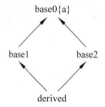

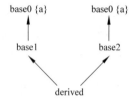

图 6.5　在多条继承路径上有一个公共基类　　图 6.6　图 6.5 的等价结构

解决这个问题的方法有以下 4 个。

（1）在派生类中进行同名成员的重定义。

（2）使用域分辨符指定作用域。

（3）使用虚拟派生方法。

（4）用组合代替派生。

6.3.3　虚拟基类

虚拟基类是用关键字 virtual 来定义的基类。这时，在派生类中只保留基类的一个副本。其定义格式如下。

```
class 派生类名 ： virtual 继承方式　基类名
{
   //…
};
```

【代码 6-15】 虚拟基类举例。

```
class Base0 {
public:
    int a0;
    //…
};
class Base1:virtual public Base0 {           //直接虚拟继承
    int a1;
    //…
};
class Base2:virtual public Base0 {           //直接虚拟继承
    int a2;
    //…
};
class Derived:public Base1,public Base2 { //间接虚拟继承
    int a3;
    //…
};
```

在这样的类层次中，Base0 的成员在 Derived 类对象中就只保留一个副本。

说明：

（1）virtual 用作继承方式中的一个关键字，它与访问控制关键字（public、private 或 protected）间的书写无先后之分。如代码 6-15 中相应行代码也可以改写为：

```
class basel: public virtual base0 {
    //...
};
```

（2）使用虚基类可以避免由于同一基类多次复制而引起的二义性。如对上述类层次结构使用下面的语句都是正确的，并且，i1、i2、i3 具有相同的初值。

```
    derived d;
    int i1 = d.a;
    int i2 = d.base1 :: a;
    int i3 = d.base2 :: a;
```

（3）为了保证虚基类在派生类中只继承一次，就必须在定义时将其直接派生类都说明为虚拟基类。否则，除会从用作虚基类的所有路径中得到一个副本外，还会从其他作为非虚基类的路径中各得到一个副本。

（4）虚基类修饰符 virtual 的根本作用是禁止一个有直接或间接虚基类的派生类向所定义的虚基类的构造函数传递初始化数据。这样，在 6.1.4 节中介绍的在类层次中由派生类层层向上传递初始化数据，再由基类层层向下进行构造函数调用的机制，在全面虚基类的路径中将失效。因此，一个有直接或间接虚基类的类要对从虚基类继承的分量进行构建及初始化，必须显式调用该虚基类的某个构造函数。

【代码 6-16】 针对代码 6-15 中的构造函数的定义。

```
Base0::Base0(int a): a0(a){}
Base1::Base1(int a): Base0(a){}
Base2::Base2(int a): Base0(a){}
Derived::Derived(int a):Base0(a),Base1(a),fBase(a){}
```

当然，若是都使用默认构造函数，就没有这么复杂了。

6.4 用虚函数实现动态绑定

6.4.1 画圆、三角形和矩形问题的类结构

1. 3个分立的类

圆、矩形和三角形可以分别是 3 个独立的类。为了简单，把画图过程用输出"画××"表示。下面先讨论每个类的描述。

【代码 6-17】 Circle 类定义。

```
class Circle{
    public:
        Circle(){}                          //无参构造函数
        void doDraw(){                      //画图
            cout << "画圆\n";
        }
};
```

【代码 6-18】 Rectangle 类定义。

```
class Rectangle{
    public:
        Rectangle(){}
        void doDraw(){                      //画图
            cout << "画矩形\n";
        }
};
```

【代码 6-19】 Triangle 类定义。

```
public class Triangle{
    public:
        Triangle(){}
        void doDraw(){                      //画图
            cout << "画三角形\n";
        }
};
```

2. 为 3 个分立的类设计一个公共父类

对上面的 3 个类加以抽象，在它们之上建立一个父类就能为程序设计带来许多新意和

便利。为这 3 个分立的类建立父类的方法是：抽取它们的共同成员——doDraw()函数。于是，就可以形成图 6.7 所示的类层次结构。

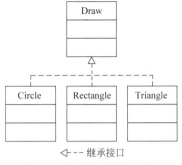

图 6.7　图形的类层次结构

【代码 6-20】　父类 Draw 的定义。

```
class Draw{
    public:
        void doDraw(){                                //画图
            cout << "不画图形\n";
        }
};
```

6.4.2　虚函数与动态绑定

1. **静态绑定与动态绑定**

静态绑定（static binding）也称为先行绑定（early binding），是指编译系统在编译时就能将一个名字与其实体的联系确定下来。函数名重载就是静态绑定，即编译器在编译时就可以根据参数数目及各参数的类型确定调用哪个函数实体。动态绑定（dynamic binding）也称为推迟绑定（late binding），是指编译系统在编译时还无法将一个名字与其实体的联系确定下来，必须在程序运行过程中才能确定具体要调用哪个函数体。静态绑定和动态绑定都可以赋予程序多态性和灵活性。静态绑定的主要优点是，执行效率高、占用内存少；动态绑定的主要优点是，可以使程序具有更高的灵活性。本节要介绍的虚函数就是动态绑定。

2. **虚函数引发的动态绑定**

根据赋值兼容规则，凡是使用基类的地方都可以用派生类替代。但是替代的仅仅是按照基类进行的切割。这确实有些不便。若在替代后得到的是派生类的全部，那就会带来许多方便。为此，C++引入了虚函数，即把与派生类中同名的基类成员函数用关键字 virtual 声明成虚函数，用此机制来实现动态绑定。

【代码 6-21】　使用虚函数的层次结构。

```
#include <iostream>
using namespace std;
```

```
class Draw{
    public:
        Draw(){}
        virtual void doDraw(){                              //定义虚函数
            cout << "不画图形\n";
        }
};

class Circle : public Draw {
    public:
        Circle(){}
        void doDraw(){
            cout << "画圆\n";
        }
};

int main(){
    Circle c1;
    Draw dr = c1;
    cout << "使用对象:" ;dr.doDraw();
    Circle c2;
    Draw &rd = c2;
    cout << "\n 使用引用:";rd.doDraw();
    Circle c3;
    Draw *pd = &c3;
    cout << "\n 使用指针:"; pd -> doDraw();
    return 0;
}
```

测试结果如下。

显然，这个由虚函数实现的动态绑定，符合里氏代换原则。

（1）虚函数只适用于类层次结构中，普通函数不能声明为虚函数。

（2）调用虚函数时一定要使用引用或指针间接访问，不能由对象直接访问。

6.4.3 虚函数表与虚函数规则

1. 虚函数表

C++动态绑定是通过虚函数表（virtual function table，vtbl）实现的。虚函数表是 C++编译器为每一个类生成的一个指针数组，并保证其在内存中位于对象实例的最前面位置。指针数组中的每个指针都指向该类的一个虚函数的内存入口地址。

编译器在为每个类创建虚函数表的同时，还为每个类生成一个隐含的指针成员 vptr，用其指向该类的虚函数表。一个类在生成对象时，最先生成虚函数表指针 vptr，其后才生成该对象的其他数据成员。所以，vptr 中存放的就是该对象的虚函数表的地址。不过这些都是隐含的，在程序中是看不到的。当指向基类的指针指向一个派生类时，就是把派生类的虚函数表的首地址送到了指向基类的指针中。

由前面的讨论可知，一个虚函数的调用由两个表达式完成：给指向基类指针赋值和由基类指针调用虚函数。

前一个表达式实际上就是确定该基类指针指向了哪个 vptr，也可以说是把哪个 vptr 指针赋值该基类指针。如图 6.8 所示，表达式 pa=&c，可以认为是 pa=c::vptr。若没有这个表达式，则 pa 指向的就是 A::vptr。

后一个表达式可以理解为在所指向的虚函数表中找所要调用的虚函数内存入口地址。为此分为两步：先根据虚函数名来找它在虚函数表中的位置——偏移量；再由这个偏移量找出表项中保存的该虚函数的内存入口地址。若这个虚函数没有被重定义，则偏移量为 0，在虚函数表项中保存的就是它在基类中的地址——该函数的原始地址；若这个虚函数是经过重定义的，则有偏移量，在虚函数表项中保存的就是新函数的内存入口地址。

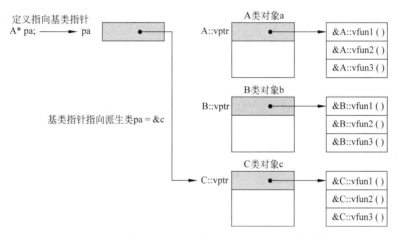

图 6.8　一个 3 层的类层次结构中动态绑定的实现过程

由此实现了虚函数的动态绑定，也理解了虚函数只有通过指针或引用调用才能实现多态性原因。

2. 虚函数规则

根据动态绑定的实现原理，使用虚函数应当遵守如下规则。

（1）虚函数应当通过基类指针或基类引用访问。

（2）基类与派生类的虚函数必须原型一致，否则编译器将把它们作为重载函数处理而忽略虚函数机制。

（3）静态函数、构造函数、内嵌函数都不能定义为虚函数。原因如下。

① 静态函数为类的所有对象共有，而不属于一个对象，因此无法为其建立虚函数表。

② 在构造函数的调用执行过程中，对象还没有完全建立，也无法为其建立虚函数表。

但是，可以有虚析构函数。

③ 内嵌函数在编译时就用函数体替换了调用语句，对象的函数代码实际并不单独存储，也就无法为其建立虚函数表。定义在类内部的成员函数一旦声明为虚函数，就不会再被看成内嵌函数。

（4）析构函数可以定义为虚函数，并且，在有些情况下会很有用。

一个程序运行时所分配的内存空间若没有被正确地释放，就称为内存泄露。严重的内存泄露，会造成程序因内存不够而无法继续运行。

【代码6-22】 一个内存泄露的例子。对于定义

```cpp
class Base {
    public:
        ~Base () { //…}
        ...
}
class Derived:public Base {
    public:
        ~Derived () { //…}
        ...
}
```

执行下面的代码

```cpp
Base *pBase = new Derived;
...
delete pBase;
```

后，只有基类的析构函数被调用，派生类的析构函数并没有执行。

如果将~Base ( )声明为 virtual 的，则上述代码将执行派生类的析构函数。此时，问题就大不一样了。

（5）虚函数具有传递性，它会在类层次结构中一直传递下去。

【代码6-23】 验证虚函数的传递性。

```cpp
#include <iostream>
using namespace std;

class Draw{
    public:
        Draw(){}
        virtual void doDraw(){                    //定义虚函数
            cout << "不画图形\n";
        }
};

class Circle : public Draw{
    public:
        Circle(){}
        void doDraw(){
```

```
            cout << "画圆\n";
        }
};

class Cylinder : public Circle {
    public:
        Cylinder(){}
        void doDraw(){
            cout << "画圆柱\n";
        }
};

void disp(Draw& dr){                    //引用间接访问
    dr.doDraw ();
}

int main(){
    disp (Draw());                      //访问基类对象
    disp (Circle ());                   //访问派生类对象
    disp (Cylinder ());                 //访问派生类对象
    return 0;
}
```

运行结果如下。

（6）在派生类的虚函数中，若要调用基类的同名函数，需要使用作用域操作符指定。

6.4.4　override 和 final

"智者千虑必有一失。"随着程序规模不断增大，程序复杂性不断增加，程序员出错的概率也越来越高。其中，虚函数的改写就是容易引起错误之处。因为 virtual 关键字并不是强制性的，这给代码的阅读增加了一些困难，而要追溯到继承关系的最顶层去看哪些函数是虚方法又往往十分费力，有时甚至难以做到。关键字 override 和 final 就是为了克服此困难而提供的两种强制机制，以标识哪些虚函数在派生类不可重写，哪些是可重写的。

override 表示函数重写基类中的虚函数。

final 表示派生类不可重写这个虚函数。

这样，不仅便于程序员进行错误检查，也为编译器检查错误提供了依据。

【代码 6-24】　一个企图用 B 类型的指针调用 f ( )期盼输出 D::f ( )结果的代码。

```
class B {
    public:
        virtual void f(char) {cout << "B::f" << endl; }
        virtual void f(int) const {cout << "B::f " << endl; }
};
```

```
class D : public B {
    public:
      virtual void f(int) {cout << "D::f" << endl;}
};
```

这段代码可以通过编译，也可以运行，但结果打印出来的是 B::f()。到底问题出在哪儿呢？分析如下。

（1）D::f(int)不可能是对于 B::f(char)的覆盖，因为参数不同，只能是重载。

（2）D::f(int)也不可能是对于 B::f(char) const 的覆盖，因为 B::f(char) const 是基类的 const 成员函数，而在派生类中不是。二者仍是重载关系。

若使用关键字 override 和 final，情况就不一样了。

【代码 6-25】 在基类使用 final 明确说明不可被派生类覆盖。

```
class B {
    public:
      virtual void f(char)final{cout << "B::f" << endl; }
      virtual void f(int) const final {cout << "B::f " << endl; }
};

class D : public B {
    public:
      virtual void f(int) {cout << "D::f" << endl;}
};
```

这两个 final 明确告诉程序员，也明确告诉编译器，基类的两个 f()是不可被覆盖的。否则，就是错误：错误的企图或错误的语法。

【代码 6-26】 在基类使用 final 明确说明不可被派生类覆盖。

```
class B {
    public:
      virtual void f(char)final{cout << "B::f" << endl; }
      virtual void f(int) const final {cout << "B::f " << endl; }
};

class D : public B {
    public:
      virtual void f(int) const {cout << "D::f" << endl;}
};
```

在这个代码中，派生类中也将 f()定义为 const 成员函数，企图覆盖基类的 f() const。编译器会检查出这个错误。

【代码 6-27】 在派生类使用 override 明确说明将覆盖基类的同名函数。

```
class B {
  public:
    virtual void f(char) {cout << "B::f" << endl; }
    virtual void f(int) const {cout << "B::f " << endl; }
};
```

```
class D : public B {
    public:
        virtual void f(int) override {cout << "D::f" << endl;}
};
```

但是，由于基类中没有同类型的函数，也将报错。

6.4.5　纯虚函数与抽象类

在代码 6-20、代码 6-21、代码 6-22 中，基类 Shape 中定义的虚函数 doDraw()只有一句是输出"不画图形"。这实际上是没有意义的。因为 doDraw()的目的是画图形，可是 Draw 中定义的是一个抽象图形，是没有办法画出来的，所以才不得不写一句输出"不画图形"。既然如此，就干脆在虚函数的原型声明后面添加"= 0"，这样就不再需要函数定义了。于是，虚函数成为了纯虚函数。例如：

```
class Draw {
    public:
        virtual void doDraw () = 0;              //声明纯虚函数
};
```

含纯虚函数的类称为抽象类（abstract class）。抽象类只能作为类层次的接口，不能再用来创建对象。

注意：一旦在一个类中加入了一个纯虚函数，就必须在其需要创建实例对象的派生类中重载该函数，否则该派生类会继续成为一个抽象类，不能用于创建实例对象。

【代码 6-28】　回到本节开始——一个可以有选择地计算圆、三角形和矩形面积的类层次结构。

```
#include <iostream>
using namespace std;

class Draw {
    public:
        virtual void doDraw () = 0;           //声明纯虚函数
};

class Circle : public Draw {
    public:
        Circle(){}                            //无参构造函数
        void doDraw(){                        //画图
            cout << "画圆\n";
        }
};

class Rectangle : public Draw{
    public:
        Rectangle(){}
```

```
    void doDraw(){                          //画图
        cout << "画矩形\n";
    }
};

class Triangle : public Draw {
    public:
        Triangle () {}
        void doDraw (){                      //画图
            cout << "画三角形\n";
        }
};

//测试主函数。
int main(){
  int choice;
  Draw *pd = NULL;
  cout << "1—圆；2—矩形；3—三角形。请选择：";
  cin >> choice;
  switch (choice){
    case 1: {
            Circle c;
            pd = &c;
            break;}
    case 2: {
            Rectangle r;
            pd = &r;
            break;}
    case 3: {
            Triangle t;
            pd = &t;
            break;}
  }
  pd -> doDraw();
  return 0;
}
```

测试结果如下。

```
1—圆；2—矩形；3—三角形。请选择：1↵
画圆
```

```
1—圆；2—矩形；3—三角形。请选择：2↵
画矩形
```

```
1—圆；2—矩形；3—三角形。请选择：3↵
画三角形
```

6.5　运行时类型鉴别

6.5.1　RTTI 概述

C++是一种强类型语言，对每一个数据的操作必须按照类型规则进行，否则就会出错。C++还是一种静态类型定义语言，即数据的类型是相对固定的，并且在使用一个数据之前必须先声明其类型。但是，为了提高程序设计的灵活性，C++还允许数据或对象按照一定的规则进行类型之间的转换，例如隐式转换、显式转换、转换构造函数等都可以改变数据的类型。特别是基于虚函数的动态绑定，它可能会使 C++中的指针或引用（reference）本身的类型与其实际代表（指向或引用）的类型并不一致。例如，在程序中，允许将一个基类指针或引用转换为其实际指向对象的类型，再加上使用类库中的类和抽象算法等，都需要程序员了解一些指针或引用在运行时的形态信息，这就导致了运行时类型鉴别（Run-Time Type Identification，RTTI）机制的提出。

RTTI 是指程序运行时保存或检测对象类型的操作。C++对于 RTTI 的支持，主要包含如下 3 个方面的内容。

（1）用 dynamic_cast（动态类型转换）实现在程序运行时（而不是编译时）安全地将一个类型转换为指向派生类的类型，并在转换的同时返回转换是否成功的信息。

（2）用 typeid（类型识别）获得一个表达式的类型信息，或获得一个指针/引用指向的对象的实际类型信息。

（3）用 type_info 来存储有关特定类型的数据。

需要说明的是，有些编译器的 RTTI 是默认配置的（如 Borland C++），有些则是需要显式打开的（如 Microsoft Visual C++）。对于后者，为了使 dynamic_cast 和 typeid 都有效，必须激活编译器的 RTTI。

6.5.2　dynamic_cast

1. dynamic_cast 及其格式

dynamic_cast 称为动态转型（dynamic casting）操作符，用于在程序运行过程中，把一个类指针转换成同一类层次结构中的其他类的指针，或者把一个类类型的左值转换成同一类层次结构中其他类的引用。与 C++支持的其他强制转换不同的是，dynamic_cast 是在运行时刻执行的。如果指针或左值操作数不能被转换成目标类型，则 dynamic_cast 将失败。针对指针类型的 dynamic_cast 失败，dynamic_cast 的结果为 0；针对引用类型的 dynamic_cast 失败，dynamic_cast 将抛出一个异常。其格式如下。

```
dynamic_cast <Type>（ptr）
```

其中，Type 和 ptr 应当属于同一个类层次结构，并且 Type 是一个指针类型，参数 ptr 是一个能得到指针的表达式。如果 Type 是引用类型，ptr 也必须是引用类型。

2. dynamic_cast 用于上行强制类型转换与下行强制类型转换

【代码6-29】　一个类层次结构。

```cpp
#include <iostream>

class Base{
    public:
      int bi;
      virtual void test(){
        cout << "基类。\n";
      }
};

class Derived:public Base{
    public:
      int di;
      virtual void test(){
        cout << "派生类。\n" ;
      }
};

void downCast(Base* pB){
  Derived* pD1 = static_cast<Derived*> (pB);
  pD1 -> test ();
  Derived* pD2 = dynamic_cast <Derived*> (pB);
  pD2 -> test ();
}

void upCast(Derived* pD){
  Base* pB1 = static_cast <Base*> (pD);
  pB1 -> test ();
  Base* pB2 = dynamic_cast <Base*> (pD);
  pB2 -> test ();
}
```

对于上面的代码，分两次测试，分别只运行上行转换函数和只运行下行转换函数。

【代码6-30】　只运行上行转换函数 upCast ( )的主函数。

```cpp
int main(){
  Base b;
  Base* p1 = &b;
  Derived d;
  Derived* p2= &d;
  //downCast (p1);
  upCast (p2);

  return 0;
}
```

· 184 ·

测试结果如下。

派生类。
派生类。

可以看出，在进行上行强制类型转换时，使用 static_cast 与使用 dynamic_cast 的结果相同。

【代码 6-31】 只运行下行转换函数 downCast( )的主函数。

```
int main(){
  Base b;
  Base* p1=&b;
  Derived d;
  Derived* p2= &d;
  downCast (p1);
  //upCast (p2);
  return 0;
}
```

从下面的测试结果（见图 6.9）可以发现，程序在得到一个结果的同时，出现了一个异常。

图 6.9 测试结果

为了判断异常发生的部位，将 downCast( )中的动态强制转换后的应用语句进行注释，即：

```
void downCast (Base* pB) {
  Derived* pD1 = static_cast<Derived*> (pB);
  pD1 -> test ();
  Derived* pD2 = dynamic_cast <Derived*> (pB);
  //pD2 -> test ();
}
```

重新运行，不再提示异常信息。

说明：用 dynamic_cast 在一个类层次结构中进行下行转换，是在运行时进行的。当然转换有可能失败。对于指针类型，若转换失败，它返回 nullptr(NULLak 0)。所以在转换后应当对转换是否成功进行检测，即测试目标指针是否为 nullptr。在本例中，由于 pD2 的值为 nullptr，是一个空指针，因此用其调用 test( )显然要出现异常。解决的办法是：先判断目标指针是否为 nullptr。

【代码 6-32】 修改后的 downCast( )和主函数。

```
void downCast (Base* pB) {
  Derived* pD1 = static_cast<Derived*> (pB);
  pD1 -> test ();

  Derived* pD2 ;
  if ( (pD2 = dynamic_cast <Derived*> (pB)) != nullptr) {
    pD2 -> test ();
  }
  else
    throw bad_cast ();
}

int main(){
  Base b;
  Base* p1 = &b;
  Derived d;
  Derived* p2 = &d;
  try {
    downCast (p1);
  }catch (bad_cast) {
    cout << "dynamic_cast failed" << endl;
    return 1;
  } catch (...) {
    cout << "Exception handling error." << endl;
    return 1;
  }
  //upCast (p2);
  return 0;
}
```

运行结果如下。

```
基类。
dynamic_cast failed
```

说明：使用 dynamic_cast 进行向下强制类型转换，需要满足以下 3 个条件。

（1）有继承关系，即只有在指向具有继承关系的类的指针或引用之间，才能进行强制类型转换。利用这一点，也可以用 dynamic_cast 判断两个类是否存在继承关系。

（2）有虚函数，因为运行时类型检查需要运行时的类型信息，而虚函数表提供运行时的形态信息。没有这些信息，不可能返回失败信息，也只能在编译时刻执行，不能在运行时刻执行。static_cast 则没有这个限制。

（3）打开编译器的 RTTI 开关。

注意：dynamic_cast 在运行时需要一些额外开销，但如果使用了很多的 dynamic_cast，就会产生一个影响程序（执行）性能的问题。

3. dynamic_cast 用于交叉强制类型转换

dynamic_cast 还支持交叉转换（cross cast），其应用条件与向下强制转换一样。

【代码 6-33】 dynamic_cast 转换与 static_cast<C*>转换的区别。

```
class A {
    public:
        int ib;
        virtual void test(){}
};

class B:public A
 {};

class C:public A
 {};

void test(){
  B* pb = new B;
  pb -> ib = 89;
  C* pc1 = static_cast<C*> (pb);        //错误
  C* pc2 = dynamic_cast<C*> (pb);       //pc2 是空指针
  delete pb;
}
```

说明：在上述函数 test( )中，使用 static_cast 进行转换是不被允许的，它将在编译时出错；而使用 dynamic_cast 的转换则是允许的，其结果是空指针。

4. dynamic_cast 应用实例

【例 6-1】 某软件公司开发了一个员工管理系统。如图 6.10 所示，这个系统由两部分组成：一部分是外购的通用员工工资管理类库，它由 Employee 类、Manager 类和 Programmer 类组成（公司成员只有程序员和管理人员两类）；另一部分是该公司自己开发的 Company 类。

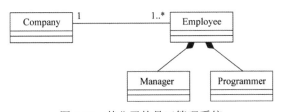

图 6.10　某公司的员工管理系统

【代码 6-34】 通用员工管理类库开发商为用户提供了类接口代码，这些代码在头文件 example0601.h 中。

```
//example0601.h
class Employee {
    public:
        virtual int getSalary ();
};
```

```
class Manager : public Employee {
    public:
        int getPay();
};

class Programmer : public Employee {
    public:
        int getPay ();
};
```

公司使用 Company 类中的发薪成员函数 payroll( )，用动态绑定的方法调用类库中的 getSalary( )成员，形式如下。

```
void Company::payroll (Employee& re) {
    re.getPaSalary ();
}
```

这个系统运行一段时间后，公司考虑，对程序员必须采用基薪+奖金的薪酬机制。但是，这个系统没有奖金计算功能。为了实现这个功能，最好的办法是在开发商的类库中再增加一个虚函数 getBonus( )。但这是不可能的，因为类库中的代码是经过编译的，无法进行编辑再编译。一个可行的办法是，修改头文件，把 getBonus( )的声明增加到 Programmer 中。

【代码 6-35】 修改后的头文件代码（getBonus( )的实现另外定义）。

```
//example0601.h
class Employee {
    public:
        virtual int getPay ();
};

class Manager : public Employee {
    public:
        int getPay ();
};

class Programmer : public Employee {
    public:
        int getPay ();
        int getBonus ();
};
```

在这种情况下，就可以使用 dynamic_cast。dynamic_cast 操作符可用来获得派生类的指针，以便使用派生类的某些细节，即让函数 payroll( )接收一个 Employee 类的引用为参数，并用 dynamic_cast 操作符获得派生类 Programmer 的引用，再用这个引用调用成员函数 getBonus( )。

【代码 6-36】 修改后的 payroll( )代码。

```
#include <type_info>
void Company::payroll (Employee &re ) {
```

```
try {
    Programmer &rm = dynamic_cast< Programmer&> (re);//用 rm 调用 Programmer::getBonus()
}catch (bad_cast) {
    //使用 Employee 的成员函数
}
}
```

这样，如果在运行时刻 re 实际上为 Programmer 对象的引用，则 dynamic_cast 成功，就可以计算 Programmer 对象的奖金了；否则将返回 bad_cast。由于 bad_cast 被定义在 C++ 标准库中，要在程序中使用该引用类型，必须包含头文件<type_info>。

程序会按照预期，只计算 Programmer 对象的薪金，不会计算 Employee 对象的奖金，否则将导致 dynamic_cast 失败。

【代码6-37】 使用指针的 payroll( )代码。

```
void Company::payroll ( employee *pe ) {
    //dynamic_cast 和测试在同一条件表达式中
    if (Programmer *pm = dynamic_cast< Programmer* > (pe)) {
        pm → Programmer().getBonus();                    //使用 pm 调用 Programmer::getBonus()
    }else {
        //使用 Employee 的成员函数
    }
}
```

注意：不要在 dynamic_cast 和测试之间插入代码，以免导致在测试之前使用 pm。

6.5.3　type_info 类与 typeid 操作符

typeid 操作符可以在程序运行中返回一个表达式的类型信息，这些信息记录在类型为 type_info 类的对象中。

为了正确地使用 typeid 操作符，首先要了解 type_info 类界面。

1. type_info 类

type_info 类类型被定义在头文件<type_info>中。

【代码6-38】 type_info 类声明。

```
class type_info {
    private:
        type_info (const type_info&);                    //复制构造函数
        type_info& operator = (const type_info&);        //赋值操作符
    public:
        virtual ~type_info ();                           //析构函数
        int operator == (const type_info&) const;        //相等操作符
        int operator != (const type_info&) const;        //不等操作符
        const char* name () const;                       //返回类型名
        bool before(const type_info&);
};
```

注意：

（1）type_info 类的复制构造函数和赋值操作符都是私有成员，用户不能在自己的程序中定义 type_info 对象。例如：

```
#include <type_info>
type_info t1;                              //错误：没有默认构造函数
type_info t2 (typeid (unsigned int));      //错误：复制构造函数是 private 的
```

（2）type_info 类的定义会因编译器而异。

2. typeid 操作符的应用

注意：typeid 操作符必须与表达式或类型名一起使用。

【代码 6-39】 typeid 的几种用法。

```
#include <iostream>
#include <typeinfo>

class Base {
    //空类
};

class Derived : public Base {
    //空类
};

int main(){
    using cout;
    using endl;
    double d = 0;
    cout << " (1)" << typeid (d).name () << endl;
    cout << " (2)" << typeid (85).name () << endl << endl;

    Derived dobj;
    Base *pb1 = &dobj;
    cout << " (3)" << typeid (*pb1).name () << endl << endl;

    Base* pb = new Base;
    Base& rb = *pb;
    cout << " (4)" << (typeid (pb) == typeid (Base*)) << endl;
    cout << " (5)" << (typeid (pb) == typeid (Derived*)) << endl;
    cout << " (6)" << (typeid (pb) == typeid (Base)) << endl;
    cout << " (7)" << (typeid (pb) == typeid (Derived)) << endl << endl;

    cout << " (8)" << (typeid (rb) == typeid (Derived)) << endl;
    cout << " (9)" << (typeid (rb) == typeid (Base)) << endl;
    cout << " (10)" << (typeid (&rb) == typeid (Base*)) << endl;
    cout << " (11)" << (typeid (&rb) == typeid (Derived*)) << endl;
```

```
    return 0;
}
```

程序运行结果如下。

说明：

（1）在运行结果中，由行1、2可以看出，用系统预定义类型的表达式和常量作为typeid的参数时，typeid会指出参数的类型。

（2）由行3可以看出，用不带有虚函数的类的类型作为typeid的参数时，typeid将指出参数的类类型（Base），而不是所指向对象的类型（Derived）。

（3）行4～11表明，可以使用"=="对typeid的结果进行比较，从而构成如下条件表达式。

```
if (typeid (pb) == typeid (Base*))
if (typeid (pb) == typeid (Derived*))
if (typeid (pb) == typeid (Base));
if (typeid (pb) == typeid (Derived));
```

3. 关于 type_info 的进一步说明

如前所述，编译器对于 RTTI 的支持程度与其实现相关。一般来说，type_info 的成员函数 name( )可以获得表达式运行时的类型信息，这是所有 C++编译器都可以提供的。除此之外，有些编译器还可以提供与类类型有关的其他信息，如类成员函数清单、内存中该类类型对象的布局（即成员和基类子对象之间的映射关系）等。

编译器对 RTTI 支持的扩展与 type_info 类的结构有关，它可以通过 type_info 派生类增加额外信息。此外，type_info 类有一个虚拟析构函数，它能通过 dynamic_cast 操作判断是否有可用的特殊类型的 RTTI 扩展支持。

【代码 6-40】 某编译器使用一个名为 extended_type_info 的 type_info 派生类为 RTTI 提供额外支持。下面的程序段用 dynamic_cast 来发现 typeid 操作返回的 type_info 对象是否为 extended_type_info 类型。

```
#include <typeinfo>    //typeinfo 头文件包含 extended_type_info 的定义

typedef extended_type_info eti;
void func(Base* pb){
    //从 type_info* 到 extended_type_info* 向下转换
```

```
if (eti* pEti = dynamic_cast<eti*> (&typeid (*pb))) {
    //dynamic_cast 成功，则通过 pEti 使用 extended_type_info 信息
}else {
    //dynamic_cast 失败，则使用标准 type_info 信息
}
}
```

习 题 6

概念辨析

1. 选择题。

（1）继承的优点在于_____。

    A. 按照自然的逻辑关系，使类的概念拓宽

    B. 可以实现部分代码重用

    C. 提供有用的概念框架

    D. 便于使用系统提供的类库

（2）执行派生类构造函数时，会涉及如下 3 种操作。

① 派生类构造函数函数体。

② 对象成员的构造函数。

③ 基类构造函数。

它们的执行顺序为_____。

    A. ①②③   B. ①③②   C. ③②①   D. ③①②

（3）执行派生类构造函数时，要调用基类构造函数。当有多个层次时，基类构造函数的调用顺序为_____。

    A. 按照初始化列表中排列的顺序   B. 按照类声明中继承基类的排列顺序（从左到右）

    C. 由编译器随机决定   D. 按照类声明中继承基类的排列逆序（从右到左）

（4）在派生类构造函数的成员初始化列表中，不包括_____。

    A. 基类的构造函数   B. 派生类中子对象的初始化

    C. 基类中子对象的初始化   D. 派生类中一般数据成员的初始化

（5）下列描述中，表达错误的是_____。

    A. 公开继承时基类中的 public 成员在派生类中仍是 public 的

    B. 公开继承时基类中的 private 成员在派生类中仍是 private 的

    C. 公开继承时基类中的 protected 成员在派生类中仍是 protected 的

    D. 私密继承时基类中的 public 成员在派生类中是 private 的

（6）派生类对象可以访问其基类成员中的_____。

    A. 公开继承的公开成员   B. 公开继承的私密成员

    C. 公开继承的保护成员   D. 私密继承的公开成员

（7）内联函数是_____。

A. 定义在一个类内部的函数

B. 声明在另外一个函数内部的函数

C. 在函数声明最前面使用 inline 关键字修饰的函数

D. 在函数定义最前面用 inline 关键字修饰的函数

（8）多基继承即_____。

　　A. 两个以上层次的继承　　　　　　　　B. 从两个或更多基类的继承

　　C. 对两个或更多数据成员的继承　　　　D. 对两个或更多成员函数的继承

（9）类 C 是以多基继承的方式从类 A 和类 B 继承而来的，类 A 和类 B 无公共的基类，那么_____。

　　A. 类 C 的继承只能采用 public 方式　　B. 可改用单继承方式实现类 C 的相同功能

　　C. 类 A 和类 B 至少有一个是友元类　　D. 类 A 和类 B 至少有一个是虚基类

（10）在多基继承中，公开派生和私密派生对于基类成员在派生类中的可访问性与单继承规则_____。

　　A. 完全相同　　　　　　　　　　　　　B. 完全不同

　　C. 部分相同，部分不同　　　　　　　　D. 以上都不对

（11）虚函数可以_____。

　　A. 创建一个函数，但永远不会被访问

　　B. 聚集不同类的对象，以便被相同的函数访问

　　C. 使用相同的函数名访问类层次中的不同对象

　　D. 作为类的一个成员，但不可被调用

（12）使用虚函数_____。

　　A. 创建名义上可以访问但实际不会执行的函数

　　B. 可以使用相同的调用形式访问不同类对象中的成员

　　C. 可以创建一个基类指针数组，用其保存指向派生类的指针

　　D. 允许在一个类层次结构中，使用一个函数调用表达式执行不同类中定义的函数

（13）运行时多态性要求_____。

　　A. 基类中必须定义虚函数　　　　　　　B. 派生类中重新定义基中的虚函数

　　C. 派生类中也定义有虚函数　　　　　　D. 通过基类指针或引用访问虚函数

（14）虚函数_____。

　　A. 是一个静态成员函数　　　　　　　　B. 可以在声明时定义，也可以在实现时定义

　　C. 是实现动态联编的必要条件　　　　　D. 是声明为 virtual 的非静态成员函数

（15）下列函数中，可以是虚函数的是_____。

　　A. 自定义的构造函数　　　　　　　　　B. 复制构造函数

　　C. 静态成员函数　　　　　　　　　　　D. 析构函数

（16）类 B 是通过 public 继承方式从类 A 派生而来的，且类 A 和类 B 都有完整的实现代码，那么下列说法正确的是_____。

　　A. 类 B 中具有 public 可访问性的成员函数的个数一定不少于类 A 中 public 成员函数的个数

　　B. 一个类 B 的实例对象占用的内存空间一定不少于一个类 A 的实例对象占用的内存空间

　　C. 只要类 B 中的构造函数都是 public 的，在 main( )函数中就可以创建类 B 的实例对象

　　D. 类 A 和类 B 中的同名虚函数的返回值类型必须完全一致

（17）纯虚函数_____。

    A. 是将返回值设定为 0 的虚函数

    B. 是不返回任何值的函数

    C. 是所在的类永远不会创建对象，只作为父类的虚函数

    D. 是没有参数也没有任何返回值的虚函数

（18）抽象类_____。

    A. 没有类可以派生   B. 不可以实例化

    C. 不可以定义对象指针和对象引用   D. 必须含有纯虚函数

（19）如果一个类含有一个以上的纯虚函数，则称该类为_____。

    A. 虚基类   B. 抽象类   C. 派生类   D. 以上都不对

（20）dynamic_cast 是一个_____。

    A. 类型关键字   B. 变量名   C. 操作符   D. 类名

（21）dynamic_cast 的作用是_____。

    A. 强制类型转换   B. 隐性类型转换   C. 改变指针类型   D. 改变引用类型

（22）在有虚函数的类层次结构中，若 typeid 的表达式是一个指向派生类对象的指针，或是一个派生类对象的引用，则测试到的类型是_____。

    A. 派生类   B. 基类   C. 给出错误信息   D. 随机类型

（23）dynamic_cast 应用的条件是_____。

    A. 类之间有继承关系   B. 类中定义有虚函数

    C. 打开了编译器的 RTTI 开关   D. 以上 3 项都要满足

（24）动态类型转换机制实现的基础是_____。

    A. 堆存储   B. 栈存储   C. 操作符重载   D. 虚函数表

（25）如果一个类层次结构中没有定义一个虚函数，则尽管使用 typeid 的表达式是一个指向派生类对象的指针，或是一个引用派生类对象的基类引用，最终测试到的类型是_____。

    A. 派生类   B. 基类   C. 给出错误信息   D. 随机类型

（26）在不考虑强制类型转换的情况下，_____。

    A. 常量成员函数中不能修改本类中的非静态数据成员

    B. 常量成员函数中可以调用本类中的任何静态成员函数

    C. 常量成员函数的返回值只能是 void 或常量

    D. 常量成员函数若调用虚函数，那么该虚函数在本类中也一定是一个常量成员函数

2. 判断题。

（1）派生类成员可以认为是基类成员。   （   ）

（2）一个基类可以有任意多个派生类。   （   ）

（3）派生类对象自动包含基类子对象。   （   ）

（4）基类私密成员不能作为派生类的成员。   （   ）

（5）由于有继承关系，在派生类中基类的所有成员都像派生类自己的成员一样。   （   ）

（6）派生类不能具有同基类名字相同的成员。   （   ）

（7）在类层次结构中，生成一个派生类对象时，只能调用直接基类的构造函数。 （   ）

（8）所有基类成员都可以被派生类对象访问。 （ ）

（9）一个类层次结构中，基类对象与派生类对象之间可以相互赋值。 （ ）

（10）在派生类中，可以重新定义基类中的同名函数，但该定义仅适用于派生类。 （ ）

（11）在公开继承中，基类中的公开成员和私密成员在派生类中都是可见的。 （ ）

（12）基类的 protected 成员可以被其派生类成员函数访问，而不能被其他类的函数访问。 （ ）

（13）虚基类对象的初始化由派生类完成。 （ ）

（14）虚基类对象的初始化次数与虚基类下面的派生类个数有关。 （ ）

（15）设置虚基类的目的是消除二义性。 （ ）

（16）在基类声明了虚函数后，在派生类中重新定义该函数时可以不加关键字 virtual。 （ ）

（17）只有虚函数+指针或引用调用，才能真正实现运行时的多态性。 （ ）

（18）如果派生类成员函数的原型与基类中被声明为虚函数的成员函数原型相同，这个派生类函数将自动继承基类中虚函数的特性。 （ ）

（19）构造函数可以声明为虚函数。 （ ）

（20）抽象类只能是基类。 （ ）

（21）纯虚函数也需要定义。 （ ）

（22）运行时多态性与类的层次结构有关。 （ ）

（23）纯虚函数可以被继承。 （ ）

（24）含有纯虚函数的类称作抽象类。 （ ）

（25）抽象类不能被实例化。 （ ）

（26）虽然抽象类的析构函数可以是纯虚函数，但要实例化其派生类对象，仍必须提供抽象基类中析构函数的函数体。 （ ）

（27）在析构函数中调用虚函数时，应采用动态绑定。 （ ）

（28）虚函数是一个 static 类型的成员函数。 （ ）

（29）上行类型转换时，得到的仅仅是派生类对象中的基类部分。 （ ）

（30）下行类型转换时，dynamic_cast 将一个派生类的基类指针转换成一个派生类指针。 （ ）

（31）在使用结果指针之前，必须通过测试 dynamic_cast 操作符的结果来检验转换是否成功。 （ ）

代码分析

1. 指出下面各程序的运行结果。

（1）

```
#include <iostream.h>
classA {
  public:
    A (){cout << "A's con." << endl;}
    ~A (){cout << "A's des." << endl;}
};
class B {
  public:
    B(){cout<<"B's con."<<endl;}
    ~B(){cout<<"B's des."<<endl;}
```

```
};
class C:public A,public B{
   public:
      C():member(),B(),A(){cout<<"C'scon."<<endl;}
      ~C(){cout<<"C's des."<<endl;   }
   private:
      A member;
};
void main(){
   C obj;
}
```

（2）

```
#include <iostream>
class A{
   public:
      A () {a1 = 0;a2 = 0;}
      A (int i) {a1 = 0,a2 = 0;}
      A (int i,int j):a1 (i),a2 (j){}
      void outputA(){cout << "  a1 is:" << a1 << "  a2 is:" << a2;}
   private:
      int a1,a2;
};
class B:public A{
   public:
      B () {b = 0;}
      B (int i):A (i) {b = 0;}
      B (int i,int j):A (i,j) {b = 0;}
      B (int i,int j,int k):A (i,j) {b = k;}
      void outputB(){
         outputA ();
         cout << "  b is:" << b << endl;
      }
private:
   int b;
};

int main(){
   B b1;
   B b2 (1);
   B b3 (1,2);
   B b4 (1,2,3);
   b1.outputB ();
   b2.outputB ();
   b3.outputB ();
   b4.outputB ();
   return 0;
}
```

（3）

```
#include <iostream>
class A {
   public:
       virtual void act1();
       void act2 () {act1 ();}
};
void A::act1(){
   cout << "A::act1 () called. " << endl;
}
class B : public A {
   public:
       void act1();
};
void B::act1(){
   cout << "B::act1 () called. " << endl;
}
void main(){
   B b;
   b.act2 ();
}
```

（4）

```
#include <iostream>
int main(){
   int intVar = 1800000000;
   intVar = intVar * 10 / 10;
   cout << "intVar = " << intVar << endl;
   intVar = 1800000000;
   intVar = static_cast <double> (intVar) * 10 / 10;
   cout << "intVar = " << intVar << endl;
   return 0;
}
```

2. 分析下面程序段中的不足。

```
void company::payroll (employee* pe) {
programmer* pm = dynamic_cast< programmer* > ( pe );
static int variablePay = 0;
variablePay += pm -> getBonus ();
//...
}
```

3. 假如 C public 继承 B，分析下面各代码段中的转换是否会成功，并分析原因。

（1）

```
B* p = new B();
C* p = dynamic_cast<C*> (p);
```

（2）

```
C* p = (C*)new B ();
    C* p = dynamic_cast<C*> (p);
```

开发实践

1. 车分为机动车和非机动车两大类。机动车可以分为客车和货车，非机动车可以分为人力车和畜力车。请建立一个关于车的类层次结构，并设计测试函数。

2. 定义一个国家基类（Country），包含国名、首都、人口数量等属性，派生出省类 Province，增加省会城市、面积属性。

3. 定义一个车基类 Vehicle,含私有成员 speed、weight。由其派生出自行车类 Bicycle,增加成员 high;汽车类 Car，增加成员 seatnum。而由 Bicycle 和 Car 派生出 Motocycle 类。

4. 应用虚函数编写程序进行大学生和研究生的信息管理。

5. 设计一个交通工具类 Vehicle，并以其作为基类派生小车类 Car、卡车类 Truck 和轮船类 Boat，要用虚函数显示各类的信息。

6. 某学校工资实行基本工资+课时补贴的计算方法。各种职称的标准如下。

教授基本工资 5000 元，每课时补贴 50 元；

副教授基本工资 3000 元，每课时补贴 30 元；

讲师基本工资 2000 元，每课时补贴 20 元；

定义一个教师抽象类，派生不同职称的教师类，编写一个计算不同人的月工资的 C++程序。

探索验证

1. 编写程序，观察在 private 继承或 protected 继承时，基类成员在派生类中访问属性的变化。

2. 测试并总结在私有继承和保护继承情况下，派生类对象的特征。

3. 在进行数据类型转换时，有时会出现精度丢失问题。试分析哪些类型转换会产生精度丢失。

第7章 C++面向对象程序结构优化

设计程序犹如设计建筑物，有的设计师设计出来的建筑俗不可耐；有的设计师设计出的建筑则别具匠心，令人百看不厌。那么，什么样的程序才是好的面向对象程序呢？本章将介绍这方面的有关知识。

7.1 面向对象程序设计的几个原则

7.1.1 引言

好程序的概念来自人们长期摸索和实践的总结。这些用心血总结出的原则，经过多重提炼，变得过于抽象。为了便于初学者理解，下面从一个故事说起。

王彩是计算机软件专业大三学生，正在学习 C++面向对象程序设计课程。一天，张教授把他叫到办公室，说附近一家民营小厂信息化刚刚起步，希望能有学计算机软件的同学到厂里帮忙，问他愿不愿意去。王彩说："我没有经验，怕承担不了。"张教授说："不怕，有问题我们一起解决。"于是，王彩欣然同意。故事也就开始了。

星期三上午第 3、4 节没课，王彩决定先去厂里看看情况。于是带着自己的笔记本电脑来到厂里。这时，厂长已经在办公室等候。原来这是一家生产圆柱体部件的小厂。厂里为了计算原料，需要计算圆柱体积。计算公式是：

圆柱（pillar）体积（volume） = 底（bottom）面积（area）× 高（height）

厂长说："现在这些都是用手工计算的。计算中有时候算圆（circle）的面积时会出错，能不能先设计一个计算圆面积的程序？"王彩心想："小菜一碟！"于是打开笔记本电脑，三下五除二，马上就设计出来了。为了讨厂长喜欢，还增加了一个画图功能。

【代码 7-1】 王彩设计的计算圆面积的 C++程序。

```cpp
#include <iostream>
class Circle{
    private:
        const double Pi;
        double radius;
    public:
        Circle(double r);
        void draw();
        double getArea();
};
Circle::Circle(double r): Pi(3.1415926),radius(r){}
```

```
double Circle::getArea(){return (Pi * radius * radius);}
void Circle::draw(){cout << "画圆" << endl;}
```

接着，又设计了一个测试程序，如下所示。

```
#include <iostream>
int main(){
    double r;
    cout << "请输入圆半径: ";
    cin >> r;
    Circle c(r);
    cout << "圆面积为: " << c.getArea() << endl;
    c.draw();
    return 0;
}
```

测试结果如下。

```
请输入圆半径: 1.0↵
圆面积为: 3.14159
画圆
```

厂长很高兴。转眼间，12 点已经过了。厂长在办公室与王彩共进午餐。吃饭时，厂长问王彩："能不能一下子就把圆柱体积计算出来？"王彩眨了眨眼睛说："下午还有两节课。我下课后再来吧？"厂长说："下午有客户来，明天这个时间来如何？"王彩想了想，说："好的。"

下午正好是张教授的课。王彩赶到教室，预备铃已经响过，张教授已经打开投影设备，看见王彩进来，就问："情况如何？"王彩简单地讲了一下情况。这时上课铃声响起。王彩要坐到座位上去，张教授说："你给大家介绍一下情况吧。"王彩故弄玄虚地给同学们介绍了他的 5 分钟杰作，并把代码也写在白板上。张教授问他："那圆柱体积计算你想如何做呢？"王彩满不在乎地说："这个更简单。只要由类 Circle 派生出一个 Pillar 类，问题就解决了。"张教授说："你把 Pillar 类声明写出来。"王彩神气十足地在白板上写出了如下代码。

【代码7-2】　王彩最先写出的 Pillar 类声明。

```
class Pillar:publc Circle {
    private:
        double height;
    public:
        Pillar(Circle r, double h);
        void draw();
        double getVolume();
};
```

张教授问："这个设计有什么好？"

王彩回答道："继承（泛化）是一种基于已知类（父类）来定义新类（子类）的方法。它的最大好处是带来可重用。而软件重用能节约软件开发成本，可以真正有效地提高软件

```
```

生产效率。”

张教授又问：“不错。但除了继承，还有别的重用方式吗？”

王彩一下子答不上来了。

张教授说：“好吧，你先坐下吧。”

说着，张教授打开投影，投影屏上显示出一行字：合成/聚合优先原则。

7.1.2 从可重用说起：合成/聚合优先原则

重用（reuse）也称为复用，是重复使用的意思。软件重用是指在两次或多次不同的软件开发过程中重复使用相同或相似软件元素的过程。这里所说的软件元素包括程序代码、测试用例、设计文档、设计过程、需求分析文档甚至领域知识和经验等。通常，可重用的元素也称作软构件。构件的大小称为构件的粒度。可重用的软构件越大，重用的粒度越大。使用软件重用技术可以减少软件开发活动中大量的重复性工作，这样就能提高软件生产率，降低开发成本，缩短开发周期。同时，由于软构件大都经过严格的质量认证，并在实际运行环境中得到了校验，因此，重用软构件有助于改善软件质量。此外，大量使用软构件，能有效地提高软件的效率、灵活性和可靠性。

一般来说，软件重用可分为如下 3 个层次。

（1）知识重用，例如，软件工程知识的重用。

（2）方法和标准的重用，例如，面向对象方法或国家制定的软件开发规范的重用。

（3）软件成分的重用。

下面主要介绍两种重用机制：继承重用和合成/聚合重用。

1. 继承重用的特点

继承是面向对象程序设计中一种传统的重用手段。继承重用的好处是新的实现较为容易。因为父类的大部分功能都可以通过继承关系自动进入子类，同时，修改或扩展继承而来的实现也较为容易。但是，继承重用也会带来一些副作用，具体如下。

（1）继承重用是透明的重用，又称“白箱”重用，即父类的内部细节常常是对子类透明的，因为不将父类的实现细节暴露给子类，就无法继承。这样就会破坏软件的封装性。

（2）子类的实现对父类有非常紧密的依赖关系，父类实现中的任何变化都将导致子类发生变化，形成这两种模块之间的紧密耦合。这样，当这种继承下来的实现不适合新出现的问题时，就必须重写父类或用其他适合的类代替，从而限制了重用性。

（3）由于父类与子类之间的紧密关系，使得模块化的概念从一个类扩展到了一个类层次。随着继承层次的增加，模块的规模不断膨胀，会趋向难以驾驭的状态。

程序模块的高内聚与低耦合
模块化（modularity, modularization）是人类求解复杂问题、建造或管理复杂系统的一种策略。模块化程序设计可以降低开发过程的复杂性，但只有独立性好的模块才能实现这个目标。模块的独立性可以从内聚（cohesion）和耦合（coupling）两个方面评价。 内聚又称为块内联系，是模块内部各成分之间相互关联或可分性的量度。模块的内聚性低，表明该模块可分性高；模块的内聚性高，表明该模块不可分性高。

耦合又称为块间联系，是模块之间相互联系程度的量度。耦合性越强，模块间的联系越紧密，模块的独立性越差。

2. 合成/聚合重用及其特点

简而言之，合成或聚合是将已有的对象纳入新对象中，使之成为新对象的一部分。因此，这也成为面向对象程序设计中的另一种重用手段。这种重用有如下一些特点。

（1）由于成分对象的内部细节是新对象所看不见的，因此合成/聚合重用是"黑箱"重用，它的封装性比较好。

（2）合成/聚合重用所需的依赖较少。用合成和聚合时，新对象和已有对象的交互往往是通过接口或者抽象类进行的。这就直接导致了类与类之间的低耦合。这有利于类的扩展、重用、维护等，也带来了系统的灵活性。

（3）合成/聚合重用可以让每一个新的类专注于实现自己的任务，符合单一职责原则（随后介绍）。

（4）合成/聚合重用可以在运行时间内动态进行。新对象可以动态地引用与成分对象类型相同的对象。

3. 合成/聚合优先原则

合成/聚合优先原则也称合成/聚合重用原则（Composite/Aggregate Reuse Principle, CARP）。其简洁的表述是：要尽量使用合成和聚合，尽量不要使用继承。因为合成/聚合使得类模块之间具有弱耦合关系，不像继承那样会形成强耦合。这有助于保持每个类的封装性，并确保集中在单个任务上。同时，还可以将类和类继承层次保持在较小规模上，不会越继承越大而形成一个难以维护的庞然大物。

但是，这个原则也有自己的缺点。因为此原则鼓励使用已有的类和对象来构建新的类的对象，这就导致了系统中会有很多的类和对象需要管理和维护，从而增加系统的复杂性。同时，也不是说在任何环境下使用合成/聚合重用原则就是最好的。如果两个类之间在符合分类学的前提下有明显的 IS-A 的关系，而且基类能够抽象出子类共有的属性和方法，子类又能通过增加父类的属性和方法来扩展基类，那么此时使用继承将是一种更好的选择。

听了张教授的课后，王彩深有感悟，下课后立即写出了如下代码。

【代码 7-3】　采用合成/聚合的 Pillar 类。

```
class Pillar {
    private:
        Circle bottom;
        double height;
    public:
        Pillar (Circle b, double h);
        void draw();
        double getVolume();
};
```

```
Pillar::Pillar(Circle b, double h):bottom(b),height(h){}
double Pillar::getVolume(){return (bottom.getArea() * height);}
void Pillar::draw(){cout << "画圆柱。" << endl;}

int main(){
    double r,h;
    cout << "请输入圆半径和柱高: "; cin >> r >> h;
    Circle b(r);
    Pillar p(b,h);
    cout << "圆柱体积为: "<< p.getVolume() << endl;
    p.draw();
    return 0;
}
```

测试结果如下。

```
请输入圆半径和柱高:1.0 2.0↵
圆柱体积为: 6.28319
画圆柱。
```

带着成功的喜悦，王彩神气十足地去找张教授。教授看了说："不错。不过刚才厂长又给了你一个新任务。厂里现在有了一批合同，要生产矩形（rectangle）柱体，要你把原来的设计修改一下。你打算如何修改？"

王彩几乎没有思考地说："那很简单，就再增加一个 Rectangle 类好了。"

教授说："那你回去把代码写出来。"

过了几天，又到张教授的课了。王彩小心翼翼地坐在座位上，头也不敢抬，生怕张教授提问自己。因为几天过去了，厂长交给的那个任务还没有完成。程序增加了一个 Rectangle 类，但是 Pillar 类的修改麻烦得不得了。改了这里，那里出错；改了那里，这里又出错。王彩心想："这就是软件工程中讲的软件维护。看来，设计不容易，维护更困难。"

想着想着，上课铃响了。谢天谢地，张教授没有提问他，而是讲起了下面的内容。

7.1.3 从可维护性说起：开闭原则

1. 软件的可维护性和可扩展性

设计一个程序的根本目的是满足用户的需求。既要满足用户现在的需求，也要满足用户将来的需求。但是，要做到这一点往往非常困难。其原因是多方面的。既有用户对于需求表达的不完全、不准确因素，也有开发者对于用户需求理解的不完全、不准确因素，还有用户因条件、认识而做出的需求改变因素。因此，一个软件在交付之后还常常需要进行一些修改。这些在软件交付使用之后的修改，就称为软件维护。

一般来说，软件维护可以有如下 4 种类型：校正性维护、适应性维护、完善性维护、预防性维护。这 4 种维护中，除了校正性维护外，其他都可以归结为是为适应需求变化而进行的维护。如图 7.1 所示，统计表明，软件维护在整个软件开发中的比例占到 60%～70%；而完善性维护在整个维护工作中的比重占到 50%～60%，其次是适应性维护（占 18%～25%）。

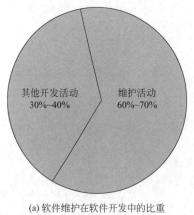
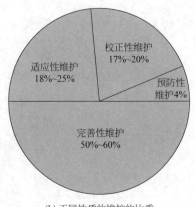

(a) 软件维护在软件开发中的比重   (b) 不同性质的维护的比重

图 7.1 软件维护的统计工作量

软件开发的根本目的就是满足用户需求。但是用户需求总是在变化并且难以预料，如下所示。

（1）软件设计的根据是用户需求，而用户对于自己的需求往往不够明确或不周全，特别是对新软件未来的运行情况想象不到，需要在应用中遇到具体问题时才能提出。

（2）用户的需求会根据业务流程、业务范围、管理理念等不断变化。

（3）软件设计者对用户需求有误解，而有些误解往往要到实际运行时才能够发现。

不让用户有需求的变化是不可能的。早期的结构化程序设计也注意到了这些变化，不过它要求用户在提出需求以后，便不能再变化，否则，"概不负责"。这显然是不合理的。这是早期结构化程序设计的局限性。

可维护性软件的维护就是软件的再生。一个好的软件设计既要承认变化，又要具有适应变化的能力，即使软件具有可维护性（maintainability）。在所有的维护工作中，完善性维护的工作量占到一半，其反映的是用户需求的增加。为此，可维护性要求新增需求能够以比较容易和平稳的方式加入到已有的系统中去，从而使这个系统能够不断焕发青春。这称为系统的可扩展性（extensibility）。

2. 开闭原则

开闭原则（Open-Closed Principle，OCP）由 Bertrand Meyer 于 1988 年提出。开闭原则中的"开"，是指对软件组件的扩展；开闭原则中的"闭"，是指对原有代码的修改。它的原文是"Software entities should be open for extension,but closed for modification"，即告诫人们，为了便于维护，软件模块的设计应当"对扩展开放"（open for extension），而"对修改关闭"（closed for modification）。或者说，模块应尽量在不修改原来代码的前提下进行扩展。例如，一个用于画图形的程序，原来为画圆和画三角形设计，后来需要增加画矩形和五边形的功能，这就是扩展。若进行这一扩展时，不改动原来的代码，就符合了开闭原则。

开闭原则可以充分体现面向对象程序设计的可维护性、可扩展性、可重用性和高灵活性，是面向对象程序设计中可维护性重用的基石，是对一个设计模式进行评价的重要依据。

从软件工程的角度来看，一个软件系统符合开闭原则，至少具有如下好处。

（1）通过扩展已有的软件系统，可以增添新的行为，以满足用户对软件的新需求，使变化中的软件系统有一定的适应性和灵活性。

（2）对于已有的软件模块，特别是其最重要的抽象层模块不能再进行修改。这就能使变化中的软件系统具有一定的稳定性和延续性。

上完这节课，王彩心里明白了许多："原来我的程序就是不符合开闭原则。怪不得添加一个功能，引起了一连串修改。要是程序规模大一些，修改的工作真不可想象。"可他又有些迷惑。怎么才能做到符合开闭原则呢？他来问教授。张教授说："下节课会告诉你。"

虽然才过了两天，却好像过了很长时间。这一节课终于来到了。王彩早早来到教室，就想知道如何才能做到符合开闭原则。

张教授今天讲的题目是：面向抽象原则。

7.1.4 面向抽象原则

1. 具体与抽象

抽象的概念由某些具体概念的"共性"形成。把具体概念的诸多个性排除，集中描述其共性，就会产生一个抽象性的概念。抽象与具体是相对的。在某些条件下的抽象，会在另外的条件下成为具体。在程序中，高层模块是低层模块的抽象，低层模块是高层模块的具体；类是对象的抽象，对象是类的实例；父类是子类的抽象，子类是父类的具体；接口是实例类抽象，实例类是接口的具体化。

2. 依赖倒转原则

面向抽象原则原名称为依赖倒转原则（Dependency Invension Principle，DIP），是关于具体（细节）与抽象之间关系的规则。

初学程序设计的人，往往会就事论事地思考问题。例如，一个人去学车，教练使用的是夏利车，他就告诉别人："我在学开夏利车。"学完之后，他也一心去买夏利车。人家给他一辆宝马，他不要，说："我学的是开夏利车。"这是一种依赖于具体的思维模式。显然，这种思维模式禁锢了自己。将这种思维模式用于设计复杂系统，设计出来的系统的可维护性和可重用性都是很低的。因为抽象层次包含的应该是应用系统的商务逻辑和宏观的、对整个系统来说重要的战略性决定，是必然性的体现，其代码具有相对的稳定性。而具体层次含有的是一些次要的与实现有关的算法逻辑及战术性的决定，具有相当大的偶然性，其代码是经常变动的。

依赖倒转原则就是要把错误的依赖关系再倒转过来。它的基本描述为下面的两句话。

（1）抽象不应该依赖于细节，细节应当依赖于抽象。

（2）高层模块不应该依赖于低层模块。高层模块和低层模块都应该依赖于抽象。

3. 面向接口的编程

接口（interface）用来定义组件对外所提供的抽象服务。所谓抽象服务是指在程序中，接口只指定承担某项职责或提供某种服务所必须具备的成员，而不提供它所定义的成员的实现，即不说明这种服务具体如何完成。在 C++中，接口实际上就是抽象基类。接口不能实例化，需要具体的实例类来实现。这样就形成了接口与实现的分离，使得一个接口可以有多个实例类、一个实例类可以实现多个接口。这充分表明接口定义的稳定性和实例类的多样性，从而做到了可重用和可维护之间的统一。

接口只是一个抽象化的概念，是对一类事物的最抽象描述，体现了自然界"如果是……则必须能……"的概念。具体的实现代码由相应的实现类来完成。例如，在自然界中，动物都有"吃"的能力，这就形成一个接口。具体如何吃，吃什么，要具体分析，具体定义。

【代码 7-4】 描述上述情形的 C++代码。

```
class 动物 {
    public:
        virtual void eat() = 0;              //声明纯虚函数
};

class 食肉动物 : public 动物 {
    public:
        void eat(){                          //重新定义
            cout << "吃肉\n";
        }
};

class 食草动物 : public 动物 {
public:
    void eat(){                              //重新定义
        cout << "吃草\n";
    }
};
```

显然，相对于实现，接口具有稳定性和不变性。但是，这并不意味着接口不可扩展。类似于类的继承性，接口也可以继承和扩展。接口可以从零或多个接口中继承。此外，和类的继承相似，接口的继承也形成了接口之间的层次结构，也形成了不同的抽象粒度。例如，动物的"吃"、人的"吃"、老人的"吃"等，形成了不同的抽象层次。

应当注意，接口是对具体的抽象，并且层次越高的接口，抽象度越高。这里所说的"接口"泛指从软件架构的角度、在一个更抽象的层面上，用于隐藏具体底层类和实现多态性的结构部件。这样，依赖倒转原则可以描述为：接口（抽象类）不应依赖于实现类，而实现类应依赖接口或抽象类。更加精简的定义就是"面向接口编程"，要针对接口编程，而不是针对实现编程。这一定义，在面向对象的编程时，意义更为明确。

4. 面向接口编程举例

【例 7-1】 开发一个应用程序，模拟计算机（computer）对移动存储设备（mobile storage）的读写操作。现有 U 盘（flash disk）、MP3（MP3 player）、移动硬盘（mobile hard disk）3 种移动存储设备与计算机进行数据交换，以后可能还有其他类型的移动存储设备与计算机进行数据交换。不同的移动存储设备，读、写的实现操作不同。U 盘和移动硬盘只有读、写两种操作。MP3 则还有一个播放音乐（play music）操作。

对于这个问题，可以形成多种设计。下面列举两个典型方案。

【方案 1】 定义 FlashDisk、MP3Player、MobileHardDisk 3 个类，然后在 Computer 类中分别定义对每个类进行读/写的成员函数，例如对 FlashDisk 定义 readFromFlashDisk()、writeToFlashDisk()两个成员函数。总共有 6 个成员函数，在每个成员函数中实例化相应的类，调用它们的读写函数。

【代码 7-5】 方案 1 的部分代码。

```
class FlashDisk{
    public:
        FlashDisk(){}
        void read();
        void write();
};

class MP3Player {
    public:
        MP3Player(){}
        void read();
        void write();
        void playMusic();
};

class MobileHardDisk {
    public:
        MobileHardDisk(){}
        void read();
        void write();
};

class Computer {
    public:
        Compute(){}
        void readFromFlashDisk();
        void writeToFlashDisk();
        void readFromMP3Player();
        void writeToMP3Player();
        void readFromMobileHardDisk();
        void writeToMobileHardDisk();
};

void Computer::readFromFlashDisk (){
    FlashDisk fd;
    fd.read();
}

void Computer::writeToFlashDisk (){
```

```
    FlashDisk fd;
    fd.write();
}
//其他成员函数，略
```

分析：这个方案最直白，逻辑关系最简单。但是它的可扩展性差。若要扩展其他移动存储设备，必须对 Computer 进行修改，这不符合开闭原则。此外，该方案冗余代码多。若有 100 种移动存储设备，在 Computer 中就至少要为它们定义 200 个读/写的成员函数。这是很不经济的。

【方案 2】 定义一个抽象类 MobileStorage，在里面写纯虚函数 read( ) 和 write( )，3 个存储设备继承此抽象类，并重写 read( ) 和 write( )。Computer 类中包含一个类型为 MobileStorage 的成员变量，并为其编写 get/set 器。这样 Computer 中只需要两个成员函数 readData( ) 和 writeData( )，通过动态多态性来模拟不同移动设备的读、写。

【代码 7-6】 方案 2 的部分代码。

```
class MobileStorage{
    public:
        MobileStorage(){}
        virtual void read() = 0;            //纯虚函数
        virtual void write() = 0;           //纯虚函数
};

class FlashDisk : public MobileStorage {
    public:
        FlashDisk(){}
        void read();                        //重定义
        void write();                       //重定义
};

class MP3Player : public MobileStorage {
    public:
        MP3Player(){}
        void read();
        void write();
        void playMusic();
};

class MobileHardDisk : public MobileStorage {
    public:
        MobileHardDisk(){}
        void read();
        void write();
};

class Computer {
        MobileStorage& ms;
    public:
        Computer(MobileStorage& m):ms(m){}
```

```cpp
        void set(MobileStorage& ms){this -> ms = ms;}
        void readData();
        void writeData();
};

void Computer::readData(){
    ms.read();
}

void Computer::writeData(){
    ms.write();
}

//从移动硬盘读的客户端代码
int main(){
    MobileStorage* pms;
    pms=&FlashDisk();
    Computer comp(*pms);

    comp.set(*pms);
    comp.readData();
    return 0;
}
```

分析: 在这个方案中,实现了面向接口的编程。程序中,在类 Computer 中,把原来需要具体的类的地方都用接口代替。这样,首先解决了代码冗余的问题。不管有多少种移动设备,都可以通过多态性动态地替换,使 Computer 与移动存储器类之间的耦合度大大下降。

听着听着,王彩茅塞顿开。要不是在课堂上,他一定会兴奋地大喊着跳起来。这时,解决方案已经在他脑子里形成(见图 7.2)。他心里想:"不要说增添一个矩形,再增加一个三角形或其他形状的柱底都不会再修改其他部分了。"下课以后,不到 20 分钟,程序就写成并测试成功了。

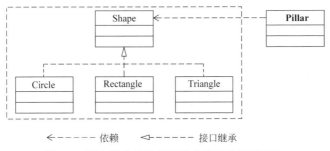

图 7.2 面向抽象的计算圆柱体体积的程序结构

【代码 7-7】 王彩设计的面向抽象的程序。

```cpp
#include <iostream>
```

```cpp
class Shape{                        //为圆、三角形和矩形等添加的接口——抽象类
    public:
        virtual  void draw()=0;
        virtual  double getArea()=0;
};

class Circle:public Shape{
    private:
        static double Pi;
        double radius;
    public:
        Circle(double r);
        void draw();
        double getArea();
};
double Circle:: Pi = 3.1415926;
Circle::Circle(double r):radius(r){}
double Circle::getArea(){return (Pi * radius * radius);}
void Circle::draw(){cout << "画圆。" << endl;}

class Rectangle:public Shape{
    private:
        double length;
        double width;
    public:
        Rectangle(double l, double w);
        void draw();
        double getArea();
};
Rectangle::Rectangle (double l, double w): length(l), width(w){}
double Rectangle::getArea(){return (length * width);}
void Rectangle::draw(){cout << "画矩形。" << endl;}


class Pillar{
    private:
        Shape& bottom;
        double height;
    public:
        Pillar (Shape& b, double h);
        void draw();
        double getVolume();
};
Pillar::Pillar(Shape& b, double h):bottom(b),height(h){}
double Pillar::getVolume(){return (bottom.getArea() * height);}
void Pillar::draw(){cout << "画柱体。" << endl;}

int main(){
    Shape* s1 = &Circle(1.0);            //用实例类对象初始化接口的指针
    Pillar p1(*s1,10);
```

```
cout << "圆柱体积为: " << p1.getVolume() << endl;
Shape* s2 = & Rectangle (3.0,2.0);        //用实例类对象初始化接口的指针
Pillar p2(*s2,10);
cout << "矩形柱体积为: " <<p2.getVolume() << endl;
return 0;
}
```

测试结果如下。

测试完毕，王彩连蹦带跳地唱着歌激动地来到张教授办公室。张教授看了他的程序，
轻描淡写地说了声："还可以。"这一声，好像一盆凉水从王彩的头顶浇下。

"怎么？还有问题？"他弱弱地问了一声。

"首先，"张教授指着王彩程序中的主函数说，"我不太喜欢指针。你能用引用实现吗？"

"嗯……"王彩稍作思考后说，"可以。"接着他只修改了两句。

```
int main(){
    Shape& s1 = Circle(1.0);               //用实例类对象初始化接口的引用
    Pillar p1(s1,10);
    cout << "圆柱体积为: " << p1.getVolume() << endl;
    Shape* s2 = Rectangle (3.0,2.0);        //用实例类对象初始化接口的引用
    Pillar p2(s2,10);
    cout << "矩形柱体积为: "<< p2.getVolume() << endl;

    return 0;
}
```

"不错。还有……"刚得到张教授称赞而放开的心又绷紧了。王彩盯着张教授想听后面
的指导。"你现在的画图功能还没有使用。那你的画图是画什么图？是黑白图，还是彩色图？
如果原来是画黑白图，现在要增加一个画彩色图，该如何修改？假如除了计算面积、画图，
再增加一个其他功能，又该如何修改？"

王彩懵了。

7.1.5　单一职责原则

1. 对象的职责

通常，可以从 3 个视角观察对象。

（1）代码视角。在代码层次上，主要关心这些描述对象的代码是否符合所用语言语法，
以及描述对象的代码之间是如何交互的。

（2）规约视角。在规约层次上，对象被看作一组可以被其他对象调用或被自身调用的
方法，用于明确怎样使用软件。

（3）概念视角。在概念层次上，理解对象最佳的方式就是将其看作"具有职责的东
西"，即对象是一组职责。

所谓职责，职者，职位也；责者，责任也。因此，职责就是在一个位置上做所做的事。

在讨论程序构件时，可以认为一个对象或构件的职责包括两个方面：一个是知道的事，用其属性描述；另一个是其可以承担的责任——功能，即其能做的事，用其行为描述。

在现实社会中，每个人各司其职、各尽其能，整个社会才会有条不紊地运转。同样，每一个对象也应该有其自己的职责。对象是由职责决定的。对象能够自己负责自己，就能大大简化控制程序的任务。

2. 单一职责原则

单一职责原则（Single Responsibility Principle，SRP），用一句话描述为："就一个类而言，应该仅有一个引起它变化的原因。"也就是说，不要把变化原因各不相同的职责放在一起，因为每一个职责都是一个变化的轴线。当需求变化时会反映为类的职责的变化。如果一个类承担的职责多于一个，那么引起它变化的原因就有多个。当一个职责发生变化时，可能会影响其他的职责。另外，多个职责耦合在一起，会影响重用性，增加耦合性，削弱或者抑制类完成其他职责的能力，从而导致脆弱的设计。这就好比生活中，一个人身兼数职，而这些事情相互关联不大，甚至有冲突，那就无法很好地履行这些职责。

单一职责原则的基本思想是通过分割职责来封装（分隔）变化。例如，在王彩设计的程序中，从接口到具体类，都拥有分别用来计算面积和画图形的成员函数 getArea() 和 draw()。这就使它们都有了两个职责，也就有了两个引起变化的原因。当其中一个原因变化时，往往会波及另一方。如果将不同的职责分配给不同的类，实现单个类的职责单一，就隔离了变化，它们也就不会互相影响了。

听到这里，王彩坐不住了，有些跃跃欲试。张教授一眼看穿："王彩，先不要急，等我把下面的一小节讲完。"

7.1.6　接口分离原则

接口分离原则（Interface Segregation Principle，ISP）的基本思想是：接口应尽量简单，不要太臃肿。

【例 7-2】　设计一个进行工人管理的软件。有两种类型的工人：普通的和高效的。他们都能工作，也需要吃饭。于是，可以先建立一个接口（抽象类）——IWorker，然后派生两个工人类：Worker 类和 SuperWorker 类。

【代码 7-8】　用一个接口管理工人的部分代码。

```
class IWorker{
    public:
        virtual void work();
        virtual void eat();
};

class Worker:public IWorker{
    public:
        void work(){
            ...//工作
```

```
        }

        void eat(){
            ...//吃午餐
        }
};

class SuperWorker:public IWorker{
    public:
        void work(){
            ...//高效工作
        }

        void eat(){
            ...//吃午餐
        }
};

class Manager{
        IWorker worker;
    public:
        void setWorker(IWorker w){
            worker = w;
        }

        void manage(){
            worker.work();
            worker.eat();
        }
};
```

分析：这样一段代码似乎没有问题，并且在 Manager 类中应用了面向接口编程的原则。但是，如果现在引进了一批机器人，因为机器人只工作，不吃饭，这时，仍然使用接口 IWorker 就有问题了。为机器人而定义的 Robot 类将被迫实现 eat( )函数，因为接口中的纯虚函数必须在实现类中全部实现。尽管可以让 eat( )函数的函数体为空，但这会对程序造成不可预料的后果。例如，管理者可能仍然为每个机器人都准备一份午餐。问题就在于接口 IWorker 企图扮演多种角色。由于每种角色都有对应的函数，因此接口就显得很臃肿，称之为胖接口（fat interface）。而胖接口的使用，往往会强迫某些类实现它们用不着的一些函数。这种现象称为接口的污染。消除接口污染的方法是对接口中的函数进行分组，即对接口进行分离。

【代码 7-9】 把 IWorker 分离成两个接口。

```
class IWorkable {
    public:
        virtual void work();
};
```

```
class IFeedable{
    public:
        virtual void eat();
};

class Worker:public IWorkable, public IFeedable {
    public:
        void work(){
          //工作
        }

        void eat(){
          //吃午餐
        }
};

class SuperWorker:public IWorkable, public IFeedable {
    public:
        void work(){
          //高效工作
        }

        void eat(){
          //吃午餐
        }
};

class Robot:public IWorkable{
    public:
        void work(){
          //工作
        }
};

class Manager {
        IWorkable worker;

    public:
        void setWorker(IWorkable w) {
          worker = w;
        }

        void manage(){
          worker.work();
        }
};
```

　　这段代码解决了前面提出的问题。解决的办法就是分离接口，使每个接口都比较单纯，这样就不再需要 Robot 类被迫实现 eat( )方法。

接口分离原则有一些不同的定义，但把它们概括起来就是一句话：应使用多个专门的接口，而不要使用单一的总接口，即客户端不应该依赖那些它不需要的接口。再通俗一点就是：接口尽量细化，尽量使一个接口仅担当一种角色，使接口中的函数尽量少。

"张教授，那接口分离原则，不就是单一职责原则的一个具体化吗？"王彩忍耐不住自己的表现欲，还使用了一个专业术语。

"是的。"张教授微笑着说，"接口分离原则与单一职责原则是有些相似，不过在审视角度上它们不甚相同。单一职责原则注重的是职责，是业务逻辑上的划分；而接口分离原则是针对抽象、针对程序整体框架的构建约束接口，要求接口的角色（函数）尽量少，尽量单纯、有用（针对一个模块）。"

"好了，今天就讲到这里。王彩好像有了新想法，把你的新设计思路写给大家看看。"

"好！"王彩早就等着这一机会，马上走到讲台上，画出了自己设计的 UML 类图（见图 7.3）。

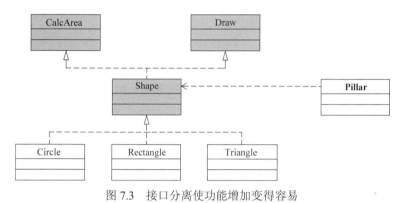

图 7.3　接口分离使功能增加变得容易

下面是增加的程序代码。

```cpp
class CalcArea{                          //计算面积的接口
    public:
        virtual  double getArea()=0;
};

class Draw{                              //画图接口
    public:
        virtual  void draw()=0;
};

class Shape:public CalcArea,public Draw{    //空的接口
};
…//其他不动
```

从到厂里联系，到把一个完整的柱体开发设计平台完成，王彩只用了仅仅半个月的时间。

这天，他带着自己的笔记本电脑到厂里给厂长交差。去了一看，厂长、副厂长、总工、技术科长、财务科长都在场。王彩演示完毕，大家进行了提问，王彩都一一做出了回答，并把大家问到的部分重点又演示一次。所有人都很满意。

厂长对王彩说："我看你这台笔记本电脑也该淘汰了。为了感谢你的辛苦，厂里决定给你奖励一台笔记本电脑。这是一张支票，你可以用它买一台笔记本电脑。"

王彩一听，甚是惊喜。但一想，这是张教授交给的任务，怎么能要人家的报酬呢？连说："这样不合适。我是张教授……"王彩没有说完，厂长打断他说："你来之前，我已经同张教授说好了。"但王彩还是坚持不要。

第二天上午第3、4节还是张教授的课。第1、2节没有课，王彩早早来到图书馆，找了几本关于设计模式的书看。九点半左右，手机振动，张教授发来一条短信，让王彩到他办公室一趟。

张教授办公室的门开着，王彩走到门口，喊了声"报告"，张教授没有应答。只见张教授正聚精会神地盯着计算机屏幕。他又大声喊了一次。张教授才示意让他进来。

"张教授忙？"

"没有，在看电视剧。"

"张教授还有时间看电视剧？"

"很有意思。"这时屏幕上正演着安嘉和（冯远征饰）失态的画面。"是梅婷、冯远征、王学兵和董晓燕主演的《不要和陌生人说话》。这和一会儿要同你们讲的课有关。"

王彩奇怪地想：程序设计还与爱情剧有关？只见教授正在关机，收拾公文包。

"快上课了，我们一起走吧。刚才叫你来，是厂长把一张支票送来了，你还是收了吧。也是你的劳动所获嘛！"

说着说着，到了教室。上课了，张教授打开投影，果真显示的题目是：不要和陌生人说话。

7.1.7　不要和陌生人说话

"不要和陌生人说话"也是一条程序设计的基本原则，也称最少知识原则（Least Knowledge Principle，LKP）或迪米特法则（Law of Demeter，LoD）。它来自1987年秋天美国 Northeastern University 的 Ian Holland 所主持的项目 Demeter。这个法则有如下一些描述形式。

（1）一个软件实体应当尽可能少地与其他实体发生相互作用。

（2）"talk only to your immediate friends"，即只与直接朋友交流，或不与陌生人说话。

（3）如果两个类不必彼此直接通信，那么这两个类就不应该发生直接的相互作用。如果其中的一个类需要调用另一个类的某一个方法，可以通过第三者转发这个调用。

（4）每一个软件单位对其他的单位都只有最少的知识，并且仅限于那些与本单位密切相关的软件单位。

迪米特法则有狭义和广义之分。

1. 狭义迪米特法则

狭义迪米特法则要求每个类尽量减少对其他类的依赖。由于类之间的耦合越弱，越有利于重用，同时使得一个类的修改不波及其他有关类。使用迪米特法则的关键是分清"陌生人"和"朋友"。对于一个对象来说，朋友类的定义如下：出现在成员变量、方法的输入/输出参数中的类称为成员朋友类；而出现在方法体内部的类不属于朋友类，是"陌生人"。例如，下面是"朋友"的一些例子。

（1）对象本身，即可以用 this 指称的实体。

（2）以参数形式传入到当前对象成员函数的对象。

（3）当前对象的成员对象。

（4）当前对象创建的对象。

遵循类之间的迪米特法则会使一个系统的局部设计简化，因为每一个局部都不会和远距离的对象有直接的关联。但是，应用迪米特法则有可能会造成的一个后果就是：系统中存在大量的中介类。这些类之所以存在完全是为了传递类之间的相互调用关系，与系统的商务逻辑无关。这在一定程度上增加了系统全局上的复杂度，也会使得系统的不同模块之间的通信效率降低，使系统的不同模块之间不容易协调。

2. 广义迪米特法则

广义迪米特法则也称为宏观迪米特法则，主要用于控制对象之间的信息流量、流向及影响，使各子系统之间脱耦。

【例 7-3】 一个系统有多个模块，当多个用户访问系统时，形成图 7.4(a)所示的情形。显然这是不符合迪米特法则的。按照迪米特法则对系统进行重组，可以得到图 7.4(b)所示的结构。重组是靠增加一个 Façade（外观）实现的。这个 Facade 模块就是一个"朋友"。利用它可实现"用户"对子系统访问时的信息流量的控制。通常，一个网站的主页就是一个 Facade 模块，Facade 模块形成一个系统的外观形象。采用这种结构的设计模式称为外观模式。

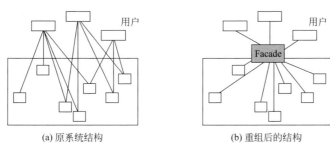

(a) 原系统结构　　　　　　　　　(b) 重组后的结构

图 7.4　多个用户访问系统内的多个模块时迪米特法则的应用

【例 7-4】 一个系统有多个界面类和多个数据访问类，它们形成了图 7.5(a)所示的关系。由于调用关系复杂，导致了类之间的耦合度很大，信息流量也很大。改进的办法是，按照迪米特法则，增加一些中介者（mediator）模块，形成图 7.5(b)所示的中介者模式。

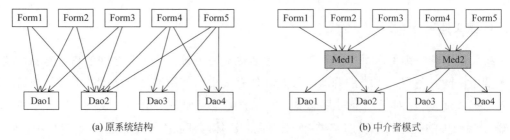

图 7.5　具有多个界面类和多个数据访问类的系统中迪米特法则的应用

利用迪米特法则控制流量过载时，可以考虑如下策略。

（1）优先考虑将一个类设置成不变类。

（2）尽量降低一个类的访问权限。

（3）尽量降低成员的访问权限。

　　下课了，王彩飞快地走到张教授面前说："张教授，这些原则太重要了。这几天，我感觉思想升华了不少。""这一段时间，你进步的确不小。不过，这些原则要用好，也不是这么简单的。比如，你的设计还不太完美。"说着，张教授从包中拿出一本书。"这本书送给你，好好钻研一下，对于改进你的编程能力大有好处。"王彩接过书一看，是一本 Design Patterns: Elements of Reusable Object-Oriented Software。

7.2　GoF 设计模式举例：工厂模式

7.2.1　概述

　　上一节介绍了王彩同学为工厂设计一个程序的过程。经过这个过程，王彩积累了不少经验，下次再碰到类似问题，他就可以拿来套用了。类似的情况早在程序设计网络社区中就开始了。在不同的程序设计网络社区中，都聚集了一批程序设计爱好者，他们互相交流、总结经验，形成并积累了许多可以简单方便地复用的成功的经验、设计和体系结构。人们将它们称为"设计模式"（design pattern）。1995 年，GoF（gang of four，"四人组"，指 Erich Gamma、Richard Helm、Ralph Johnson 和 John Vlissides）在他们的著作 Design Patterns: Elements of Reusable Object-Oriented Software（《设计模式：可重用的面向对象软件的要素》，如图 7.6 所示）中总结出了面向对象程序设计领域 23 种经典的设计模式，把它们分为创建型、结构型和行为型 3 类，并给每一个模式起了一个形象的名字。

图 7.6　"四人组"与他们的设计模式

　　需要说明的是，GoF 的 23 种设计模式是成熟的、可以被人们反复使用的面向对象设计方案，是经验的总结，也是良好思路的总结。但是，这 23 种设计模式并不是可以采用的设计模式的全部。可以说，凡是可以被广泛重用的设计方案，都可以称为设计模式。有人估计已经发表的软件设计模式已经超过 100 种。此外，还有人在研究反模式。

一个面向对象的程序可以粗略地分为 3 个部分，或者说其运行过程可以分为 3 大步：定义类、生成对象和操作对象成员。创建型设计模式包括一些关于如何创建、组合和表示对象的设计模式。其中包括简单工厂模式（不属于 GoF，但非常有用）、单例模式、工厂方法模式、抽象工厂模式、构造者模式、原型模式等。

分析代码 7-9 可以发现，在其客户端——测试主函数的代码中有一部分代码来描述对象的生成方法或过程。这就要求客户对两个具体产品的创建方法必须了解。这一方面违背了 DIP 原则；另一方面也违背了迪米特法则，因为它要求客户端代码对 3 个图形类都要有较多的了解。

正像任何一种产品都有使用和生产两个方面一样，如果要将一种产品的生产方法混杂到使用过程中，那对于生产者和使用者都是非常不好的。因为用户感兴趣的只是使用特性——产品的功能和操作方法，对于其生产过程，用户并不感兴趣，而且，生产厂家也往往不希望将生产过程暴露。在面向对象的程序设计中，也会有这样的问题。一个对象有创建的细节，也有使用的细节，将二者混杂在一起，一旦创建对象的细节发生一些改变，将直接影响用户的使用。

工厂模式的基本思想是将创建对象的具体过程屏蔽隔离起来，使对象实例的创建与其使用相分离，并达到可维护、可扩展、提高灵活度的目的。

工厂模式分为工厂方法（factory method）模式和抽象工厂（abstract factory）模式两个抽象级别。为了便于理解，本书从工厂方法模式的一种特例——简单工厂（simple factory）模式开始介绍。

7.2.2　简单工厂模式

简单工厂（simple factory）模式也称为静态工厂方法（static factory method）模式，其基本思想是将客户端的与对象生成有关的代码分离出去，交给一个 DrawFactory 工厂类。客户端代码只有对象的使用部分。就像现实生活中的产品生产交给工厂，使用者只要了解它们的使用即可。这样，通过产品的生产与使用的分离，实现了模块职责的单一化。图 7.7 所示为本例采用简单工厂模式的计算图形面积类结构。

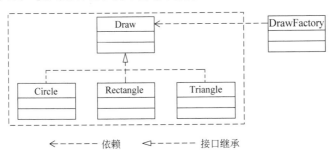

图 7.7　采用简单工厂模式的计算图形面积类结构

作为画图器工厂，DrawFactory 类应承担原来包含在客户端代码中的生成画图实例对象的职责。这部分职责包含了用户确定动态绑定类的选择逻辑。具体要求如下。

（1）可以指向 Draw 的引用，并具体绑定在一个实现类上。

（2）含有基于用户选择的判断逻辑和业务逻辑。

【代码 7-10】 DrawFactory 类的定义。

```cpp
class DrawFactory {
  public:
      static Draw* getInstance(int choice) {
          Draw* pd = NULL;
          switch(choice){
              case 1:pd = Circle(); break;
              case 2:pd = Rectangle();break;
              case 3:pd = Triangle(); break;
          }
          return pd;
      }
};
```

注意：用 static 修饰成员称为静态成员，属于类本身，可为所有类对象共享，应当使用类名和域运算符 "::" 调用。

【代码 7-11】 客户端代码。

```cpp
int main(){
    int choice = 0;
    do {
        cout <<"1:画圆;2:画矩形;3:画三角形。请选择（1~3）";
        cin >> choice;
    }while (choice < 1 || choice > 3);
    DrawFactory::getInstance(choice) -> doDraw();     //通过工厂取得接口的实例类的实例
                                                      //并以动态绑定方式调用实例类的画图方法
    return 0;
}
```

程序运行时有关对象间的交互过程用 UML 描述，如图 7.8 所示。

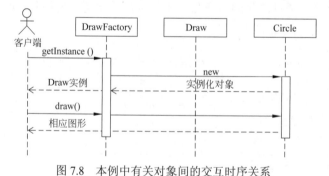

图 7.8　本例中有关对象间的交互时序关系

（1）这些代码主要用于说明简单工厂模式设计方法，程序中没有考虑异常处理等。

（2）使用了简单工厂模式后，客户端免除了直接创建产品对象的责任，仅负责使用产品。接口对象的实例是由工厂取得的。当需要增加一种画图器时，可以扩充 Draw 的子类，并修改工厂类，客户端只修改菜单就可以得到相应的实例，灵活度强。

（3）从客户端代码可以看出一个特点："针对接口编程，而不是针对实现编程"。这是面向对象程序设计的一个原则，它能带来以下好处。

① 客户端不必知道其使用对象的具体所属类，只需知道它们所期望的接口即可。

② 一个对象可以很容易地被（实现了相同接口的）另一个对象所替换。

③ 对象间的连接不必硬绑定（hardwire binding）到一个具体类的对象上。

④ 系统不应当依赖于产品类实例如何被创建、组合和表达的细节。

（4）在服务器端，需要增加一种画图器产品时，只要在类 Draw 下派生一个相应的子类，再在 DrawFactory 类中进行相应的业务逻辑或者判断逻辑修改即可，在一定程度上符合了 OCP 原则，但仍不太理想。但是，在工厂部分还是不符合 OCP 原则，特别是当产品种类增多或产品结构复杂时，将会使工厂 DrawFactory 类难承其重。

7.2.3 工厂方法模式

在简单工厂模式中，产品部分符合了 OCP 原则，但工厂部分不符合 OCP 原则。工厂方法模式使得工厂部分也能符合 OCP 原则。

工厂方法模式又称多态性工厂（polymorphic factory）模式或虚拟构造器（virtual constructor）模式。它去掉了简单工厂模式中的静态性，使得它可以被扩展或实例化。这样在简单工厂模式中集中在工厂方法上的压力变得可以由工厂方法模式中不同的工厂子类来分担。图 7.9 所示为采用工厂方法模式的计算图形面积类结构。

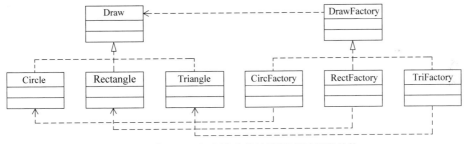

图 7.9　采用工厂方法模式的计算图形面积类结构

由这个结构不难得到有关代码。

【代码 7-12】　DrawFactory 工厂代码。

```cpp
class DrawFactory{
    public: virtual Draw* MakeDrawer ()= 0;
};

class CircFactory : public DrawFactory {
    public: Draw* MakeDrawer(){
            return &(Circle());
        }
};

class RectFactory : public DrawFactory {
```

```
    public: Draw* MakeDrawer(){
            return &(Rectangle ());
        }
};

class TriFactory : public DrawFactory {
    public: Draw* MakeDrawer(){
            return &(Triangle ());
        }
};
```

【代码 7-13】 客户端代码。

```
int main(){
    int choice = 0;
    DrawFactory* pdf = NULL;                    //定义接口的引用

    cout << "1:画圆\n";
    cout << "2:画矩形\n";
    cout << "3:画三角形\n";
    cout << "请选择（1~3）:";
    cin >> choice;
    switch(choice){                             //根据用户选择，生成工厂实例
      case 1: pdf = &CircFactory ();break;
      case 2: pdf = &RectFactory ();break;
      case 3: pdf = &TriFactory ();break;
    }

    pdf -> MakeDrawer () -> doDraw ();          //调用工厂方法，生成画图对象画图
    return 0;
}
```

测试结果如下。

```
1：画圆
2：画矩形
3：画三角形
请选择(1~3):1↵
画圆
```

（1）在简单工厂模式中，产品部分符合了 OCP 原则，但工厂部分不符合 OCP 原则。工厂方法模式使得工厂部分也能符合 OCP 原则。

（2）简单工厂模式的工厂中包含了必要的判断逻辑，而工厂方法模式又把这些判断逻辑移到了客户端代码中。这似乎又返回到没有采用模式的情况，而且还多了一个中间环节。但是，这正是工厂方法与没有采用模式的不同之处。它暴露给客户的不是如何生产对象的方法，而是如何去找工厂的方法。

（3）工厂方法模式会形成产品对象与工程方法的耦合。这是其一个缺点。

（4）工厂方法模式适合于下面的情况。

① 客户程序使用的产品对象存在变动的可能，在编码时不需要预见创建哪种产品类的实例。

② 开发人员不希望将生产产品的细节信息暴露给外部程序。

习　题　7

开发实践

1. 一个计算机系统由硬件和软件两部分组成。因此，一个计算机系统的成员是硬件和软件，而硬件和软件又各有自己的成员。请先分别定义硬件和软件类，再在此基础上定义计算机系统。

2. 电子日历上显示时间，又显示日期。请设计一个电子日历的 C++程序。

3. 定义一个 Person 类，除姓名、性别、身份证号码属性外，还包含一个生日属性，而生日是一个 Date 类的数据。Date 类含有年、月、日 3 个属性。

4. 某图形界面系统提供了各种不同形状的按钮，客户端可以应用这些按钮进行编程。在应用中，用户常常会要求按钮形状。图 7.10 所示为某同学设计的软件结构。请重构这个软件，使之符合开闭原则。

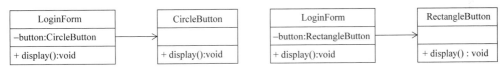

图 7.10　某同学设计的图形界面系统结构

5. 某信息系统需要实现对重要数据（如用户密码）的加密处理。为此，系统提供了两个不同的加密算法类：CipherA 和 CipherB，以实现不同的加密算法。在这个系统中，还定义了一个数据操作类 DataOptator。在 DataOptator 类中可以选择系统提供的一个实现的加密算法。某位同学设计了如图 7.11 所示的结构。请重构这个软件，使之符合里氏代换原则。

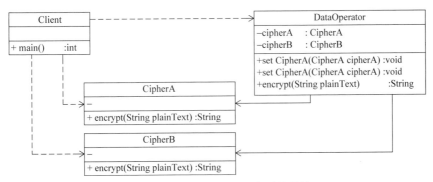

图 7.11　某同学设计的加密系统结构

6. 某信息系统提供一个数据格式转换模块，可以将一种数据格式转换为其他格式。现系统提供的源数据类型有数据库数据（DatabaseSource）和文本文件数据（TextSource），目标数据格式有 XML 文件（XMLTransformer）和 XLS 文件（XLSTransformer）。某位同学设计的数据转换模块结构如图 7.12 所示。请重构这个软件，使之符合依赖转换原则。

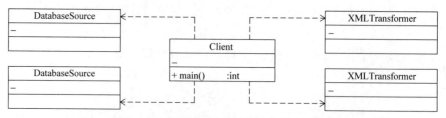

图 7.12　某同学设计的数据转换模块结构

7. 假如有一个 Door，有 lock、unlock 功能，另外，可以在 Door 上安装一个 Alarm，使其具有报警功能。用户可以选择一般的 Door，也可以选择具有报警功能的 Door。请设计一个符合接口分离原则的程序。先用 UML 描述，再用 C++描述。

8. 一台计算机可以让中年人用于工作，可以让老年人用于娱乐，也可以让孩子用于学习。请设计一个符合接口分离原则的程序。先用 UML 描述，再用 C++描述。

9. 手机现在有语音通信功能，还有照相功能、计算器功能、上网功能等，而且还可能增添新的功能。请设计一个模拟的手机开发系统。

探索验证

1. 帮助王彩分析他的设计还有哪些不足，应如何改进。

2. 分析 GoF 23 种设计模式，指出它们分别符合面向对象程序设计原则中的哪些原则。

第3篇 C++泛型程序设计

　　数据类型已经成为现代程序设计语言的重要机制之一。它可以提供数据及其操作的控制和安全性检查，并降低算法实现的复杂性。

　　面向对象的基本动因则是从代码重用和抽象通用的角度，提高程序设计的效率，以便于组织大型程序设计。

　　但是面向对象扩展了数据类型，程序员可以在 C++本来就十分丰富的类型基础上增添没有数量限制的自定义类型，这反而在程序设计中极大地增添了代码的数量。

　　针对这一现象，C++开发出了独立于类型的代码设计机制——泛型程序设计（generic programing）。泛型程序设计就是编写适合各种类型的代码，而把类型作为这些代码的参数，所以也称类属编程和模板（template）编程。这种模板特性也被称为参数化类型（parameterized types），是面向对象程序设计的进一步提升。

第8章 模　　板

C++提供两种模板机制：函数模板（function templates）和类模板（class templates）。按照函数模板，编译器可以生成多个处理过程相似或相同，仅数据类型（参数及返回）不同的函数定义。而按照类模板，编译器可以生成一些相似的类声明。这不仅是更高层次上的多态性，同时也提高了代码重用（code reuse）性——使用一个软件系统的模块或组件来构建另一个系统的能力，从而提高了程序设计的效率和可靠性。

8.1　算法抽象模板——函数模板

8.1.1　从函数重载到函数模板

函数重载实现了一个名字的多种解释。这种静态多态性为程序设计带来了很大的方便。但是，在设计具有重载程序的过程中可以发现，这些重载函数实际上是处理方法相同仅数据类型不同而已。例如，两个数据交换的程序，可以具有如下一些原型。

```cpp
void swap(int&,int&);
void swap(double&,double&);
void swap(char&,char&);
void swap(std::string&,std::string&);
void swap(aClass&,aClass&);
```

这些函数还需要在程序中分别进行定义。显然，这是非常烦琐的。人们于是就会想：能否用一组代码写出这些函数，而在程序中根据调用语句再形成相应的函数定义呢？C++实现了这个想法。这就是函数模板，它抽象了参数类型，是一种算法抽象模板。

【代码 8-1】　单个对象（变量）的交换函数模板。

```cpp
template <typename T>        //模板前缀，告诉编译器，T 为模板参数
void swap0(T& a,T& b){       //模板定义
   T temp;
   temp = a;
   a = b;
   b = temp;
}
```

【代码 8-2】　上述模板的测试主函数。

```cpp
#include <iostream>
#include <string>
using namespace std;
```

```
int main(){
    int i1 = 3,i2 = 5;
    double d1 = 1.23,d2 = 3.21;
    char c1 = 'a',c2 = 'b';
    string s1 = "abcde", s2= "12345";

    swap0 (i1,i2);                      //用 int 参数调用
    cout << "i1 = " << i1 << ";i2 = " << i2;
    swap0 (d1,d2);                      //用 clouble 参数调用
    cout << "\nd1 = " << d1 << ";d2 = " << d2;
    swap0 (c1,c2);                      //用 char 参数调用
    cout << "\nc1 = " << c1 << ";c2 = " << c2;
    swap0 (s1,s2);                      //用 string 参数调用
    cout << "\ns1 = " << s1 << ";s2 = " << s2;
    cout << "\n";

    return 0;
}
```

测试结果如下。

```
i1 = 5;i2 = 3
d1 = 3.21;d2 = 1.23
c1 = b;c2 = a
s1 = 12345;s2 = abcde
```

说明：

（1）早期的 C++版本，没有关键字 typename，而是使用关键字 class。

（2）T 还可以实例化为其他一些类对象。

（3）函数模板允许有多个类型参数。这时，模板前缀应当写成如下格式。

```
template <typename T1,typename T2,...>
```

（4）这里使用的 T 仅仅是一个类型参数的名字。实际上，C++允许类型参数使用任何其他名字。

（5）函数模板定义不可以单独编译，但可以写在一个头文件中。

8.1.2 函数模板的实例化与具体化

函数模板并不是函数，而只作为一个 C++编译器指令，用来告诉编译器生成函数的方案。因此，模板不能单独编译，必须与特定的具体化（specialization）请求或实例化（instantiation）请求一起使用，才可以参加编译。实例化或具体化也都统称为具体化，即编译器具体生成函数的方法。

1. 函数模板实例化

函数模板实例化是编译器提取调用表达式中类型信息，自动生成函数实例的过程。根据调用表达式中提供数据类型的方式又可以分为隐式实例化和显式实例化。

1）隐式实例化

只要调用表达式中所含的信息，足以令编译器生成具体函数原型和函数定义，就可以不需要任何实例化请求，称之为隐式实例化（implicit instantiation）请求。例如在代码 8-2 中，对于函数调用表达式 swap (i1,i2)，编译器将会自动生成如下函数原型和函数定义。

```
void swap0(int&,int&);                  //函数原型
```

和

```
void swap0(int& a,int& b) {             //函数定义
    int temp;
    temp = a;
    a = b;
    b = temp;
}
```

2）显式实例化

有时，编译器无法根据调用表达式推断出该用什么实例类型对函数模板进行具体化。

【代码 8-3】　一个对 U 类型参数进行类型制转换并输出 T 类型的模板函数。

```
template <typename T,typename U>T convert (U const & arg) {
    return static_cast<T> (arg);
}
```

对于这个函数模板，如果用下面的调用，编译器就无法推断出该用什么类型具体化参数 T。

```
double d = 65.78;
convert (d);
```

有效办法就是采用显式实例化（explicit instantiation）请求，直接指示编译器创建特定的实例。显式实例化的格式是在函数名后面用尖括号"<>"向编译器提示用什么类型替换模板参数。例如本例中的测试主函数可以写为

```
#include <iostream>
using namespace std;

int main(){
    double d = 65.78;
    scout << convert <int> (d) << endl;    //显式实例化
    cout << convert <char> (d) << endl;    //显式实例化
    return 0;
}
```

执行结果如下。

2. 函数模板具体化

函数模板具体化也称函数模板特化，是向编译器提供一个函数定义的样板——模板函数（template function），来告诉编译器对于调用表达式如何编译，根据具体情况又可分为显式具体化和部分具体化。

1）显式具体化

显式具体化（explicit specialization）是在有函数模板定义的编译单元中，用模板函数给出对于各类型参数的电焊工限制。

【代码8-4】 将代码8-3改为显式具体化方式。

```
#include <iostream>
using namespace std;

template <typename T,typename U>T convert (U const & arg) {
    return static_cast<T> (arg);
}

template <> char convert <char> (double const & arg) {    //显式具体化，注意 const 的使用
    return static_cast <char> (arg);
}

int main(){
    double  d = 65.78;
    cout << convert <char> (d) << endl;
    return 0;
}
```

运行结果如下。

说明：

（1）有些编译器不支持使用 template<>前缀。编译时对这个具体化部分给出出错信息时，可以将该前缀注释掉试试。

（2）在同一编译单元中，同一类型的显式实例化和显式具体化不能同时出现。

2）部分具体化

部分具体化（partial specialization）即部分限制模板的通用性。例如

```
template <typename T,typename U> T convert (U const &arg) {
    return static_cast<T> (arg);
}

template <typename U> convert <char, U> (U& arg) {    //部分具体化
    return static_cast<char> (arg);
}
```

说明：调用时，当有多个部分具体化模板可供选择时，编译器将首先选择具体化程度最高的模板。

8.2 数据抽象模板——类模板

类是一种抽象数据结构，它将与某种事物有关的数据及施加在这些数据上的操作封装在一起。定义的类中不能包含已经初始化的数据成员。数据成员的初始化表明生成一个类的实例——对象。

有一些类之间存在着相似性。它们具有相同的操作——成员函数，而数据成员的类型不相同。例如，堆栈类是一种数据容器类（data container class），它可以存储 int 型数据，也可以存储 double 型数据、string 类数据、学生类数据……对于这类情形，C++采用类模板机制来定义通用容器，可以像函数模板一样，用类型作为参数，按照具体应用生成不同类型的容器。

8.2.1 类模板的定义

【代码 8-5】 一个类属数组类——一个定义类模板和介绍容器的例子（注意，这个例子仅仅为了演示。

```cpp
//文件名：code0807.h
#ifndef _CODE0807_H
#define _CODE0807_H
#include <iostream>
#include <stdedcept>
using namespace std;

//类界面定义
template <typename T,int size> class ArrayT {
    private:
        T*  element;
    public:
        ArrayT () {}                              //默认构造函数
        Explicit ArrayT (const T& V);             //构造函数
        ~ArrayT () {delete[] element;}            //析构函数
        T& operator[] (int index);                // "[]" 重载：输出元素值
};

//成员函数定义
template <typename T,int size> ArrayT<T,size>
::ArrayT (const T& v) {                           //构造函数
   for (int i = 0;i < size;i ++)
       element[i] = v;                            //元素初始化为 v
}

template <typename T,int size>
```

```
T& ArrayT<T,size>::operator[](int index){    //"[]"重载：给出元素值
   if (index <= 0 && index > size) {         //发现异常，并抛出
      std::string es = "数组越界！";
      throw std::out_of_range (es);
   }
   return element[index];
}
#endif
```

说明：

（1）将一个容器用模板定义为通用容器时，采用模板定义代替原来的具体定义，并用模板成员函数替代原来的成员函数。与模板函数一样，模板类及其成员函数，也都要用关键字 template 或 class 告诉编译器，将要定义一个模板，并用尖括号告诉编译器要使用哪些类型参数，具有形式

```
template <typename T1,typename T2, …>
```

或

```
template <class T1, class T2,…>
```

在本例中，模板前缀为 template <typename T,int size>，具有一个类型参数 T 和一个已经具体化的参数 int size。这样，在生成一个对象时，将对 T 进行具体化。例如，执行语句

```
ArrayT <double,10> dObj ;
```

时，将向类型形参传递类型实参 double，并传递一个 int 类型参数 10。

（2）类模板和成员函数模板不是类和成员函数的定义，它们仅仅是一些 C++编译器指令，用于说明如何生成类和成员函数的定义，因此不能单独编译。通常可以把有关的模板信息放在一个头文件中。当后面的文件要使用这些信息时，应当用文件包含语句包含该头文件，并使用项目（工程）进行组织。

（3）在类声明之外（非内嵌）定义成员时，必须在使用类名之处使用参数化类名，并带有类模板前缀。

（4）out_of_range 定义在命名空间 std 中，属于运行时错误——如果使用了一个超出有效范围的值，就会抛出此异常——越界访问，使用时须包含头文件#include<stdexcept>。它继承自 logic_error，而 logic_error 的父类是 exception。

8.2.2　类模板的实例化与具体化

类模板也称类属类或类产生器。在构造对象时，类模板将类型作为参数，告诉编译器，类将创建一个具体化的类声明，并用这个定义创建对象。与函数模板一样，类模板也可以有隐式实例化、显式实例化、显式具体化和部分具体化等具体化方式，并且允许定义默认具体化。

1. 显式实例化

类模板的显式实例化与函数模板的显式实例化基本相似，需要用 template 开头。例如

```
template class ArrayT<int,10>;
```

当生成对象时，编译器将按照这个声明生成一个类声明。

注意：显式声明必须位于类模板定义所在的名称空间中。

2. 隐式实例化

类模板的隐式实例化与函数模板的隐式实例化不同。函数模板的隐式实例化是在函数调用时，编译器根据实参的类型自动生成具体函数定义的，而类模板则需要直接给出类型，有点像显式实例化。例如，在代码 8-5 中，可以采用如下语句声明一个对象。

```
ArrayT<int,10> iObj;                    //声明一个大小为 10 的 int 类型数组
ArrayT<std::string,10> iObj;            //声明一个大小为 10 的 string 类型数组
```

注意：编译器在生成对象之前，不会隐式实例化地生成类的具体定义。例如

```
ArrayT<int,10>* iPA;                    //仅声明一个指针，不生成对象
iPA = new A<int,10>;                    //生成对象时才生成具体类声明
```

3. 显式具体化

显式具体化就是给出类的具体定义，并且用 template< >开头。这种方式用于非这样不可的特殊情况。例如，对于代码 8-5，可以写为

```
template <> class ArrayT<double,10> {…};
```

4. 部分具体化

代码 8-5 中的类模板定义有两种说法：一种认为其就是一个部分具体化的例子；另一种认为它是包含了类型参数（即 typename T）和非类型参数（即 int size）的类模板，因为这里的非类型参数没有别的选择。严格地说，部分具体化是通过声明来限制已经定义了的类模板的通用性。其具体用法参考前面介绍的函数模板的部分具体化。

5. 默认具体化

默认具体化是在模板定义时，给出一个默认类型参数。例如，代码 8-5 中的类模板定义可以写为

```
template <typename T = double,int size>    //给出默认类型参数
class ArrayT {
    …
};
```

这样，当类模板被应用时，如果没有显式说明，则默认类型参数为 double。

8.2.3 类模板的使用

由类模板 ArrayT 可以生成针对不同类型的向量。

【代码 8-6】 代码 8-5 定义的类模板的应用主函数。

```
#include <iostream>
#include <string>
#include "code0807.h"                 //包含定义类模板的头文件

int main(){
    ArrayT<int,10> iObj (0);          //定义类属类 ArrayT 对象
    try {
        for (int i = 0; i < 10; i ++)
            iObj[i] = i * 3;
        for (int j = 0; j < 10; j ++)
            cout << "iObj[" << j  << "] = " << iObj[j] << ";\t" ;
        cout << endl;
    }catch (std::out_of_range& excp) {
        cout << "数组越界" << excp.what () << endl;
    }
    return 0;
}
```

执行结果如下。

```
iObj[0] = 0;    iObj[1] = 3;    iObj[2] = 6;    iObj[3] = 9;    iObj[4] = 12;
iObj[5] = 15;   iObj[6] = 18;   iObj[7] = 21;   iObj[8] = 24;   iObj[9] = 27;
```

说明：

（1）声明语句

```
ArrayT<int,10> iObj;
```

显得比较冗长，特别是当程序中具有这样的多个声明时，是很麻烦的。一个变通的办法是，使用关键字 typedef 为这个类型（类）另外起一个名字。例如，对于本例，可以改写为

```
typedef ArrayT<int,10> IntArray;
IntArray iObj;
```

（2）语句

```
iObj[i] = i * 3;
```

只单纯地调用"[]"的操作符重载函数

```
T& oprator[] (const int index);
```

并未调用操作符"="的重载函数，因此被解释为

```
(iObj[] (i)) = i * 3;
```

由于操作符"[]"的重载函数位于赋值号的左方，所返回的值必须是一个可修改左值，因此它的返回值被定义为引用类型。

8.2.4 类模板实例化时的异常处理

异常处理用于处理不能按例行规则进行一般处理的情况。与函数模板一样，类模板被实例化时也会出现某部分的成员函数无法适应某个数据类型的异常情况。在这种情况下可以用下面的一种方法解决。

1. 特别成员函数

为需要异常处理的数据类型重设一个新的特别成员函数。如对 ArrayT 类中的 char*类型的异常处理成员函数可以重设为

```
void ArrayT <char *> :: operator= ( char* temp )
{...}
```

2. 特别处理类

可以为类模板重设一个特别类进行异常处理。

【代码8-7】 重设一个专门处理 char *类型数据的 ArrayT 类。

```
class ArrayT <char *> {
        friend ostream& operator<< (ostream &os,Array<char*> &array);
    private:
        char *element;
        int size;
    public:
        ArrayT (const int size);
        ~ ArrayT ();
        char& operator[] (const int index);
        void operator= ( char* temp );
};
```

说明：

（1）为类模板重设异常处理类时，template 关键字与类型参数序列不必再使用，但类名后必须加上已定义的数据类型，以表明此类是专门处理某形态的特别类。

（2）特别类的定义不必与原来 template 类中的定义完全相同。一旦定义了处理某类型特别类，则所有属于该类对象的数据成员与成员函数的定义和使用便都将由该特别类负责，不可以再引用任何原来 template 类中定义的数据成员与成员函数。

【代码8-8】 特别类的定义与应用。

```
template < class T >
class Temp {
    private:
       T val;
    public:
```

```
        Temp (T v);
        friend ostream& operator << (ostream& os,Temp<T>&temp);
};

class Temp<char> {                                      //Temp 类的特殊类，用以处理类型 char
    private:
      char val;
    public:
      Temp (char v);
      void operator= (char v);
};
```

测试程序如下。

```
using namespace std;
int main(){
    Temp<int> T1 (30);
    Temp<char> T2 ('C');
    cout << T1;                                          //正确
    cout << T2;                                          //错误
    return 0;
}
```

注意：上述最后一条输出语句是错误的，因为 T2 是由特别类 Temp ＜ char ＞所定义的，该类中并未提供插入操作符"<<"的重载函数。

8.2.5 实例：MyVector 模板类的设计

1. 模板类 MyVector 的声明

为了支持泛型编程，可以设计一个 MyVector 模板类。

【代码 8-9】 MyVector 模板类声明。

```
//文件名：myvector.h
template <typename T>
class MyVector{
    private:
      int size;                                         //用于定义向量大小
      T *V;                                             //类型参数定义
    public:
      void create(int);                                 //动态内存分配函数
      MyVector(int);                                    //用向量大小初始化构造函数
      MyVector (int n,T*);                              //MyVector 的复制构造函数
      ~MyVector();                                      //析构函数
      MyVector<T> operator=(const MyVector <T>& );      //赋值操作符重载
      inline void check( bool ErrorCondition, const string message = "操作失败！"){
                                                        //发出需求失败信息

        if(ErrorCondition)
          throw message;
        }
```

```
      void display() ;                                    //显示向量内容
      MyVector<T> operator+(const MyVector <T>&);         //算术加操作符重载
      //其他成员函数
};
```

说明：

（1）由于多个成员函数要进行动态内存分配，因此单独设计了一个 create(int)。

（2）check()函数在某些操作有可能失败时，发出有关信息。

2. 模板类 MyVector 的成员函数设计

【代码 8-10】　MyVector 模板类的动态内存分配函数。

```
template <typename T>
void MyVector<T> :: create(int n){
  if(n < 1){
    size = 0;
    V = 0;
  }
  else{
    size = n;
    V = new T[size + 1];                    //开辟 n + 1 个 T 类型存储空间
  }
}
```

说明：习惯上向量元素从 1 开始到 n，为此申请 $n + 1$ 个 T 类型存储空间。

【代码 8-11】　MyVector 模板类的初始化构造函数。

```
template <typemane T>
MyVector<T> :: MyVector (int n){
  create(n);
}
```

【代码 8-12】　MyVector 模板类的析构函数。

```
template <typemane T>
MyVector<T> :: ~MyVector (){
  delete [] V;
}
```

说明：当用一个既有对象初始化一个新对象时，需要调用复制构造函数。为此，把原来的构造函数称为初始化构造函数。

【代码 8-13】　MyVector 类的复制构造函数。

```
template <typemane T>
MyVector<T> :: MyVector (int n,T* oldV){
  create(n);
  for(int i = 1; i <= size; i ++)
    V[i] = oldV[i-1];
}
```

【代码 8-14】   MyVector 模板类的赋值操作符重载函数 operator = ( )。

```
template <typemane T>
MyVector<T> MyVector<T> :: operator = (const MyVector<T>& V2){
  if(size != V2.size)
    create(v2.size) ;
  for(int i = 1; i <= size; i ++)
    V[i] = V2.V[i];
  return *this ;
}
```

【代码 8-15】   MyVector 模板类的显示函数。

```
#include <iomanip>
using namespace std;
template <typemane T>
void MyVector<T>::display(){
  for(inr i = 1; i <= size; i ++)
    cout << setiosflags(ios::right)          //字段内右对齐
      << setiosflags(ios::fixed)             //使用一般浮点数表示法
      << setiosflags(ios::showpoint)         //预设浮点数为 6 位有效数字
      << setprecision(4)                     //浮点数精度设置
      << setw(10)                            //字段宽度为 10
      << V[i]<<",";                          //一个元素内容
  cout << endl;
}
```

说明：在这个函数中使用了 5 个格式操作符，意义见代码中的注释。

【代码 8-16】   MyVector 模板类的加操作符重载函数 operator + ( )。

```
template <typemane T>
MyVector<T> MyVector<T> :: operator+ (const MyVector<T>& V2){
  check(size != V2.size,"向量长度不同，不可相加！");
  MyVector<T> temp(size) ;                   //设置一个中间对象
  for(int i = 1; i <= size; i ++)
    temp.V[i] = V[i] + V2.V[i];
  return temp ;
}
```

通过代码 8-13、代码 8-14 和代码 8-16 可以看出，在对数组和向量这样的数据结构进行操作时，很多地方要用到从前一个数据引导出下一个数据的操作过程。这种操作过程称为迭代。所以说迭代是数据结构中的一个最基本的操作过程。

3. MyVector 模板类的测试

测试前可以把 MyVector 模板类声明及一些不涉及内容分配的函数合起来以头文件 myvector.h 形式存放，把其他成员函数作为源代码文件 vector.cpp 存放，并设置一个项目进行管理。

【代码 8-17】   MyVector 模板类的测试代码。

```
#include "myvector.h"
#include <iostream>
using namespace std;

int main(){
  double dA1 [] = {1.222,2.333,3.555};
  double dA2 [] = {2.111,3.222,5.333};

  try{
    MyVector<double> dV1(3,dA1) ;
    MyVector<double> dV2(3,dA2);
    MyVector<double> dV3(3) ;

    cout << "-------------------------------------------------"<< endl;
    cout << " dV1 的值: "<< endl;
    dV1.display();
    cout << " dV2 的值: "<< endl;
    dV2.display();
    cout << "-------------------------------------------------"<< endl;
    cout << " dV1+dV2 的值: "<< endl;
    dV3=dV1 + dV2;
    dV3.display();
  }
  catch(string s){
    cout << s << endl;
  }
  return 0;
}
```

测试结果如下。

```
-------------------------------------------------
dV1的值:
    1.2220,     2.3330,     3.5550,
dV2的值:
    2.1110,     3.2220,     5.3330,
-------------------------------------------------
dV1+dV2的值:
    3.3330,     5.5550,     8.8880,
-------------------------------------------------
```

4. 带有非类型模板参数的 MyVector 模板类

类模板不仅可以使用类型参数，还可以带有非类型参数。但一般来说，非类型模板参数只能是整数类型或指针。

【代码 8-18】 带有非类型模板参数的 MyVector 模板类部分代码。

```
template <typemane T>
void MyVector<T> :: create(int n){
  if(n < 1){
    size = 0;
    V = 0;
```

```
    }
    else{
        size = n;
        V = new T[size + 1];        //开辟 n + 1 个 T 类型存储空间
}
//其他代码
```

习 题 8

概念辨析

1. 选择题。

（1）模板可以用来自动创建_____。

    A. 对象　　　　　　B. 类　　　　　　　C. 函数　　　　　　　D. 程序

（2）模板函数的代码形成于_____。

    A. 程序运行中执行到调用语句时　　　　B. 函数模板定义时

    C. 函数模板声明时　　　　　　　　　　D. 调用语句被编译时

（3）函数模板_____。

    A. 是一种函数　　　　　　　　　　　　B. 是一种模板

    C. 可以重载　　　　　　　　　　　　　D. 是用关键字 template 定义的函数

（4）函数模板的参数_____。

    A. 有类型参数，也有普通参数　　　　　B. 只能有类型参数，不能有普通参数

    C. 不能有类型参数，只能有普通参数　　D. 类型参数和普通参数只能有一种

（5）函数模板可以重载，条件是两个同名函数模板必须有_____。

    A. 不同的参数表　　　　　　　　　　　B. 相同的参数表

    C. 不同的返回类型　　　　　　　　　　D. 相同的返回类型

（6）模板类可以用来创建_____。

    A. 数据成员类型不同的对象　　　　　　B. 数据成员类型不同的类声明

    C. 成员函数参数类型不同的类声明　　　D. 成员函数数目不同的类声明

（7）类模板的模板参数_____。

    A. 只可以作为数据成员的类型　　　　　B. 只可以作为成员函数的返回类型

    C. 只能有类型参数，不能有普通参数　　D. 只可以作为成员函数的参数类型

（8）下列模板的声明中，正确的是_____。

    A. template <typename T1,T2>　　　　　B. template <T1,T2>

    C. template < typename T1, typename T2>　　D. emplate <T>

（9）下列有关模板的描述中，错误的是_____。

    A. 模板参数除模板类型参数外，还有非类型参数

    B. 类模板与模板类是同一概念

    C. 模板参数与函数参数相同，调用时按位置而不是按名称对应

D．模板不能单独编译

（10）对于

```
template <typename T,int typename = 8>
class apple (…);
```

定义类模板 apple 的成员函数的正确格式是_____。

    A．T apple <T,size>::Push (T object)

    B．T apple ::Push (T object)

    C．template < typename T; int size = 8> T apple <T,size>::Push (T object)

    D．template < typename T; int size = 8> T apple::Push (T object)

2．判断题。

（1）函数模板可以根据运行时的数据类型，自动创建不同的模板函数。   （　　）

（2）类模板的成员函数是模板函数。   （　　）

（3）类模板描述的是一组类。   （　　）

（4）类模板的模板参数是参数化的类型。   （　　）

（5）类模板只允许一个模板参数。   （　　）

✹代码分析

1．阅读下列各题中的代码，从备选答案中选择合适者。

（1）下列函数模板中，定义正确的是_____。

    A．template< typename T1, typename T2> T1 fun(T1,T2) {retuan T1 + t2;}

    B．template< typename T > T fun(T a) {retuan T1 + a;}

    C．template< typename T1, typename T2> T1 fun(T1 a,T2 b) {retuan T1 a + T2 b;}

    D．template< typename T > T fun(T a,T b) {retuan a + b;}

（2）下列函数模板中，定义正确的是_____。

    A．

```
template<typename T1, typename T2> class A: {
   T1 b;
   int fun( int a) {return T1 + T2;}
};
```

    B．

```
template<typename T1, typename T2> class A : {
   int T2 ;
   T1 fun( T2 a) {return a + T2 ;}
};
```

    C．

```
template<typename T1, typename T2> class A : {
   T2  b; T1 a ;
```

```
   A<T1>(){}
   T1 fun( ) {return a ;}
} ;
```

D.

```
template<typename T1, typename T2> class A : {
   T2  b;
   T1 fun( doube a) {b = (T2) a; return (T1) a ;}
} ;
```

（3）对于下面的 sum 模板定义：

```
template <typename T1, typename T2, typename T3 > T1 sum( T2, T3 );
```

指出下面的哪个调用有错？如果有，指出哪些是错误的，并对每个错误解释错在哪里。

```
double dobj1, dobj2;
float fobj1, fobj2;
char cobj1, cobj2;
```

A. sum (dobj1, dobj2);

B. sum< double, double, double > (fobj2, fobj2);

C. sum<int> (cobj1, cobj2);

D. sum < double, double > (fobj2, dobj2);

（4）下面哪些模板实例化是有效的？解释为什么实例化无效。

```
template <typename T, int size> class Array { };
template< int hi, int wid > class Screen { };
```

A. const int hi = 40, wi = 80; Screen< hi, wi + 32> sObj;

B. const int arr_size = 1024; Array< string, arr_size > a1;

C. unsigned int asize = 255; Array< int, assize > a2;

D. const double db = 3.1415;

2. 写出下面各程序的输出结果。

（1）

```
#include <iostream>
using namespsce std;
template <T a, T b> T Max(T a,T b) {
   cout << "TemplateMax" << endl;
   return 0;
}
double Max( double a, double b){
   cout << "MyMax" << endl;
   return 0;
}
int main(){
   int i = 3, j = 5;
```

```
Max(1.2,3.4); Max(i, j);
return 0;
}
```

（2）

```
#include <iostream>
Template  <typename T>
T max (T x,T y){
  return (x > y ? x : y);
}
void main(){
  std::cout << max (2,5) << "," << max (3.5,2.8) << std::endl;
}
```

（3）

```
#include<iostream.h>
template <typename T> T abs (T x) {
  return (x > 0 ? x : -x);
}
void main(){
  std::cout << abs (-3) << "," << abs (-2.6) << std::endl;
}
```

3. 填空题。

C++语言本身不提供对数组下标越界的判断。为了解决这一问题，在下面的程序中定义了相应的类模板，使得对于任意类型的二维数组，可以在访问数组元素的同时，对行下标和列下标进行越界判断，并给出相应的提示信息。

请在程序的空白处填入适当的内容。

```
#include <iostream>
template <typename T> class Array;
template <typename T> class ArrayBody {
     friend ____(1)____ ;
     T* tpBody;
     int iRows, iColumns, iCurrentRow;
     ArrayBody (int iRsz, int iCsz) {
          tpBody = ____(2)____ ;
          iRows = iRsz; iColumns = iCsz; iCurrentRow = -1;
     }
  Public:
     T& operator[] (int j) {
          bool row_error, column_error;
          row_error = column_error = false;
          try {
                  if (iCurrentRow < 0 || iCurrentRow >= iRows)
                     row_error = true;
                  if (j < 0 || j >= iColumns)
                     column_error = true;
```

```
                    if (row_error == true || column_error == true)
                        (3)    ;
                }
            catch (char) {
                if (row_error == true)
                    cerr << "行下标越界[" << iCurrentRow << "]";
                if (column_error = true)
                    cerr << "列下标越界[" << j << "]";
                cout << "\n";
            }
            return tpBody[iCurrentRow * iColumns + j];
        }
        ~ArrayBody () {delete[]tpBody;}
};

template <typename T> typename Array {
        ArrayBody<T> tBody;
    Public:
        ArrayBody<T> & operator[] (int i) {
            (4)    ;
            return tBody;
        }
        Array (int iRsz, int iCsz):    (5)    {  }
};

void main(){
    Array<int> a1(10,20);
    Array<double> a2(3,5);
    int b1;
    double b2;
    b1 = a1[-5][10];        //有越界提示, 行下标越界[-5]
    b1 = a1[10][15];        //有越界提示, 行下标越界[10]
    b1 = a1[1][4];          //没有越界提示
    b2 = a2[2][6];          //有越界提示, 列下标越界[6]
    b2 = a2[10][20];        //有越界提示, 行下标越界[10], 列下标越界[20]
    b2 = a2[1][4];          //没有越界提示
}
```

4. 指出下面各程序的运行结果。

（1）

```
#include<iostream.h>
template <typename T> class Sample {
        T n;
    public:
        Sample (T i){ n = i;}
        void operator++ ();
        void disp(){std::cout << "n=" << n << endl;}
};
```

```
template <typename T> void Sample<T>::operator++ () {
    n += 1;    //不能用n++
}

void main() {
    Sample <char> s ('a');
    s ++;
    s.disp ();
}
```

（2）

```
#include<iostream.h>
template<typename T> class Sample {
    T n;
public:
    Sample (){}
    Sample (T i) {n = i;}
    Sample <T>& operator+ (const Sample<T>&);
    void disp(){std::cout << "n = " << n << std::endl;}
};

template<typename T> Sample<T>&Sample<T>::operator+ (const Sample<T>&s) {
    static Sample<T> temp;
    temp.n = n + s.n;
    return temp;
}

void main(){
    Sample<int>s1 (10),s2 (20),s3;
    s3 = s1 + s2;
    s3.disp ();
}
```

开发实践

1. 编写一个对一个有 n 个元素的数组 x[ ]求最大值的程序，要求将求最大值的函数设计成函数模板。

2. 编写一个函数模板，它返回两个值中的较小者。

3. 编写一个使用类模板对数组进行排序、查找和求元素和的程序。

4. 完善 8.2.5 节的 MyVector，使它能进行加、减、乘、除计算。

5. 设计一个数组类模板 Array<T>，其中包含重载下标操作符函数，并由此产生模板类 Array<int>和 Array<char>，最后使用一些测试数据对其进行测试。

第9章 STL 编程

9.1 STL 概述

C++ Boost 库

STL（Standard Template Library，标准模板库）是 C++98 标准增加的一个特别重要的部分，它作为 6 类高层次的集合，提供了一种新的编程模式——面向对象程序设计与泛型程序设计相结合。

9.1.1 容器

1．容器及其特点

容器（container）就是保存其他对象的对象。或者说，是一种数据结构，如 list，vector 和 deques 等。在 C++ STL 中，容器以模板类的方法提供。它们具有如下特点。

（1）STL 容器存储的必须是同一类型（或类）对象。

（2）类型（可以是内置类型，也可以是 OOP 定义的 class）是容器的参数，因此要求类型必须是可以复制构造的和可赋值的。内置类型是满足这一要求的。而 OOP 定义的 class 中，只要没有将复制构造函数和赋值运算符声明为私密或保护的，也满足这一要求。

（3）容器中所存储的对象为容器所有。因此，当容器的声明周期结束时，存储在容器中的对象的声明周期也随之结束。

（4）容器具有可自扩展性。即创建一个容器不需要预先确定它要存储多少对象，只要创建一个容器对象并合理地调用它所提供的方法，所有的处理细节将由容器自身来完成，包括为不断增删的对象申请内存或释放内存，并且无须进行 new 和 delete 操作。

2．容器的类型

C++ 中处理容器是采用基于模板的方式。STL 提供了一组具有不同特性的容器类模板，并将它们简称容器。这些容器可以分为两大类：序列容器（sequence container）和关联容器（associative container）。图 9.1 为其中主要几种容器的特征。

1）序列容器

序列（sequence）容器也称线性容器。其主要特点是容器中的元素逻辑有序，即每个元素均有确凿的、取决于插入时机和地点的逻辑位置。当向容器中置入新元素时，其逻辑排列与置入的顺序一致。

序列容器按照物理存储方式又可以分为两种：线性顺序容器（如 vector、deque、array、string 等）和线性连接容器（如 list、forward_list 等）。这里，前面的"线性"二字指逻辑上

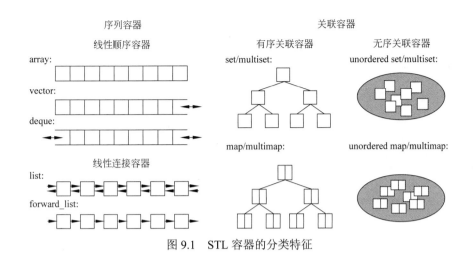

图 9.1 STL 容器的分类特征

的序列关系，后面的"顺序/连接"指物理上的存储关系，即线性顺序容器中的元素通过物理地址相邻来保障逻辑关系上的相邻关系。而线性连接容器中的相邻元素不一定有物理地址的相邻，它是靠指针指向下一个元素或指针指向上一个元素来确立逻辑上的相邻关系。

2）关联容器

关联容器（associative container）有如下特征。

（1）关联容器的一个显著特点是它是以键值的方式来保存数据，即它能把关键字和值关联起来保存，而顺序性容器只能保存一种（可以认为它只保存关键字，也可以认为它只保存值）。在下面具体的容器类中可以说明这一点。将值与键关联在一起，并使用键查找值，实现了对元素的快速访问。

（2）关联容器的元素之间没有严格的逻辑上的顺序关系，即元素在容器中并不一定保存元素置入容器时的逻辑顺序。但是关联容器提供了另一种根据元素特点排序（如二叉树）的功能。于是它们就可以分为已排序关联式容器和无序（关联式）容器两类，并且每一类中都有对应的 set、multiset、map、multimap 4 种底层为二叉树的有序关联容器类型。此外，C++11 针对上述 4 类分别增加了底层为 hash 表的 4 类无序关联容器，形成 8 类关联容器，如表 9.1 所示。

表 9.1 8 类关联容器的特点

不可重复类型	可重复类型	存储元素形式	底层结构分类	有序性分类
set	multiset	键或值，直接检索	二叉树	有序
map	multimap	一对多映射，关键字检索		
unordered_set	unordered_multiset	键或值，hash\<key\>索引	hash 表	无序
unordered_map	unordered_multimap	一对多映射，hash\<key\>索引		

3. 容器的实例化

容器的实例化非常简单，只需要注意以下两点。

（1）包含合适的头文件。

（2）将需要存储的对象类型作为模板格式的参数。

例如：

```
#include <vector>
vector<int> intVector;                //创建 vector 对象 intVector
vector<double> doubVector (8);        //创建 vector 对象 doubVector
```

注意：创建 STL 容器对象时，可以指定容器大小，也可以不指定。因为容器本身可以管理容器大小。

9.1.2 迭代器

1. 迭代器及其基本类型

迭代器是指向序列元素指针的抽象，它指向容器对象中的一个元素，并利用递增操作符实现向下一个元素的移动，获取下一个元素，从而实现在容器对象中的漫游遍历，并在此过程中不需担心越界，因而比下标操作更通用，也更加安全。现代 C++ 程序更倾向于使用迭代器而不是下标操作访问容器元素。标准库为每一种标准容器定义了一种迭代器类型。这些迭代器可以分为如下一些类型。

1）按照容器的性质分类

从所遍历的容器性质看，迭代器可以分为如下 3 类。

（1）iterator：可以在容器中遍历，并修改所指向元素的值。

（2）const_iterator：可以在容器中遍历，但只可读取，不可修改所指向元素的值。

（3）const iterator：必须初始化，一旦被初始化，就只能用它来改变所指元素，不能使它指向其他元素。

2）按照漫游方式分类

按照漫游方式，迭代器可以分为如下 5 类。

（1）input iterators（输入迭代器）：程序从容器读取数据，用++实现正向移动并只读一次。

（2）output iterators（输出迭代器）：程序向容器写数据，用++实现正向移动并只写一次。

（3）forward iterators（正向迭代器）：可读、可写，只能用++遍历。

（4）bidirectional iterators（双向迭代器）：可读、可写，可用++，也可用－－移动指针。

（5）random access iterators（随机访问迭代器）：双向迭代器加上在常量时间中向前或者向后跳转一个任意的距离。

不同的容器获取迭代器的特性不同。表 9.2 列出了常用标准容器支持的迭代器类型。

表 9.2 常用标准容器支持的迭代器类型

STL 容器	支持的迭代器类型	STL 容器	支持的迭代器类型
vector	随机访问迭代器	map	双向迭代器
deque	随机访问迭代器	multimap	双向迭代器
list	双向迭代器	stack	不支持迭代器
set	双向迭代器	queue	不支持迭代器
multiset	双向迭代器	priority_queue	不支持迭代器

2. 迭代器的操作

一个类型要能作为迭代器，就必须提供一组适当的操作。表 9.3 对 5 类迭代器的能力进行了比较。

表 9.3　5 类迭代器的能力比较

	操 作 类 型	输出迭代器	输入迭代器	正向迭代器	双向迭代器	随机访问迭代器
构造函数	无参构造函数			√	√	√
	复制构造函数	√	√	√	√	√
写	operator*、operator=，（形式：*p =）	√		√	√	√
读	operator*、operator=，（形式：= *p）		√	√	√	√
访问	operator[]					√
	operator->		√	√	√	√
迭代	operator++	√	√	√	√	√
	operator--				√	√
	operator+、operator-、operator+=、operator-=					√
比较	operator<、operator>、operator<=、operator>=					√
	operator==、operator!=	√	√	√	√	√

说明：从表 9.3 可以得出以下结论。

（1）所有的迭代器都支持正向迭代（即++），唯有双向迭代器和随机访问迭代器支持逆向迭代（即- -）。

（2）所有迭代器都支持迭代器之间的比较（operator = =）。如果两个迭代器指向同一元素，那么返回 true；否则返回 false。operator != 与之相反。

（3）所有迭代器都支持访问容器元素（operator*）。假如迭代器 it 指向容器的一个元素，那么解引用*it 就是该元素的值。

（4）只有随机访问迭代器可以加、减整数，取得相对地址。

（5）每种容器都定义了一对命名为 begin( )和 end( )的函数，用来对迭代过程进行控制。begin 返回的迭代器指向第一个元素，end 返回的迭代器指向最后一个元素的下一个位置（实际上是一个不存在的元素），所以迭代序列为(begin( ), end( ))。如果容器为空，那么begin( )返回与 end( )一样的迭代器。注意，不能对 end( )进行解引用和比较。

3. 迭代器的使用

使用一个迭代器，不需要包含特别的头文件，但先要用操作的容器类型和关键字 iterator 对其进行声明，格式如下。

容器名<容器类型>::**iterator** 迭代器名

【代码 9-1】　一个输出迭代器应用示例。

```
#include <iostream>
#include <algorithm>
#include <list>

int main(){
  char a[] = "abcdefghijk";
  std::list<char> aList;

  for (int i = 0; i < 11; ++ i)
    aList.push_back (a[i]);

  std::list<char>::iterator iter;          //声明一个输出迭代器
  for (iter = aList.begin (); iter != aList.end ();iter ++)
    std::cout << *iter << ",";
  std::cout << "\n";

  return 0;
}
```

程序执行结果如下。

a,b,c,d,e,f,g,h,i,j,k,

9.1.3　容器的成员函数

成员函数分为 4 个层次。

（1）所有容器。

（2）序列容器和关联容器。

（3）一类容器。

（4）具体容器。

下面仅介绍前 3 类成员函数。

1. 所有标准容器都有的成员函数

这里先介绍所有容器类都具有的成员函数。表 9.4 列出了对于标准容器都适用的一些成员函数。当然，对于特定的容器，还会有自己特定的成员函数。

表 9.4　标准容器共有的成员函数

成员函数名	功　　　能	注意事项
默认构造函数	初始化一个空容器对象	
复制构造函数	将容器初始化为现有同类容器副本的构造函数	
析构函数	不再需要容器时进行内存整理的析构函数	
operator=	将一个容器赋给另一个容器	
重载==、!=、<、>、<=、>=	比较两个同类型容器大小	不适用于 priority_queue
int size ()	返回容器对象大小——元素数目	
int max_size ()	返回容器对象可能的最大尺寸	
bool empty ()	返回容器对象是否为空（为空，则返回 true，否则返回 false）	
void swap()	与另外一个同类容器对象交换内容	

注意：

（1）容器对象的容量和大小是两个不同的概念。通常，容量指当前容器可存储的元素数量，大小指已经存储的元素数量。

（2）类型相同的序列容器、关联容器、stack 和 queue 对象，可以使用<、<=、==、>=、>、!=进行词典式比较。

a < b 为 true 发生在如下两种情况。

① 依次逐个比较每个元素，最先发生的 a 中元素小于位置对应的 b 中元素。

② 没有发生 a 中元素小于位置对应的 b 中元素，但 a 中元素少于 b 中元素。

（3）关系操作符有如下一些等价关系。

a != b ⇔ !(a == b)　　　a > b ⇔ b < a　　　a <= b ⇔ !(b < a)

a >= b ⇔ !(a < b)

2. 序列容器和关联容器中共有的成员函数

表 9.5 所列为序列容器和关联容器中共有的常用成员函数。这类成员函数主要分为返回迭代器和删除两类。

表 9.5　所有序列容器和关联容器中共有的常用成员函数

成员函数名	说　　　明
iterator begin()	返回指向容器对象中首元素的迭代器
iterator end()	返回指向容器对象中尾元素后面的位置的迭代器
reverse_iterator rbegin()	返回指向容器对象中尾元素的反向迭代器
const_reverse_iterator rend()	返回指向容器对象中首元素前面位置的反向迭代器
iterator erase(…)	从容器对象中删除一个或多个元素
void clear()	删除容器对象中所有元素

注意：begin、end、rbegin 和 rend 概念的不同，如图 9.2 所示，begin 和 end 指正向迭代的起点和终点，rbegin 和 rend 指反向迭代的起点和终点，二者并不完全重合。

图 9.2 begin、end、rbegin 和 rend 概念辨析

3. 仅序列容器常用成员函数

表 9.6 所列为仅在序列容器中共有的常用成员函数。

表 9.6 仅在序列容器中共有的常用成员函数

成员函数名	说　明
T& front()	返回指向容器对象中首元素的引用
T& back()	返回指向容器对象中尾元素的引用
void push_back()	在容器对象末尾加入新元素
void pop_back()	删除容器对象末尾的元素
void insert(…)	在容器对象中插入一个或多个元素

【代码 9-2】　成员函数的应用实例。

```cpp
#include <iostream>
#include <vector>
using namespace std;

int main(){
  vector<int> intVector1;            //创建 vector 对象 intVector1
  vector<int> intVector2;            //创建 vector 对象 intVector2

  intVector1.push_back (1);          //在容器底部压入值
  intVector1.push_back (3);
  intVector1.push_back (5);
  intVector1.push_back (7);
  intVector1.push_back (9);

  intVector2.push_back (2);          //在容器底部压入值
  intVector2.push_back (4);
  intVector2.push_back (6);
  intVector2.push_back (8);
  intVector2.push_back (10);

  cout << "intVector1: ";
  for (int i = 0; i < 5; i ++)
      cout << '\t' << intVector1[i];
  cout << endl;

  cout << "intVector2: ";
  for (int i = 0; i < 5; i ++)
      cout << '\t' << intVector2[i];
  cout << endl;
```

```
cout << "\nintVector1 == : intVector2: " << (intVector1 == intVector2) << sendl;

cout << "\n 交换 intVector1 与 intVector2:\n";
intVector1.swap(intVector2);

cout << "intVector1: ";
for (int i = 0; i < 5; i ++)
    cout << '\t' << intVector1[i];
cout << endl;

cout << "intVector2: ";
for (int i = 0; i < 5; i ++)
    std::cout << '\t' << intVector2[i];
cout << endl;

return 0;
}
```

程序执行结果如下。

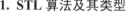

9.1.4　STL 算法

在 C++ STL 中，算法（algorithm）是用来操作容器中的数据对象的非成员函数，由于它们是以采用函数模板的方式实现的，因此能够通用于各种类型的数据。

1. STL 算法及其类型

C++的 STL
算法

STL 提供了大约 100 个实现算法的函数模板。按照功能和目的及是否会改变数据元素的内容，可以将它们分为如下 4 类。

（1）不可修改类序列算法（nonmodifying algorithm）。执行这类算法，并不改变区间内数据元素的值和次序，如计数（count）、查找（find/search）、比较（equal）、求最大元素（max_element）、逐一进行（for_each）等。

（2）可修改类序列算法（modifying algorithm）。执行这类算法，可以修改容器的内容，包括数值、个数等。这些修改可能发生在原来的区间，也可能发生在由于复制旧区间而得到的新区间，如复制（copy）、转换（transform）、替换（replace）、替换-复制（replace_copy）、填充（fill）、去除（remove）、取出-复制（remove_copy）等。

（3）排序及相关类算法（sorting algorithm）。执行这类算法，对区间内元素进行排序，或对已经排序区间进行操作，如排序（sort）、稳固排序（stable_sort）、偏排序（partial_sort）、堆排序（heap_sort）、折半查找（binary_search）、区间合并（interval_combining）、逆序（sequence_inverting）、旋转（rotate）、分隔（partition）等。

（4）数值类算法（numeric algorithm）。执行这类算法，将对区间内元素进行数值运算，如累加（accumulate）、两个容器内部乘积（internal product）、小计（subtotal）、相邻对象差（adjacent objects difference）、转换绝对值（absolute value）和相对值（relative value）等。

注意：STL 算法部分主要由头文件<algorithm>、<numeric>、<functional>组成。要使用 STL 中的算法函数必须包含头文件<algorithm>，对于数值算法须包含<numeric>，<functional>中则定义了一些模板类，用来声明函数对象。

2. 算法参数

STL 算法参数有 3 种用途。

1）操作对象在一个区间时决定算法作用区间的起点和终点

【代码 9-3】   用 sort 算法对一个区间的对象排序。

```cpp
#include <iostream>
#include <algorithm>                    //算法定义头文件

int main(){
  int a[] = {2,9,3,6,8,5,1,7,4};
  size_t n = sizeof (a) / sizeof (*a);

  std::cout << "排序前的序列：";
  for (int i = 0; i < n; a ++)
    std::cout << a[i] << ",";
  std::cout << "\n";

  std::sort (a,a + n);               //区间为[a,a + n]
  std::cout << "排序后的序列：";
  for (int i = 0; i < n; a ++)
    std::cout << a[i] << ",";
  std::cout << "\n";

  return 0;
}
```

程序执行结果如下。

```
排序前的序列：2,9,3,6,8,5,1,7,4,
排序后的序列：1,2,3,4,5,6,7,8,9,
```

说明：a 是一个数组名，其类型是 int []，所以 sizeof(a)计算的是数组 a 的字节数；由于 a 是指向数组 a 的首元素的指针，即*a 实际上就是数组 a 的首元素，sizeof(*a)计算的就是数组 a 的首元素的字节数，因此，sizeof (a) / sizeof (*a)就是数组 a 的元素个数。size_t 是在 cstddef 头文件中用 typedef 定义的一个变量类型，在一般系统中为 unsigned int 类型，在 64

位系统中为 long unsigned int 类型。在 C++中，设计 size_t 的目的是为了适应多个平台。

2）操作对象在多个区间时指定算法作用区间

操作对象在多个区间时指定算法作用区间，如源区间的起点、终点、目的区间的起点等。

【代码 9-4】 search ( )算法可以在一个容器中查找另一个容器指定序列的顺序值。

```cpp
#include <iostream>
#include <algorithm>

int main(){
    int a[] = {2,9,3,6,8,5,1,7,4};
    int b[] = {8,5,1};

    size_t na = sizeof (a) / sizeof (*a);
    size_t nb = sizeof (b) / sizeof (*b);

    int* ptr;
    ptr = std::search (a,a + na,b,b + nb);      //在 a 序列中找 b 序列出现的顺序值

    if (ptr == a + na)                          //找到 a 序列的末尾
        std::cout << "找不到!\n";
    else
        std::cout << "出现位置为: " << (ptr - a) << endl;
    return 0;
}
```

程序执行结果如下。

```
出现位置为: 4
```

3）可以用不同的策略在执行操作时决定操作的方式

例如排序是升序还是降序等。

【代码 9-5】 两种排序策略。

```cpp
#include <iostream>
#include <algorithm>
#include <functional>

int main(){
    int a[] = {2,9,3,6,8,5,1,7,4};
    size_t n = sizeof (a) / sizeof (*a);

    std::sort (a,a + n,std::less<int> ());        //指定升序策略
    std::cout << "升序排序后的序列: ";
    for (int i = 0; i < n; i ++)
        std::cout << a[i] << ",";
    std::cout << "\n";
```

```
std::sort (a,a + n,std::greater<int> ());   //指定降序策略
std::cout << "降序排序后的序列: ";
for (int j = 0; j < n; j ++)
    std::cout << a[j] << ",";
std::cout << "\n";

return 0;
}
```

程序执行结果如下。

```
升序排序后的序列: 1,2,3,4,5,6,7,8,9,
降序排序后的序列: 9,8,7,6,5,4,3,2,1,
```

说明: less< > ( )和 greater< > ( )称为函数对象，用它们来表示策略。使用系统定义的函数对象，需要包含头文件<functional>。

3. 迭代器匹配算法

迭代器连接了算法和容器，于是就有一个哪些迭代器适合于哪些容器和算法的问题。表 9.2 列出了哪些迭代器适合于哪些容器，表 9.7 则表明了典型算法需要的迭代器类型。

表 9.7 迭代器对容器和算法的匹配

算法类型	输入迭代器	输出迭代器	正向迭代器	双向迭代器	随机访问迭代器
for_each	√				
find	√				
count	√				
copy	√				
replace		√	√		
unique			√		
reverse				√	
sort					√
nth_element					√
merge	√	√			
accumulate	√				

9.1.5 函数对象

1. 函数对象的概念

函数对象又称仿函数，顾名思义就是能够以函数调用形式出现的任何对象。从实现角度看，如果一个类或构造体重载操作符 operator ( )，则该类产生的对象就是一个函数对象。所以，仿函数对象在行为上类似函数，可作为算法的某种策略。一般函数指针可视为狭义的仿函数。

函数对象是比函数更加通用的概念。使用函数对象可以完成普通函数完成不了的工作。传统的函数只能使用不同的名字来提供对不同类型参数的处理，而函数对象可以用相同的名字来提供对不同类型对象的处理。这也是泛型编程的特点。例如，要为不同类型的容器提供排序算法，只要编写一个支持不同类型容器的函数对象就可以了。函数对象可以有自己的成员函数和成员变量，利用这一点可以让同一个函数对象在不同的时间有不同的行为，也可以在使用它之前对它进行初始化。因此，说函数对象是一种"聪明的函数"（smart functions）。此外，函数对象被编译器更好地优化了，使用它还会带来效率的提升。

【代码 9-6】 函数对象示例。

```
#include <functional>
template<class T> class AbsoluteLess : public std::binary_function<T,T,bool> {
public:
  bool operator ( ) (T x ,T y) const
  { return abs (x) > abs (y); }
};
```

说明：

（1）binary_function 是一个内定义的函数对象。使用内定义的函数对象要包含头文件 <functional>。

（2）自定义的函数对象 AbsoluteLess 重载了 binary_function 的 operator ()。

【代码 9-7】 代码 9-6 所定义的函数对象的应用。

```
#include <iostream>
#include <functional>

//定义函数对象
template<typename T> class AbsoluteLess : public std::binary_function<T,T,bool> {
    public:
        bool operator ( ) (T x ,T y) const
        { return abs (x) > abs (y); }
};

//定义气泡排序函数模板
template<class T,class CompareType>
void Bubble_Sort (T* p,int size,const CompareType& Compare) {
    for (int i = 0; i < size; ++ i) {
        for (int j = i + 1; j < size; ++ j){
            if (Compare (p[i],p[j])) {
                const T temp = p[i];
                p[i] = p[j];
                p[j] = temp;
            }
        }
    }
}

//定义显示函数模板
```

```
template<typename T>void Display (T* p1,T* p2) {
    for (T* p = p1; p < p2; ++ p)
        std::cout << *p << ",";
    std::cout << endl;
}


//测试函数
int main(){
    double a[7] = {-7.77,-8.88,55.5,33.3,77.7,-11.1,22.2};
    int size = sizeof (a)/sizeof (double);
    Bubble_Sort (a, size, std::greater<double> ());  //使用预定义函数对象
    std::cout << "按照自然值排序: ";
    Display (a, a + size);

    Bubble_Sort (a, size, AbsoluteLess<double> ());  //使用自定义函数对象
    std::cout << "按照绝对值排序: ";
    Display (a, a + size);
    return 0;
}
```

测试结果如下。

```
按照自然值排序: -11.1,-8.88,-7.77,22.2,33.3,55.5,77.7,
按照绝对值排序: -7.77,-8.88,-11.1,22.2,33.3,55.5,77.7,
```

2. 预定义函数对象

很多 STL 算法需要一个函数对象类型的参数来传递额外信息,如执行操作的方式和策略。为此,STL 内定义了各种函数对象,其中包括所有内置的算术、关系和逻辑操作符,内置操作符与等价的 STL 函数对象如表 9.8 所示。这些预定义函数对象都是自适应的。

表 9.8　内置操作符与等价的 STL 函数对象

操作符	等价的函数对象	操作符	等价的函数对象	操作符	等价的函数对象
+	plus	–	negate	>=	greater_equal
–	minus	==	equal_to	<=	less_equal
*	multiplies	!=	not_equal_to	&&	logical_and
/	divides	>	greater	||	logical_or
%	modules	<	less	!	logical_not

3. 函数对象配接器

函数对象配接器是一种特殊的类,用来特殊化或者扩展一元和二元函数对象,例如,能够把一个函数对象与另一个函数对象(或值或普通函数)组合成一个新的函数对象。它们定义于 C++标准头文件<functional>中,并可以被分成如表 9.9 所示的 3 类。

表 9.9 STL 常用函数配接器

函数配接器及其形式		说　　明
绑定器	bind1st (op,val)	把函数对象 op 的第 1 个参数绑定为 val，即等价于 "op (val,param);"
	bind2nd (op,val)	把函数对象 op 的第 2 个参数绑定为 val，即等价于 "op (param, val);"
否定器	not1 (op)	对一元函数对象 op 的调用表达式求反，即等价于 "! (op (param));"
	not2 (op)	对二元函数对象 op 的调用表达式求反，即等价于 "! (op (param1,param2));"
适配器	ptr_fum (op)	把普通函数 op 转换成函数对象 op (param)或 op (param1,param2)，以便与其他函数对象再次配接
	mem_fun_ref (op)	对区间中的对象元素调用 const 成员函数 op
	mem_fun (op)	对区间中的对象指针元素调用 const 成员函数 op

说明：

（1）绑定器（binder）用于绑定一个函数参数。C++标准库提供了两种预定义的 binder 配接器：bind1st 和 bind2nd。它们的区别在于把值绑定到二元函数对象的不同参数上。例如，为了计数容器中所有小于或等于 10 的元素个数，可以这样向 count_if ( )传递：

```
count_if (vec.begin (),vec.end (),bind2nd (less_equal<int> (),10));
```

（2）否定器（negator）用于否定谓词对象。STL 标准库提供了两个预定义的 negator 配接器 not1 和 not2。它们的区别是，其所反转的函数对象的参数个数分别是一元和二元。例如，在计数容器中所有不小于或等于 10 的元素个数时，可以这样取反 less_equal 函数对象：

```
count_if (vec.begin (),vec.end (),not1 ( bind2nd (less_equal<int> (),10)));
```

9.1.6 STL 标准头文件

STL 几乎所有的代码都采用了模板类和模板函数的方式，这相比于传统的函数库和类库提供了更好的代码重用机会。为了很好地使用它们，除了要深刻理解它们的有关属性外，还需要注意以下两点。

（1）它们所有的标识符都声明于标准命名空间 std 中。

（2）它们的每一个定义都存在于相应的头文件中，并分布于表 9.10 中介绍的 14 个 STL 标准头文件中。了解这些头文件，对于正确地使用 STL 非常重要。

表 9.10 STL 标准头文件

头文件类型	头文件名称	内　容　说　明
函数对象	functional	算术运算、关系运算和逻辑运算类函数对象和函数配接器
算　法	algorithm	常用算法函数模板
容　器	vector	vector 容器及其常用操作
	list	list 容器及其常用操作
	deque	deque 容器及其常用操作
	set	set/multiset 容器及其常用操作
	map	map/multimap 容器及其常用操作

头文件类型	头文件名称	内　容　说　明
容　　器	stack	stack 容器配接器及其常用操作
	queue	queue 容器配接器及其常用操作
	string	C++字符串类及其常用操作
迭　代　器	iterator	各种类型迭代器及其常用操作
其　　他	numeric	常用数字算法
	memory	内存分配与管理的全局函数、auto_ptr 类及其常用操作
	utility	pair 类型及其常用操作，其他工具函数

9.2　线性顺序容器

线性顺序容器是底层为数组的容器，其特点是元素在逻辑上和物理上的顺序是一致的。

9.2.1　vector

1. vector 的特点

vector 是一个模板类，具有如下特点。

（1）可以存放任何同一类型的对象，并在逻辑上严格按照线性序列排序，在物理上被连续存储。不仅可以使用迭代器（iterator）按照不同的方式遍历容器，还可以使用指针的偏移方式访问。

（2）vector 容器使用动态（长度不固定）数组存储、管理对象。因此，它不仅能提供和数组一样的性能，用下标随机访问个别元素，而且能很好地调整存储空间大小，在运行时在容器的末尾高效地添加元素。

（3）vector 类声明在头文件 vector 中。所以，如果要在程序中使用 vector 容器，就要在程序中包含下面的命令。

```
#include <vector>
```

2.　vector 的构造函数

创建 vector 实例，必须调用 vector 构造函数进行初始化。也就是说 vector 容器内存放的所有元素都是经过初始化的。如果没有指定存储对象的初始值，那么对于内置类型将用 0 初始化；对于类类型则将调用其默认构造函数进行初始化（如果有其他构造函数而没有默认构造函数，那么此时必须提供元素初始值才能放入容器中）。

表 9.11 所示为声明和初始化 vector 容器的方法一览表，vect 代表一个 vector 对象。

表 9.11　声明和初始化 vector 的方法

语　　句	作　　用
vector<elementType> vect;	创建一个没有任何元素的空向量 vect（使用默认构造函数）

语　　　句	作　　用
vector<elementType> vect(otherVecList);	创建一个向量 vect，并用另一个同类型的向量 otherVecList 元素初始化
vector<elementType> vect(size);	创建一个大小为 size 的向量 vect，并使用默认构造函数初始化该向量
vector<elementType> vect(n,elem);	创建一个大小为 n 的向量 vect，该向量中所有的 n 个元素都初始化为 elem
vector<elementType> vect(begin,end);	创建一个向量 vect，并初始化其从 begin 到 end−1 的各元素

【代码 9-8】　vector 对象初始化示例。

```
vector<string> v1;                        //创建 string 类型空向量
vector<int> ivector = {1, 2, 3, 4, 5, 6}; //创建用 6 个整数初始化的 int 类型向量
vector<int> ivector {1, 2, 3, 4, 5, 6};   //C++11 支持的列表初始化
auto p = new vector<double>{1,2,3,4,5};   //创建用 5 个数初始化的 double 类型向量
vector<string> v2(10);                    //创建可容 10 个空串的 string 类型向量
vector<string> v3(5, "hello");            //创建用 5 个"hello"初始化的 string 类型向量
vector<string> v4(v3.begin(), v3.end());  //创建与 v3 相同的向量 v4（完全复制）
```

注意：vector 对象是在自由存储区（堆区）进行存储分配的。这一点不如数组方便。

3. vector 容器操作

（1）vectror 容器含有表 9.4 所列出的标准容器共有的成员函数。

（2）vectror 容器含有表 9.5 所列出的序列容器和关联容器中共有的成员函数。

（3）vectror 容器含有表 9.6 所列出的序列容器中有的成员函数。

（4）vector 类包含了一个 typedef iterator。这是一个 public 成员。通过 iterator 可以声明 vector 容器中的迭代器。使用 iterator 时，必须使用容器名（vector）、容器元素类型和作用域符。

例如语句：

```
vector<int>::iterator intVeciter;         //将 intVeciter 声明为 int 类型的 vector 容器迭代器
```

在定义了一个容器的迭代器后，可以对其施加++或*操作。表达式++intVeciter 是将迭代器 intVeciter 加 1，使其指向容器中的下一个元素。表达式*intVeciter 是返回当前迭代器位置上的元素。

除上述 4 种操作函数外，vector 容器还有自己的一些个性化操作，如支持标准数组元素表示法（下标表示法）访问各元素等。表 9.12 列出了对 vector 容器中元素的常用操作函数。其中有的是在上述 4 类中已经包含的，这里列出仅在说明其具体格式。

表 9.12　vector 容器中元素的常用操作函数

表　达　式	作　　用
vect.erase(position)	删除由 position 指定的位置上的元素
vect.erase(beg,end)	删除从 beg 到 end−1 的所有元素
vect.insert(position, elem)	将 elem 的一个副本插入到由 position 指定的位置上，并返回新元素的位置
vect.insert(position, n, elem)	将 elem 的 n 个副本插入到由 position 指定的位置上

表 达 式	作 用
vect.insert(position, beg, end)	将从 beg 到 end–1 的所有元素的副本插入到 vect 中由 position 指定的位置上
vect.push_back(elem)	将 elem 的一个副本插入到 list 的末尾
vect.resize(num)	将元素个数改为 num。如果 size()增加，默认的构造函数负责创建这些新元素
vect.resize(num, elem)	将元素个数改为 num。如果 size()增加，默认的构造函数将这些新元素初始化为 elem
vect.at(index)	返回由 index 指定的位置上的元素
vect[index]	返回由 index 指定的位置上的元素
vect.front()	返回第一个元素（不检查容器是否为空）
vect.back()	返回最后一个元素（不检查容器是否为空）

vector 容器实例——扑克牌游戏程序

9.2.2 deque

1. deque 及其特点

（1）deque（double ended queue，双端队列）是双向开口的部分线性连续容器。两端都可以相对快速地插入和删除元素。

（2）在物理上它的存储空间是由多个连续空间块通过指针数组动态地连在一起的。这样，在使用时可以动态分配容器的大小，随时加进一块新的连续空间。但是，块与块之间并非地址连续而是部分连续。由于这个原因，deque 不允许使用指针偏移来访问另一个元素，否则将会导致未定义的行为发生。

（3）deque 具有动态的内存分配功能。由于分块组合，虽然内存管理上比较复杂，但增加了一定的灵敏性，尤其在非常长的序列中，重新分配内存的开销比 vector 要小。

（4）deque 允许直接访问序列中的任何元素。

2. deque 有与 vector 类似和相同的操作

deque 除提供了表 9.4 中列出的所有容器共有的函数，提供了表 9.5 中列出的序列容器和关联容器共有的函数外，还提供了与 vector 非常相似的接口。

（1）deque 与 vector 一样，有自己的无参构造函数、析构函数和 operator=、复制构造函数。

（2）deque 与 vector 一样，提供了有元素访问函数：operator[]、at、front、back、push_back、pop_back、insert。

3. deque 独有的函数

deque 提供如下独有的函数。

assign：容器更改函数可以将新内容分配给 deque 容器，替换其当前内容，并相应地修改其大小。

push_front：在双端队列的起始位置之前插入一个元素。

pop_front：删除 deque 容器中的第一个元素，有效地将容器大小减少一个。

emplace（const_iterator position, Args&& args）：通过在 position 处插入新元素来扩展容器，这个新元素使用 args 作为其构造参数来构造。

emplace_front：在容器的开头插入新元素，新元素使用 args 作为其构造参数来构造。使容器的大小加一，与 push_front 类似。

emplace_back：在容器的结尾处插入新元素，新元素使用 args 作为其构造参数来构造。使容器的大小加一，与 push_back 类似。

【代码 9-9】 deque 操作示例。

```cpp
#include <iostream>
using namespace std;
#include <deque>

void printDeque(const deque<int>&d)
{
  for (deque<int>::const_iterator it = d.begin(); it != d.end(); it++)
  {
    cout << *it << endl;
  }
  cout << endl;
}

void test01()
{
  deque<int >d1;

  d1.push_back(11);
  d1.push_back(22);
  d1.push_back(33);
  d1.push_back(44);
  cout << "d1 尾部插入 4 个元素后的内容：\n";
  printDeque(d1);

  deque<int>d2(d1.begin(),d1.end());    //声明一个与 d1 大小相同的 d2
  d2.push_back(12345);

  //交换
  d1.swap(d2);
  cout << "d1 与队尾插入 1234 的 d2 交换后的内容：\n";
  printDeque(d1);

  //d2 数据是 11 22 33 44
  if (d2.empty())
  {
    cout << "为空" << endl;
  }
  else
  {
    cout << "不为空,大小为:" <<d2.size()<< endl;
```

```
    }
}

void test02()
{
  deque<int>d;
  d.push_back(111);
  d.push_back(222);
  d.push_back(333);
  d.push_front(100);
  d.push_front(200);
  cout << "d 从队尾插入 111、222、333，从队首插入 100、200 后的内容：\n";
  printDeque(d);

  //删除队首、删除队尾
  d.pop_back();
  d.pop_front();
  cout << "从队尾和队首各删除一个元素内容：\n";
  printDeque(d);

  cout << "front" << d.front() << endl;
  cout << "back" << d.back() << endl;
}

int main()
{
  test01();
  test02();
  system("pause");
  return 0;
}
```

运行结果如下。

```
d1尾部插入4个元素后的内容：
11
22
33
44

d1与队尾插入1234的d2交换后的内容：
11
22
33
44
12345

不为空，大小为:4
d从队尾插入111、222、333，从队首插入100、200后的内容：
200
100
111
222
333

d从队尾和队首各删除一个元素内容：
100
111
```

```
222
front100
back222
```

9.2.3　array（C++11）

1. array 的特点

如前所述，数组适合长度固定的序列，但是不太安全，且对于自定义类型有些麻烦，还不支持整体性操作。为了支持长度固定的序列操作，而又方便与安全，C++11 新增了模板类 array。array 模板的使用特点如下：

（1）array 对象的长度固定。

（2）array 对象采用栈静态内存分配，而不是自由存储分配，因而与数组效率相当，又比较安全。

（3）创建 array 对象需要包含头文件<array>。

（4）与 vector 一样，在 C++11 中，可用列表初始化 array 对象。

2. 创建 array 对象

创建一个名为 arr 的 array 对象的语法如下。

```
array <typeName, nElem> arr;
```

注意：nElem 为表示 typeName，类型元素个数的常量表达式，不能是变量，而 vector 允许是变量。

【代码 9-10】　array 对象初始化示例。

```
#include <array>
using namespace std;
array <int, 10> iarr;
array <double, 8> darr;
```

3. array 容器属性操作

array 数组容器的大小是固定的。可以通过 sizeof()、size()、max_size()、empty()、fill()、swap()函数获取或操作容器属性。

【代码 9-11】　array 容器容量测试示例。

```
#include <iostream>
#include <array>
using namespace std;

int main(void)
{
    array<int, 5> iarr = {1, 3, 5, 7, 9};
```

```cpp
    cout << "sizeof(array) = " << sizeof(iarr) << endl;
    cout << "size of array = " << iarr.size() << endl;
    cout << "max_size of array = " << iarr.max_size() << endl;

if (arr.empty())
    cout << "array is empty!" << endl;
else
    cout << "array is not empty!" << endl;

    return 0;
}
```

运行结果如下。

```
sizeof(array) = 20
size of array = 5
max_size of array = 5
array is not empty!
```

【代码 9-12】 array 容器整体操作示例。

```cpp
#include <iostream>
#include <array>
using namespace std;

int main(void) {
    array<int, 5> iarr;
    iarr.fill(5);                    //值填充
    cout << "array values: ";
    for (auto i : iarr)
        cout << i << " ";
    cout << endl;

    array<int, 3> first = {1, 2, 3};
    array<int, 3> second = {6, 5, 4};

    cout << "first array values: ";
    for (auto it = first.begin(); it != first.end(); ++it)
        cout << *it << " ";
    cout << endl;

    cout << "second array values: ";
    for (auto it = second.begin(); it != second.end(); ++it)
        cout << *it << " ";
    cout << endl;

    first.swap(second);              //值交换

    cout << "swap array success!" << endl;
```

```
    cout << "first  array values: ";
    for (auto it = first.begin(); it != first.end(); ++it)
        cout << *it << " ";
    cout << endl;

    cout << "second array values: ";
    for (auto it = second.begin(); it != second.end(); ++it)
        cout << *it << " ";
    cout << endl;

    return 0;
}
```

运行结果如下所示。

```
array values: 5 5 5 5 5
first  array values: 1 2 3
second array values: 6 5 4
swap array success!
first  array values: 6 5 4
second array values: 1 2 3
```

4. 容器比较

可以使用>、<、<=、>=、==、!=等符号对两个 array 数组容器进行比较。

【代码 9-13】   array 容器比较示例。

```
#include <iostream>
#include <array>
using namespace std;

int main(void)
{
    array<int,5> a = {10, 20, 30, 40, 50};
    array<int,5> b = {10, 20, 30, 40, 50};
    array<int,5> c = {50, 40, 30, 20, 10};

    if (a == b)
        cout << "a == b" << endl;
    else
        cout << "a != b" << endl;

    if (a == c)
        cout << "a == c" << endl;
    else
        cout << "a != c" << endl;

    if (a < c)
        cout << "a < c" << endl;
    else
```

```
      cout << "a >= c" << endl;

   return 0;
}
```

运行结果如下所示。

```
a == b
a != c
a < c
```

5. array 迭代器

可以通过 begin()、end()、rbegin()、rend()、cbegin()、cend()、crbegin()、crend()函数用
迭代器遍历 array 对象中的元素。

【**代码 9-14**】   array 迭代器用法示例。

```
#include <iostream>
#include <array>
using namespace std;

int main(void)
{
   array<int, 5> iarr = {1, 2, 3, 4, 5};
   std::cout << "array values: ";
   for (auto it = arr.begin(); it != arr.end(); ++it)
      cout << *it << " ";
   cout << endl;

   return 0;
}
```

运行结果如下。

```
array values: 1 2 3 4 5
```

6. 访问 array 元素

可以通过下标运算符（[ ]）以及 at()、front()、back()、data()等访问 array 容器元素。

【**代码 9-15**】   array 容器比较示例。

```
#include <iostream>
#include <array>
using namespace std;

int main(void) {
   array<int, 5> iarr = {1, 2, 3, 4, 5};

   cout << "array[0] = " << iarr[0] << endl;
```

```
    cout << "array.at(4) = " << iarr.at(4) << endl;
    cout << "array.front() = " << iarr.front() << endl;
    cout << "array.back() = " << iarr.back() << endl;
    cout << "&array: " << iarr.data() << " = " << &iarr << endl;

    return 0;
}
```

运行结果如下。

```
array[0] = 1
array.at(4) = 5
array.front() = 1
array.back() = 5
&array: 0x7ffd22df6e50 = 0x7ffd22df6e50
```

建议：使用 array 数组容器代替 C 类型数组，使操作数组元素更加安全。

9.2.4 valarray

1. valarray 的特点

valarray 是声明在头文件 <valarray>中的一种数组模板，它有如下一些特点。

（1）valarray 是专注于数值计算的类模板，它除重载了所有的算术运算符外，还定义了丰富的数学计算函数，如表 9.13 所示。

表 9.13　valarray 元素计算函数

函数名	功　　能	函数名	功　　能
abs()	返回每个元素的绝对值	asin ()	返回每个元素的反正弦值
acos()	返回每个元素的反余弦值	atan()	返回每个元素的正切值
atan2()	返回每个元素的笛卡儿正切值	cos()	返回每个元素的余弦值
cosh()	返回每个元素的双曲线余弦值	exp()	返回每个元素的自然指数 E^x
log()	返回每个元素的自然对数	log10()	返回每个元素的以 10 为底的自然对数
exp()	返回每个元素的 x^y	sin()	返回每个元素的正弦值
sinh()	返回每个元素的双曲线正弦值	sqrt()	返回每个元素的开方值
tan()	返回每个元素的正切值	tanh()	返回每个元素的反正切值

（2）valarray 提供了 size()（返回包含的元素数）、sum()（返回所有元素的总和）、max()（返回最大的元素）和 min()（返回最小的元素）等方法，支持了重用统计分析。

（3）valarray 仅支持长度固定的数组，因此不提供 push_back()和 insert()。

（4）valarray 不是 STL 的一部分，不支持插入、排序、搜索等操作。

（5）valarray 没有返回元素迭代器的成员函数，但有专门的非成员函数版本的 begin()和 end()，可以返回随机访问迭代器。这使我们能够使用基于范围的 for 循环来访问 valarray 中的元素，并且可以将算法应用到元素上。

2. 创建 valarray 对象

【代码 9-16】 valarray 对象创建示例。

```
double gpa[5] = {1.1, 2.2, 3.3, 4.4, 5.5};
valarray<double> v1;                //double 类型数据的集合, size 为 0
valarray<int> v2(8);                //含有 8 个 int 类型数据的集合
valarray<int> v3(10, 8);            //含有 8 个 int 类型数据的集合, 每个元素初始化为 10
valarray<double> v4(gpa, 4);        //含有 4 个 double 元素的集合, 并用 gpa 的前 4 个元素进行初始化
valarray<int> v5 = {1, 2, 3, 4, 5};  //使用初始化列表
```

3. valarray 容器操作接口

表 9.14 为 valarray 容器操作接口。

表 9.14 **valarray** 容器操作接口

函数名	功　能	函数名	功　能
apply()	将指定函数用于 valarray 对象的所有元素	shift()	将 valarray 中所有元素移动指定数量的位置
resize()	将 valarray 中的元素数量更改为指定的数量,根据需要添加或删除元素	cshift()	循环地将一个 valarray 中的所有元素移动指定数量的位置
max()	查找 valarray 中最大的元素	min()	查找 valarray 中的最小元素
size()	查找 valarray 中的元素数量	sum()	确定非零长度值数组中所有元素的和

9.3　线性链表容器

9.3.1　从链表构建说起

1. 指向构造体变量的指针

一个构造体类型一经被定制, 就可以用它定义指向该类型的指针。例如, 一旦定制了一个名为 struct student 的构造体, 就可以用它声明一个指向该构造体类型的指针, 并可以用该类型的构造体变量地址去初始化或赋值给这个指针。这个指针就成为一个指向特定构造体变量的指针。

```
struct student std1;         //声明一个 struct student 类型的变量
struct student * pStud;      //声明一个指向 struct student 类型的指针
pStud = &std1;               //pStud 成为一个指向 std1 的指针
```

前面介绍了使用分量（成员）运算符可以访问一个构造体变量的某个成员。同样, 用箭头运算符（->）也可以访问一个指针所指向的构造体的分量。例如, 在已经有上述声明的前提下, 下面 3 个语句是等效的。

```
std1.stuName;
pStud -> stuName;
(*pStud).stuName;
```

2．用构造体构造链表

链表（linked list）由一系列结点（node）组成。每个结点由两部分组成：信息数据和指针。信息数据往往是某种对象（如学生、通讯录等）的相关数据。用指针表示相邻结点之间的顺序关系，而不像数组那样用顺序的地址表示元素间的顺序关系。最常用的链表结点是使用一个直接后继（next）指针，用来指示直接后继结点是哪个。这种链表称为单向链表（one-way linked list），简称单链表。图 9.3 所示为一个用于管理学生信息的单链表结构。可以看出，第 1 个结点需要用一个头（head）指针指示，最后一个结点的 next 指针要被设置成空指针，表示后面没有连接的结点。

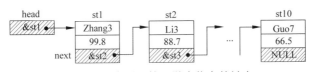

图 9.3　一个用于管理学生信息的链表

在 C++中，链表结点可以是一个构造体变量，也可以是一个类对象。只是，每个结点都要设置用于连接的指针。

3．链表的特点

使用链表可以带来以下两个方面的好处。

（1）不需要一片连续的存储空间。数组要求一片连续的存储空间，特别是大型数组，对于内存分配的要求较高。而链表不要求一片连续的存储空间，只要能够存放一个结点数据，该空间即可被利用，对于内存分配的要求较低。

（2）插入、删除操作效率高。在数组中插入或删除一个元素，必须移动其后面的所有元素，而在链表中插入或删除一个结点不需要移动任何结点，只要修改有关连接指针即可，所以插入、删除操作效率较高。

图 9.4 为在链表中插入一个结点的情形。显然，插入时只要修改前结点（如图中的 st1）的 next 指针，将其指向改为要插入结点（如图中由&st2 改为&st1），并将插入结点（如图中的 st1）的 next 指向原来的后续结点（如图中的&st2）即可。

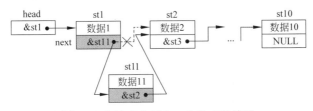

图 9.4　在链表中插入一个结点的情形

图 9.5 为删除链表中一个结点的情形。在删除一个结点时，只需要将其前结点的 next 指针改为指向要删除结点的后继结点（如图中将 head 的值由&st1 改为&st2）即可，无须移动任何结点。

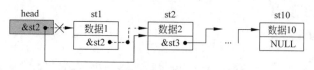

图 9.5　在链表中删除一个结点的情形

4. 双向链表

前面介绍的链表中，每个结点使用一个指针指向下一个结点，使其连接方向是单向的，故称单向链表。对单向链表的访问要从头部开始进行顺序读取，终止于最后一个指向 NULL 的指针。如图 9.6 所示，双向链表的每一个结点都包括一个信息块 info、一个前驱指针 pre、一个后驱指针 post。这样，从双向链表中的任意一个结点开始，都可以很方便地访问它的前驱结点和后继结点。所以，当插入或删除一个结点时，需要修改两个指针。它与单链表相比，其优势之处在于，可以正向遍历，也可以逆向遍历。

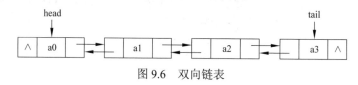

图 9.6　双向链表

9.3.2　list

1. list 的特点

list 与 vector 都称为线性表，它们的元素都是成一维逻辑结构。但是，vector 称为顺序表，即表中的所有元素是在内存中顺序存放的。而 list 是一种定义在头文件<list>之中的双向链表结构模板，其元素并不要求存储在一段连续的内存中，而是通过指针串连成逻辑上的顺序关系。

2. 构造 list 对象

创建 list 对象，要使用 list 构造函数。常用的 list 构造函数如表 9.15 所示。

表 9.15　常用的 list 构造函数

表　达　式	作　　用
list( )	创建一个空 list 对象
list(size_type n)	创建一个元素个数为 n 的 list 对象
list(size_type n,const &t t)	创建一个元素个数为 n，且元素都为 t 的 list 对象
list(const deque&)	创建一个 list，并用一个已存在的 list 中的元素去初始化
list(const_iterator,const_iterator)	创建一个 list，用 const_iterator~const_iterator 范围内的元素初始化

举例如下。

```
list<int> c0;                  //空链表
list<int> c1(3);               //创建一个含 3 个默认值为 0 的元素的链表
list<int> c2(5,2);             //创建一个含 5 个元素的链表，其值都是 2
```

```
list<int> c4(c2);                    //创建一个 c2 的 copy 链表
list<int> c5(c1.begin(),c1.end());   //c5 含 c1 一个区域的元素[_First, _Last)
```

3. list 迭代器

迭代器是容器与算法之间的桥梁。因此，一个容器对象被创建后，往往还要为其定义相应的迭代器。list 中与迭代器相关的成员函数如表 9.16 所示。

表 9.16　list 中与迭代器相关的成员函数

表　达　式	作　　用	表　达　式	作　　用
iterator begin( )	返回 list 的头指针	iterator end( )	返回 list 的尾指针
const_iterator begin( )const	返回 list 的常量头指针	const_iterator end( )const	返回 list 的常量尾指针
reverse_iterator rbegin( )	返回 list 的反向头指针	reverse_iterator rend( )	返回 list 的反向尾指针
const_reverse_iterator rbegin( )const	返回 list 的反向常量头指针	const_reverse_iterator rend( )const	返回 list 的反向常量尾指针

【代码 9-17】　 list 容器的创建与元素迭代示例。

```
#include <list>
#include <iostream>
using namespace std;

int main(){
    list<int> c1(10);                //定义一个大小为 10 的 int 类型 list 容器
    list<int>::iterator it;          //定义一个 list<int>迭代器
    int i = 1;
    it = c1.begin();

    while(it!=c1.end()){
        *it++ = i++;
    }

    it = c1.begin();
    while(it!=c1.end()){
        cout << *it++ << "\t";
    }
}
```

测试结果如下。

```
1    2    3    4    5    6    7    8    9    10
```

4. list 其他操作

（1）list 容器含有表 9.4 所列出的标准容器共有的成员函数。

（2）listr 容器含有表 9.5 所列出的序列容器和关联容器中共有的成员函数。

（3）listr 容器含有表 9.6 所列出的序列容器中共有的成员函数。

1）针对个别元素的操作

除了 front( )、back( )、push_back(const T& t)、pop_back( )、clear( )、swap(list&，const T&t)、
resize(size_type n, T x = T ( ))外，list 还针对个别元素操作定义了表 9.17 所示的一些成员
函数。

表 9.17　**list** 中面向个别元素操作的成员函数

表　达　式	作　　用
void push_front(const T& t)	在 list 头部插入一个元素值为 t
void pop_front( )	在 list 头部删除一个元素
iterator insert(iterator pos,const T& t)	在 pos 前插入 t
void insert (iterator pos,size_type n,const T & t)	在 pos 前插入 n 个 t
void insert (iterator pos,const_iterator first,const_iterator last);	在 pos 位置前插入[first,last]区间内的元素
iterator erase(iterator pos)	删除 pos 位置的元素
iterator erase(iterator first,iterator last)	删除从 first 开始到 last 为止的元素
void assign (const_iterator first, const_iterator last)	将[first,end]区间内的元素数据赋值给 list
void assign (size_type n, const T& x = T ( ))	将 n 个 x 的副本赋值给 list
void splice(iterator pos, list& x);	把 x 中的元素转移到现有 list 中的 pos 位置
void splice(iterator pos,list& x,iterator first)	把 x 中 first 处的元素转移到现有 list 中的 pos 处
void splice(iterator pos,list& x, iterator first, iterator last)	把 x 中 first 到 last 的元素转移到现有 list 中的 pos 处
void remove(const T& x)	删除链表中匹配值的元素（匹配元素全部删除）
void remove_if (binder2nd<not_equal_to<T> > pr)	删除满足条件的元素（会遍历一遍链表）
void unique( )	删除相邻重复元素（断言已经排序）
void unique(not_equal_to<T> pr)	删除相邻重复元素（断言已经排序）

【**代码 9-18**】　list 容器中元素操作测试。

```cpp
#include <list>
#include <iostream>
using namespace std;

int main(){
    int a[5] = {1,2,3,4,5}, b[8] = {3,7,2,8,6,4,9,5};
    list<int> a1,b1;
    list<int>::iterator pos = b1.begin(),first = a1.begin(),last = a1.begin(),it;

    a1.assign(5,5);                           //用 5 填充 a1
    cout << "a1 中填充 5 后: \n";
    for(it = a1.begin();it != a1.end();it ++){   //输出 a1 的内容
        cout << *it << " ";
    }
    cout << endl;

    a1.assign(a,a+5);                         //用 a 填充 a1
```

```
    cout << "\na1 用 a 内容赋值后：\n";
    for(it = a1.begin();it != a1.end();it ++){        //输出 a1 的内容
        cout << *it << " ";
    }
    cout << endl;

    b1.assign(b,b+8);                                 //用 b 填充 b1
    cout << "\nb1 用 b 内容赋值后：\n";
    for(it = b1.begin();it != b1.end();it ++){        //输出 b1 的内容
        cout << *it << " ";
    }
    cout << endl;

    for(int i = 0; i < 1; i ++, first ++);            //将 first 移动 1 个元素
    for(int i = 0; i < 4; i ++, last ++);             //将 last 移动 4 个元素
    for(int i = 0; i < 3; i ++, pos ++);             //将 pos 移动 3 个元素

    b1.splice(pos,a1,first,last);                     //元素在容器间移动
    cout << "\na1 中 2~4 移动到 b1 后：\n";
    for(it = a1.begin();it != a1.end();it ++){
        cout << *it << " ";
    }
    cout << endl;
    cout << "\nb1 中位置 3 填充 a1 的 3 个元素后：\n";
    for(it = b1.begin();it != b1.end();it ++){
        cout << *it << " ";
    }
    cout << endl;
}
```

测试结果如下。

2）针对 list 容器属性的操作

关于容器属性的操作，除了 size( )、max_size( )、empty( )外，list 中还定义了表 9.18 所示几个个性化操作成员函数。

表 9.18　list 中面向容器属性的几个个性化操作成员函数

表 达 式	作 用
void merge(list& x)	合并 x 到当前链表的合适位置，使部分呈升序
void merge(list& x, greater<t> pr)	合并 x 到当前链表的合适位置，使部分呈降序
void sort( )	对链表排序，升序排列
void sort(greater<t> pr)	对链表排序，降序排列
void reverse( )	反转链表中元素的顺序

3）重载的运算符

重载的操作符包括 operator==、operator!=、operator<、operator<=、operator>、operator>=。

【代码 9-19】　在代码 9-18 的基础上加入面向容器的操作代码后的测试。

```cpp
#include <list>
#include <iostream>
using namespace std;

int main(){
  //其他代码
   a1.merge(b1);                    //合并 b1 到 a1
  cout << "\n 合并 b1 到 a1 后：\n";
  for(it = a1.begin();it != a1.end();it ++){
      cout << *it << " ";
  }
  cout << endl;

  a1.sort();                       //排序
  cout << "\n 对于合并后的 a1 排序：\n";
  for(it = a1.begin();it != a1.end();it ++){
      cout << *it << " ";
  }
  cout << endl;

  a1.unique() ;                    //删除相邻重复元素
  cout << "\na1 中删除相邻重复元素后：\n";
  for(it = a1.begin();it != a1.end();it ++){
      cout << *it << " ";
   }
  cout << endl;
  return 0;
}
```

测试结果如下。

基于 list 容器
的约瑟夫斯
问题求解

```
a1中2~4移动到b1后：
4 5

b1中位置3填充a1的3个元素后：
3 7 1 2 3 2 8 6 4 9 5

合并b1到a1后：
3 4 5 7 1 2 3 2 8 6 4 9 5

对于合并后的a1排序：
1 2 2 3 3 4 4 5 5 6 7 8 9

a1中删除相邻重复元素后：
1 2 3 4 5 6 7 8 9
```

9.3.3　forward_list（C++11）

1. forward_list 及其特性

forward_list 容器以单链表的形式存储元素。forward_list 的模板定义在头文件 forward_list 中。fdrward_list 和 list 最主要的区别是：它不能反向遍历元素，只能从头到尾遍历。fdrward_list 的单向连接性也意味着它会有如下一些特性。

（1）无法使用反向迭代器。只能从它得到 const 或 non-const 前向迭代器，这些迭代器都不能解引用，只能自增。

（2）没有可以返回最后一个元素引用的成员函数 back()，只有成员函数 front()。

（3）因为只能通过自增前面元素的迭代器来到达序列的终点，所以 push_back()、pop_back()、emplace_back()也无法使用。

2. forward_list 操作

表 9.19 为 forward_list 的可用成员函数。

表 9.19　forward_list 的可用成员函数

成员函数	功　　能
before_begin()	返回一个前向迭代器，其指向容器中第一个元素之前的位置
begin()	返回一个前向迭代器，其指向容器中第一个元素的位置
end()	返回一个前向迭代器，其指向容器中最后一个元素之后的位置
cbefore_begin()	功能同 before_begin()，仅在其基础上，增加了 const 属性，不能用于修改元素
cbegin()	和 begin() 功能相同，只不过在其基础上，增加了 const 属性，不能用于修改元素
cend()	和 end() 功能相同，只不过在其基础上，增加了 const 属性，不能用于修改元素
empty()	判断容器中是否有元素，若无元素，则返回 true；反之，返回 false
max_size()	返回容器所能包含元素个数的最大值。这通常是一个很大的值，一般是 $2^{32}-1$，故很少用到
front()	返回第一个元素的引用
assign()	用新元素替换容器中原有内容
push_front()	在容器头部插入一个元素
emplace_front()	在容器头部生成一个元素。该函数和 push_front() 的功能相同，但效率更高
pop_front()	删除容器头部的一个元素

成员函数	功　　能
emplace_after()	与 insert_after()功能相同，但效率更高
insert_after()	在指定位置之后插入一个新元素，并返回一个指向新元素的迭代器
erase_after()	删除容器中某个指定位置或区域内的所有元素
swap()	交换两个容器中的元素，必须保证这两个容器中存储的元素类型是相同的
resize()	调整容器的大小
clear()	删除容器存储的所有元素
splice_after()	将某 forward_list 中指定位置或区域内的元素插入到另一个容器的指定位置之后
remove(val)	删除容器中所有等于 val 的元素
remove_if()	删除容器中满足条件的元素
unique()	删除容器中相邻的重复元素，只保留一个
merge()	合并两个事先排好序的 forward_list 容器，并且合并之后依然是有序
sort()	通过更改容器中元素的位置，将它们进行排序
reverse()	反转容器中元素的顺序

【代码 9-20】　成员函数应用示例。

```cpp
#include <iostream>
#include <forward_list>
using namespace std;

int main()
{
    std::forward_list<int> values{1,3,5};
    values.emplace_front(2);                      //{2,1,3,5}
    values.emplace_after(values.before_begin(), 6); //{6,2,1,3,5}
    values.reverse();                             //{5,3,1,2,6}

    for (auto it = values.begin(); it != values.end(); ++it) {
        cout << *it << " ";
    }
    return 0;
}
```

运行结果如下。

`5 3 1 2 6`

9.4　容器适配器

9.4.1　stack 与 queue

栈（stack）与队列（queue）是基于线性表的两种数据结构。如图 9.7 所示，栈将操作限制在称为栈顶的线性表一端，而将称为栈底的另一端封死，所有的元素只能从栈顶进出，形成后进先出（last in first out）的操作特点。而队列则是进出分别在线性表的两端进行，只能在称为队尾的一端进入（插入）队列，在称为队首的一端退出队列（删除元素），形成先进先出（first in first out）的操作特点。

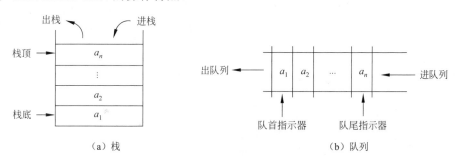

图 9.7　栈与队列

在 STL 中，stack、queue 还有一种 priority_queue（优先队列）3 种特殊容器，是以序列容器为底层的结构，可以由某一种序列容器去实现。或者说，它们不是直接存储数据元素，而是利用某一种序列容器进行数据存储，它们仅仅是定义了这些底层容器的使用方法。所以，一般不将它们称为容器，而是称为容器接口——容器适配器。

具体这些容器适配器使用哪种序列容器作为底层容器，可以在创建一个适配器时用第二个参数指定。如果不指定，则默认 stack 和 queue 以 deque 容器为底层，priority_queue 以 vector 为底层。

9.4.2　stack 操作

通常把元素的插入称为压栈(push)，前提条件是栈未满；把元素的删除称为弹出(pop)，弹出操作的条件是堆栈非空。

在 STL 中定义的 stack 容器是以 vector、list、deque 等支持 back、push_back、pop_back 运算的序列容器作为基础容器的适配器。在默认情况下采用 deque 作为基础容器。

stack 堆栈容器的标准头文件为<stack>。这个名字是定义在 std 空间中的类模板。

表 9.20 所列为 stack 的常用成员函数。

表 9.20　stack 的常用成员函数

成 员 函 数	作　　用
stack()	无参构造函数，创建一个空 stack 对象
stack(const stack&)	复制构造函数
void　push(const value_type& x)	将某种类型元素压栈
bool　empty()	判断堆栈是否为空，返回 true 表示堆栈已空，返回 false 表示堆栈非空
void pop()	弹出栈顶元素
value_type&　top()	读取栈顶元素
size_type　size()	返回栈中数据个数
==、<=、>=、<、>、!=的重载函数	关系运算

【代码 9-21】 stack 操作示例。

```cpp
#include <stack>                    //用双向链表作堆栈的底层结构
#include <iostream>
using namespace std;
int main(){
    stack<int> s;

    s.push(123);
    s.push(567);
    s.push(890);

    while (!s.empty()){        //栈非空，才允许元素出栈
        cout << s.top() << endl;
        s.pop();
    }

    return 0;
}
```

用 stack 将一个十进制数转换为 K 进制数

测试结果如下。

测试结果表明了 stack 的 FILO 特点。

9.4.3 queue 操作

C++队列 queue 模板类的定义在<queue>头文件中，queue 模板类需要两个模板参数：一个是元素类型；另一个是容器类型，元素类型是必要的，容器类型是可选的，默认为 deque 类型。表 9.21 列出了 queue 的基本操作函数。

表 9.21 queue 的基本操作函数

函数名	函数功能	示　例
缺省构造函数	创建队列	queue <int> qi
push()	在队尾加入一个元素	qi.push(x)
pop()	弹出队首元素，但不返回被弹出元素值	qi.pop()
back()	返回队尾元素（即最后压入的元素）	qi. back()
front()	返回队首元素	qi. front()
size()	返回队列中元素的个数	qi. size()
empty()	如果队列空则返回真	qi. empty()

【代码 9-22】 queue 操作示例。

```cpp
#include <cstdlib>
#include <iostream>
```

```
#include <queue>
using namespace std;

int main()
{
    queue<int> qi;

    for(int i = 0; i < 10; i ++)
        qi.push(i);

    int n = qi.size();
    cout << "size = " << n << endl;

    int m = qi.back();
    cout << m << "为队尾。\n" << endl;

    int e;
    for(int j = 0; j < n; j++)
    {
        e = qi.front();
        cout << "队首为" << e ;
        qi.pop();
        cout << "，已被弹出。\n" ;
    }
    cout<<endl;

    if(qi.empty())
        cout<<"队列已空。\n";

    system("PAUSE");
    return 0;
}
```

程序运行结果如下。

9.5 关联容器

9.5.1 关联容器及其类型

关联容器（associative container）与序列容器的主要区别在于它的元素是"键-值"对（pair），即数据值与键（key）相关联，而序列容器中的元素——数据值与位置相关联。

关联容器的"键-值"对的类模板 pair，通常用构造体定义。

【代码9-23】 STL 中定义的 pair 类模板。

```
template <class _T1, class _T2>
struct pair {
    -T1 first;
    -T2 secnd;
    pair(): first(), second(){}
    pair(const _T1& _a, const _T2& _b): first(),second(){}
    template<class _U1, class _U2>
    pair(const pair<_U1,_U2>& _p): first(_p.first),second(_p.second){}
};
```

这样，就可以将任何类型的两个数据组织在一起，例如，可以把一个值与其键一起来保存，或者可以用在函数需要返回两个数据时，如返回迭代器的两个指针值等。

C++的关联容器按照键与值是否一致以及值是否可以重复，分为表 9.22 中的 4 种类型。

表 9.22 C++关联容器的类型

项	set	multiset	map	multimap
"键-值"关系	值就是键		键与值类型不同	
值可否重复	值唯一	值可重复	每个键只对应一个值	一个键可对应多个值

通常，关联容器的底层采用基于键的树结构进行组织。从而提供了对元素的快速访问，并允许插入新元素，但不需要程序员指定输入位置。并且，这样的容器也可以看成有序的。与此相对而言，C++11 又新增了对应的 4 种无序关联容器，这里不再介绍。

9.5.2 set 和 multiset 操作

1. set 与 multiset 的特点

set 和 multiset 是两种有序容器，即当元素放入容器中时，会按照一定的排序规则自动排序。它们的共同特点如下。

（1）不能直接改变元素值，因为那样会打乱原本正确的顺序。要改变元素值必须先删除旧元素，再插入新元素。

（2）不提供直接存取元素的任何操作函数，只能通过迭代器进行间接存取，而且从迭代器角度来看，元素值是常数。

（3）元素比较操作只能用于类型相同的容器（即元素和排序准则必须相同）。

（4）set 和 multiset 容器的标准头文件为<set>，并且这两个名字都是定义在 std 空间中的类模板。

2. 构造 set 对象

使用 set，先要利用 set 的构造函数创建一个 set 对象。set 对象构造形式有以下几种。

（1）set c：创建一个空的 set 容器。

（2）set c(op)：创建一个空的使用 op 作为排序规则的 set 容器。

（3）set c1(c2)：创建一个已有 set 容器的复制品（包括容器类型和所有元素）。

（4）set c(beg, end)：创建一个 set 容器，并以[beg, end)区间的元素初始化。

（5）set c(beg, end, op)：创建一个使用 op 为排序规则的 set 容器，并且以[beg, end)区间中的元素进行初始化。

（6）c.~set()：容器的析构函数，销毁所有的元素，释放所有的分配内存。

multiset 与 set 类似。

3. set 容器的标准操作

【代码 9-24】　有关容器元素的查找操作的应用示例。

```cpp
#include <iostream>
#include <set>
using namespace std;

int main(){
    set<int> s;
    set<int>::iterator iter;

    cout << "插入顺序: ";
    for(int i = 1 ; i <= 5; ++i){
        s.insert(10-i);
        cout << 10-i <<" ";
    }
    cout<<endl;

    cout << "输出顺序: ";
    for(iter = s.begin() ; iter != s.end() ; ++iter){
        cout << *iter << " ";
    }
    cout << endl;

    pair<set<int>::const_iterator,set<int>::const_iterator> pr;
    pr = s.equal_range(3);
    cout << "第一个大于或等于 3 的数是 : " << *pr.first << endl;
    cout << "第一个大于 3 的数是 : " << *pr.second << endl;
    return 0;
}
```

测试结果如下。

4. set 集合操作

表 9.23 所列为有关 set 容器集合操作的成员函数。

表 9.23　有关 set 容器集合操作的成员函数

成　员　函　数	作　　用
std::set_intersection( )	求两个集合的交集
std::set_union( )	求两个集合的并集
std::set_difference( )	求两个集合的差集
std::set_symmetric_difference( )	得到的结果是第一个迭代器相对于第二个的差集

【代码 9-25】　有关容器集合操作的示例。

```
struct compare{
    bool operator ()(string s1,string s2){
         return s1>s2;
    }//自定义一个仿函数
};
std::set<string,compare> s
string str[10];

//求交集，返回值指向 str 最后一个元素的尾端
string *end = set_intersection(s.begin(),s.end(),s2.begin(),s2.end(),str,compare());
//并集
end = std::set_union(s.begin(),s.end(),s2.begin(),s2.end(),str,compare());
//s2 相对于 s1 的差集
end = std::set_difference(s.begin(),s.end(),s2.begin(),s2.end(),str,compare());
//s1 相对于 s2 的差集
end = std::set_difference(s2.begin(),s2.end(),s.begin(),s.end(),str,compare());
//上面两个差集的并集
end =
 std::set_symmetric_difference(s.begin(),s.end(),s2.begin(),s2.end(),str,compare());
```

9.5.3　map 与 multimap 操作

表 9.24 所列为 map 成员函数一览表。

表 9.24　map 成员函数一览表

成　员　函　数	描　　述
explicit map(const pred& comp = pred( ), const a & al = a( ))	无参构造函数
map(const map & x)	复制参构造函数

成 员 函 数	描 述
map(const value_type *first, const value_type *last, const pred & comp = pred( ), const a & al = a( ))	区间构造函数
iterator begin( ); const_iterator begin( ) const	返回 map 的头指针
iterator end( ); iterator end( ) const	返回 map 的尾指针
reverse_iterator rbegin( ); const_reverse_iterator rbegin( ) const	返回 map 的反向头指针
reverse_iterator rend( ); const_reverse_iterator rend( ) const	返回 map 的反向尾指针
size_type size( ) const	返回 map 的元素个数
size_type max_size( ) const	返回最大可允许的 map 元素个数值
bool empty( ) const	判断 map 是否为空
pair<iterator, bool> insert(const value_type & x)	插入元素 x
iterator insert(iterator it, const value_type & x)	插入 it(迭代器)后面的 x 个元素
void insert(const value_type *first, const value_type *last)	插入从 first 开始到 last 的元素
iterator erase(iterator pos)	删除在位置 pos 处的元素
iterator erase(iterator first, iterator last)	删除从位置 first 到 last 的元素
size_type erase(const key & key)	删除关键字为 key 的所有元素
void clear( )	删除所有元素
void swap(map x)	交换两个 map 中的元素
key_compare key_comp( ) const	键值比较
value_compare value_comp( ) const	元素值比较
iterator find(const key& key) const_iterator find(const key& key) const	返回第一个与 key 相等的元素的地址， 如果没有，则返回容器的 end()的地址
size_type count(const key& key) const	返回区间内与 key 相等的元素的个数
iterator lower_bound(const key& key) const_iterator lower_bound (const key& key) const	返回第一个元素小于 key 元素的地址， 如果没有，则返回容器的 end()的地址
iterator upper_bound(const key& key) const_iterator upper_bound(const key& key) const	返回第一个元素大于 key 元素的地址， 如果没有，则返回容器的 end()的地址
pair<iterator, iterator> equal_range(const key& key) pair<const_iterator, const_iterator> equal_range(const key& key) const	返回指定元素的上下限

【代码 9-26】 map 应用示例。

```cpp
#include <map>
#include <string>
#include <iostream>
using namespace std;

typedef struct tagStudentInfo {
    int nID;
    string strName;
```

```
        bool operator < (tagStudentInfo const& _A) const {
                //这个函数指定排序策略，按 nID 排序，如果 nID 相等，按 strName 排序
                if(nID < _A.nID)  return true;
                if(nID == _A.nID) return strName.compare(_A.strName) < 0;
                return false;
        }
}StudentInfo, *PStudentInfo;          //学生信息

class Sort {
    public:
            bool operator() (StudentInfo const & _A, StudentInfo const & _B) const{
                    if(_A.nID < _B.nID) return true;
                    if(_A.nID == _B.nID) return _A.strName.compare(_B.strName) < 0;
                    return false;
                }
};

int main(){
    //用学生信息映射分数
    map<StudentInfo, int, Sort> mapStudent;
    StudentInfo studentInfo;
    map<StudentInfo, int>::iterator iter;

    studentInfo.nID = 1;
    studentInfo.strName = "student_one";
    mapStudent.insert(pair<StudentInfo, int>(studentInfo, 99));

    studentInfo.nID = 2;
    studentInfo.strName = "student_two";
    mapStudent.insert(pair<StudentInfo, int>(studentInfo, 88));

    for (iter=mapStudent.begin(); iter!=mapStudent.end(); iter++)
     cout<<iter->first.nID<<": "<<iter->first.strName<<", "<<iter->second<<endl;

    return 0;
}
```

测试结果如下。

```
1: student_one, 99
2: student_two, 88
```

【代码 9-27】 multimap 容器用于职员管理。

```
#include <iostream>
#include <string>
#include <map>
using namespace std;


typedef struct Employee {                                              //定义职员类型
    public:
```

· 286 ·

```
        Employee(long eID, string e_Name, float e_Salary);          //Attribute
    public:
        long ID;                                                     //职员 ID
        string name;                                                 //职员姓名
        float salary;                                                //职员工资
}employee;

//创建 multimap 的实例，整数(职位编号)映射职员信息
typedef multimap<int, employee> EMPLOYEE_MULTIMAP;
typedef multimap<int, employee>::iterator EMPLOYEE_IT;               //随机访问迭代器类型
typedef multimap<int, employee>::reverse_iterator EMPLOYEE_RIT;      //反向迭代器类型
Employee::Employee(long eID, string e_Name, float e_Salary)
        : ID(eID), name(e_Name), salary(e_Salary) {}


//函数名：output_multimap
//函数功能：正向输出多重映射容器中的信息
//参数：一个多重映射容器对象
void output_multimap(EMPLOYEE_MULTIMAP employ) {
    cout << "===============正序输出==============="<< endl;
    cout << "\n职位编号" << '\t' << "职员ID" << '\t' << "姓名" << '\t' << "工资" << endl;
    EMPLOYEE_IT employit;
    for (employit = employ.begin(); employit != employ.end(); employit++) {
        cout << (*employit).first << '\t' << '\t'
            << (*employit).second.ID << '\t'
            << (*employit).second.name << '\t'
            << (*employit).second.salary << '\t' << endl;
    }
}


//函数名：reverse_output_multimap
//函数功能：逆向输出多重映射容器中的信息
//参数：一个多重映射容器对象
void reverse_output_multimap(EMPLOYEE_MULTIMAP employ){
    cout << "===============逆序输出==============="<< endl;
    cout << "\n职位编号"<< '\t' << "职员ID" << '\t' << "姓名" << '\t' << "工资" << endl;
    EMPLOYEE_RIT employit;
    for (employit = employ.rbegin(); employit != employ.rend(); employit++) {
        cout << (*employit).first << '\t'<< '\t'
            << (*employit).second.ID << '\t'
            << (*employit).second.name << '\t'
            << (*employit).second.salary << '\t' << endl;
    }
}


int main(){
    EMPLOYEE_MULTIMAP employees;                                     //多重映射容器实例
    //下面 4 个语句分别用于将一个职员对象插入到多重映射容器
    //注意，因为是多重映射，所以可以出现重复的键，例如下面的信息有两个职位编号为 108 的职员
    employees.insert(EMPLOYEE_MULTIMAP::value_type(108,
                                employee(2015001,"张三", 8765)));
```

```
employees.insert(EMPLOYEE_MULTIMAP::value_type(102,
                                    employee(2015002, "李四", 6543)));
employees.insert(EMPLOYEE_MULTIMAP::value_type(103,
                                    employee(2015003, "李四", 12345)));
employees.insert(EMPLOYEE_MULTIMAP::value_type(108,
                                    employee(2015004, "王五", 23456)));

output_multimap(employees);                      //正序输出多重映射容器中的信息
reverse_output_multimap(employees);              //逆序输出多重映射容器中的信息
cout<< "\n共有" << employees.size() << "条职员记录" << endl;   //输出容器内的记录条数
   return 0;
}
```

测试结果如下。

```
==============正序输出==============
职位编号       职员ID    姓名    工资
102           2015002   李四    6543
103           2015003   李四    12345
108           2015001   张三    8765
108           2015004   王五    23456
==============逆序输出==============
职位编号       职员ID    姓名    工资
108           2015004   王五    23456
108           2015001   张三    8765
103           2015003   李四    12345
102           2015002   李四    6543

共有4条职员记录
```

习 题 9

概念辨析

1. 选择题。

（1）类模板_____。

    A. 是一种类   B. 是一种模板

    C. 能处理容器类型的类   D. 是用关键字 template 定义的类

（2）STL 用于_____。

    A. 编译 C++程序   B. 在内存中组织对象

    C. 以合适方法存储元素，以便快速访问   D. 保存基类对象

（3）STL 算法_____。

    A. 是对容器进行操作的独立函数   B. 实现成员函数与容器的连接

    C. 是适合容器类的友元函数   D. 是适合容器类的成员函数

（4）代表迭代器的操作符是_____。

    A. &   B. <   C. *   D. +

（5）函数对象_____。

    A. 是行为类似函数的对象，必须带有若干参数

    B. 不能改变操作的状态

C. 不能由普通函数定义

D. 可以不需要参数，也可以带有若干参数

（6）vector 容器_____。

A. 的大小不固定，是动态结构的　　　　B. 可以用来实现队列、栈、列表等数据结构

C. 不具有自动存储功能　　　　　　　　D. 有一个成员函数 reserve ()

（7）STL 算法的参数表示_____。

A. 操作对象在一个区间　　　　　　　　B. 以不同的策略执行操作

C. 被操作的对象类型　　　　　　　　　D. 操作对象在多个区间

（9）对于下面的初始化

```
int ia[7] = { 0, 1, 1, 2, 3, 5, 8 };
string sa[6] = {
    "Fort Sunter", "Manassas", "Perryville", " Vicksburg", "Meridian", "Chancell-
orsville"
};
```

下列备选答案中错误的是_____。请分析错误原因。

A. vector<string> svec(sa, sa+6);　　　B. list<int> ilist(ia + 4, ia + 6);

C. vector<int> ivec(ia, ia + 8);　　　D. list<string> slist (sa + 6, sa);

（10）对于下面的初始化下列迭代器的用法哪些是错误的？

```
const vector< int > ivec ( 10 );
vector < string > svec ( 10 );
list< int > ilist( 10 );
```

下列迭代器的用法中，错误的是_____。请分析错误原因。

A. vector<int>::iterator it = ivec.begin( );　　B. list<int>::iterator it = ilist.begin( ) + 2;

C. vector<string>::iterator it = &svec[0];　　D. for (vector<string>::iterator

2. 判断题。

（1）pop_back ( )可以用于 vector。　　　　　　　　　　　　　　　　　　　　（　　）

（2）pop_front ( )可以用于 vector 和 deque。　　　　　　　　　　　　　　　（　　）

（3）可以将数组算法用于 vector 和 deque。　　　　　　　　　　　　　　　　（　　）

（4）deque 和 list 允许随机访问。　　　　　　　　　　　　　　　　　　　　（　　）

（5）算法是成员函数。　　　　　　　　　　　　　　　　　　　　　　　　　（　　）

（6）迭代器一般都传给算法。　　　　　　　　　　　　　　　　　　　　　　（　　）

（7）STL 包括 6 大组件：算法、容器、迭代器、函数对象、配接器和配置器。　（　　）

（8）STL 迭代器分为 5 种类型：输入迭代器、输出迭代器、前向迭代器、双向迭代器和随机访问迭代器。　　　　　　　　　　　　　　　　　　　　　　　　　　　　　　　　　　　　（　　）

✹代码分析

1. 判断下面的程序是否有错。如果有，请改正。

```
vector<int> vec; list<int> lst; int i;
while ( cin >> i )
lst.push_back(i);
copy( lst.begin(), lst.end(), vec.begin() );
```

2. 判断下面的程序是否有错。如果有，请改正。

```
vector<int> vec;
vec.reserve( 10 );
fill_n ( vec.begin(), 10, 0 );
```

开发实践

1. 设计一个数组类模板 Array<T>，其中包含重载下标操作符函数，并由此产生模板类 Array<int>和 Array<char>，最后使用一些测试数据对其进行测试。

2. 利用 STL 提供的容器和算法，在一组单词中求以字母 Z 开始的单词个数。

3. 利用 STL 提供的容器和算法，对一组学生的成绩进行处理，找出最高分和最低分。

4. 利用 STL 提供的容器和算法，进行艺术类表演评奖计分。计分的规则是：在 n 位评委中去掉一个最高分，去掉一个最低分，然后进行平均。

5. 一群猴子都有编号，编号是 1，2，…，m。这群猴子（m 个）按照 1–m 的顺序围坐一圈，从第 1 个开始数，每数到第 n 个，该猴子就要离开此圈。这样依次下来，直到圈中只剩下最后一只猴子，则该猴子为大王。

6. 用 stack 模拟汉诺塔游戏。

7. 用 stack 进行表达式计算。

8. 定义一个 map 对象，其元素的键是家族姓氏，而值则是存储该家族孩子名字的 vector 对象。为这个 map 容器输入至少 6 个条目。通过基于家族姓氏的查询检测程序，查询应输出该家族所有孩子的名字。

9. 编写程序建立作者及其作品的 multimap 容器，使用 find() 函数在 multimap 中查找元素，并调用 erase() 函数将其删除。当所寻找的元素不存在时，确保程序依然能正确执行。

附录 A　二维码知识链接目录

参 考 文 献

[1] 张基温. 新概念 C++程序设计大学教程[M]. 4 版. 北京：清华大学出版社，2018.

[2] Stephen P. C++ Primer Plus[M]. 6 版. 张海龙，袁国忠，译. 北京：人民邮电出版社，2012.

[3] 张基温. C++程序设计基础[M]. 北京：高等教育出版社，1996.

[4] 张基温. C++程序设计基础例题与习题[M]. 北京：高等教育出版社，1997.

[5] 张基温，贾中宁，李伟. Visual C++程序开发基础[M]. 北京：高等教育出版社，2001.

[6] 张基温. C++程序开发教程[M]. 北京：清华大学出版社，2002.

[7] 张基温. C++程序设计基础[M]. 2 版. 北京：高等教育出版社，2003.

[8] 张基温，张伟. C++程序开发例题与习题[M]. 北京：清华大学出版社，2003.

[9] Bjarne S. C++程序设计原理与实践[M]. 王刚，译. 北京：机械工业出版社，2010.

[10] Scott M. More Effectuve C++[M]. 侯捷，译. 北京：中国电力出版社，2006.

[11] 刘伟. 设计模式[M]. 北京：清华大学出版社，2011.

[12] 张基温. 新概念 C++教程[M]. 北京：中国电力出版社，2010.

图书资源支持

感谢您一直以来对清华版图书的支持和爱护。为了配合本书的使用，本书提供配套的资源，有需求的读者请扫描下方的"书圈"微信公众号二维码，在图书专区下载，也可以拨打电话或发送电子邮件咨询。

如果您在使用本书的过程中遇到了什么问题，或者有相关图书出版计划，也请您发邮件告诉我们，以便我们更好地为您服务。

我们的联系方式：

地　　址：北京市海淀区双清路学研大厦 A 座 714

邮　　编：100084

电　　话：010-83470236　　010-83470237

客服邮箱：2301891038@qq.com

QQ：2301891038（请写明您的单位和姓名）

资源下载： 关注公众号"书圈"下载配套资源。

资源下载、样书申请

书圈

获取最新书目

观看课程直播